高等院校计算机教育系列教材

Java 程序设计基础与应用

马月坤　张　航　张素娟　编著

清华大学出版社
北京

内 容 简 介

  本书全面而详细地介绍了基于 Java 语言的各种应用的开发过程。从零开始深入透彻地讲解 Java 语言的基本语法、面向对象、核心 API、GUI、异常处理、文件操作、数据库编程、网络编程、Web 应用开发等各类知识，同时涵盖了 Java 语言的新特征，诸如泛型、注解、反射、手机编程等内容。通过学习本书，读者可以掌握 Java 语言应用方面的各种知识和技能。

  全书共分为 20 章，第 1~3 章介绍 Java 语言的基本知识和基础语法；第 4 章介绍 Java 语言面向对象的特征及应用技巧；第 5、第 7~11、第 13~14 章以每章一个知识块的形式介绍 Java 语言各种核心特性或功能的实现方法和技巧；第 6 章和第 12 章介绍 Java 语言的常用命令及 Java 应用打包的方法和技巧；从第 15 章开始到第 20 章，每一章分别针对 Java 语言的一个核心应用领域展开介绍，它们分别是网络编程、Applet、数据库编程、Web 编程、XML 和手机应用开发。各章既有准确的知识讲解，也有典型的实例分析。

  本书由浅入深，循序渐进，适合刚接触 Java 的初学者学习，也可作为本科院校相关专业的教材。

图书在版编目(CIP)数据

Java 程序设计基础与应用/马月坤，张航，张素娟编著. --北京：清华大学出版社，2012
(高等院校计算机教育系列教材)
ISBN 978-7-302-29948-6

Ⅰ. ①J…　Ⅱ. ①马…　②张…　③张…　Ⅲ. ①Java 语言—程序设计—高等学校—教材　Ⅳ. ①TP312

中国版本图书馆 CIP 数据核字(2012)第 203473 号

责任编辑：汤涌涛
封面设计：杨玉兰
责任校对：周剑云
责任印制：何　芊

出版发行：清华大学出版社
    网　　址：http://www.tup.com.cn，http://www.wqbook.com
    地　　址：北京清华大学学研大厦 A 座　　　　邮　　编：100084
    社 总 机：010-62770175　　　　　　　　　　邮　　购：010-62786544
    投稿与读者服务：010-62776969，c-service@tup.tsinghua.edu.cn
    质 量 反 馈：010-62772015，zhiliang@tup.tsinghua.edu.cn
    课 件 下 载：http://www.tup.com.cn，010-62791865
印 装 者：三河市金元印装有限公司
经　　销：全国新华书店
开　　本：185mm×260mm　　　印　张：25　　　字　　数：608 千字
版　　次：2012 年 10 月第 1 版　　　　　　　　印　　次：2012 年 10 月第 1 次印刷
印　　数：1~4000
定　　价：43.00 元

产品编号：046644-01

前　　言

1. 为何编写本书

Java 开发在整个软件开发领域中占有重要的地位。目前许多应用将 Java 开发作为首选。Sun 公司这样形容自己的 Java 语言：它是一种简单、面向对象、分布式、解释型、稳定、安全、结构中立、易移植、高性能、多线程的动态语言。

这段长长的定语准确地描述了 Java 语言的基本特征，也道出了 Java 为何火爆的秘密。Java 开发技术具有卓越的通用性、高效性、平台移植性和安全性，广泛应用于个人PC、数据中心、游戏控制台、科学超级计算机、移动电话和互联网，同时拥有全球最大的开发者专业社群。在全球云计算和移动互联网的产业环境下，Java 更具备了显著的优势以及广阔的前景。

为了让初次接触 Java 开发的爱好者能够快速而又轻松地学会 Java 开发，作者总结了自己学习 Java 开发的经验，并结合多年实际开发的经验，编写了这本"Java 程序设计基础与应用"教程。在本书中，作者从最基础的概念入手，循序渐进地将 Java 开发中的每个技术点展现在读者面前，力求让读者在最短的时间内高效地掌握 Java 开发的基础概念及技术要点。

2. 本书内容特色

(1) 知识点全面，范例清晰

本书涵盖了 Java 开发的大部分知识点。各知识点介绍准确、清晰，一般放在每一节开始的位置，让零基础的读者能够了解相关的概念，顺利入门。

书中出现的完整实例，以章节顺序编号，放在每节知识点介绍之后，便于检索和循序渐进地学习和实践。范例代码层次清楚、语句简洁、注释丰富，体现了代码优美的原则，有利于读者养成良好的代码编写习惯。代码解析明确，对范例代码中的关键代码行逐一解释，有助于读者掌握相关的概念和知识。对于大段程序，均在其后给出了所用知识点及关键技术点的分析。

(2) 层次分明，学习轻松

本书结合作者多年的 Java 应用开发经验，全面介绍了 Java 程序设计的方方面面，其内容翔实、层次分明。本书内容由浅入深，从基础知识讲起，对读者的专业知识没有过多的要求，为了避免学习的枯燥性，全书采用图文并茂的形式，提高了学习的兴趣。

(3) 通俗易懂，针对性强

本书适合 Java 开发的初学者，同时也适合运用 Java 开发软件的读者阅读。本书采用通俗易懂的文字和图片，便于读者理解和阅读，从而帮助读者快速掌握编程的技能。

本书面向初学者，强调应用性，注重案例教学，基本上覆盖了基于 Java 的软件开发的主要应用领域和基本内容。本书非常适合试图通过教材对 Java 进行全面定位和了解的读者学习，同时还提供了大量的实用案例，可供初学者学习，或者作为软件开发人员进行项目开发的参考材料。

3. 适用读者群

(1) Java 编程语言的初学者。

(2) Java 应用软件开发人员。

(3) 大中专院校学生或者参加社会培训的学生。

本书由马月坤、张航、张素娟老师共同编写，全书由马月坤、张航统稿。同时，也要感谢河北联合大学的李伟、马军老师和唐山科技职业技术学院的贺志芳老师以及研究生张静、陈龙同学在本书编写过程中做出的贡献。

目　录

第1章

Java 语言入门

　　Java 语言是 Sun Microsystems 公司推出的一门面向对象的编程语言，它所具有的平台无关性、可移植性等特点，使它逐步成为越来越重要的一门计算机程序设计语言。现在很多的软件公司都在采用 Java 作为开发语言。Java 语言可以开发桌面应用、Web 应用、分布式应用、嵌入式应用以及手机应用。在本章中，我们首先让大家对 Java 语言有一个大致的了解。

1.1 Java 语言的诞生及发展历史

1.1.1 Java 语言的诞生

　　Java 是一种可以撰写跨平台应用软件的面向对象的程序设计语言，它是由 Sun Microsystems 公司于 1995 年 5 月推出的 Java 程序设计语言和 Java 平台(即 JavaSE、JavaEE、JavaME)的总称。

　　Java 语言的前身被命名为 Oak，第一版 Oak 经历了 18 个月的开发时间，并于 1992 年问世，目标定位是作为家用电器等小型系统的编程语言，用以解决诸如冰箱、洗衣机等家用电器的控制和通信问题。由于在之后的应用过程中发现智能化家电的市场需求没有预期的高，致使 Sun 决定放弃该项计划。就在 Oak 几近失败之时，互联网应用的发展给该语言提供了新的发展契机，Sun 看到了 Oak 在计算机网络上的广阔应用前景，于是改造了 Oak，以"Java"的名称正式发布。

1.1.2 Java 语言发展大事记

　　1995 年 5 月 23 日，SunWorld 大会上 Java 和 HotJava 浏览器的第一次公开发布标志着 Java 语言正式诞生。

　　1996 年 1 月 23 日，Java 1.0 正式发布，第一个 JDK(Java Development Kit，Java 开发工具包)——JDK 1.0 诞生。JDK 是整个 Java 的核心，包括了 Java 运行环境、Java 工具和 Java 基础类库。各大知名公司纷纷向 Sun 公司申请 Java 的许可。一时间，Netscape、惠普、IBM、Oracle、Sybase 甚至当时刚推出 Windows 95 的微软都是 Java 的追随者。与此同时，Java 这门新生的语言就拥有了自己的会议——JavaOne。

　　1997 年 2 月 18 日，JDK 1.1 发布。之后的一年内，下载次数超过 2,000,000 次。

　　1997 年 4 月 2 日，JavaOne 会议召开，参与者超过一万人，创当时全球同类会议规模之纪录。同年度，JavaDeveloperConnection 社区成员超过十万。

　　1998 年 12 月 8 日，Java 2 平台正式发布。

　　1999 年 6 月，Sun 公司发布 Java 的三个版本：标准版(J2SE)、企业版(J2EE)和微型版(J2ME)。以上三个版本构成了 Java 2，它是 Sun 意识到"one size doesn't fit all"之后，把最初的 Java 技术打包成 3 个版本的产物。

　　2000 年 5 月 8 日，JDK 1.3 发布。

　　2000 年 5 月 29 日，JDK 1.4 发布。

　　2001 年 9 月 24 日，J2EE 1.3 发布。

　　2002 年 2 月 26 日，J2SE 1.4 发布，自此 Java 的计算能力有了大幅提升。

　　2004 年 9 月 30 日，J2SE 1.5 发布，成为 Java 语言发展史上的又一里程碑。为了表示该版本的重要性，J2SE 1.5 更名为 Java SE 5.0。在 Java SE 5.0 版本中，Java 引入了泛型编程(Generic Programming)、类型安全的枚举、不定长参数和自动装/拆箱等语言特性。

　　2005 年 6 月，JavaOne 大会召开，Sun 公司公开 Java SE 6。此时，Java 的各种版本已

经更名，以取消其中的数字"2"：J2EE 更名为 Java EE，J2SE 更名为 Java SE，J2ME 更名为 Java ME。

2006 年 12 月，Sun 公司发布 JRE 6.0。

2009 年 4 月 20 日，Oracle 公司以 74 亿美元收购 Sun 公司，取得了 Java 的版权。

2010 年 9 月，JDK 7.0 发布，增加了简单闭包功能。

2011 年 7 月，甲骨文公司发布了 Java 7 的正式版。

截止到本书发稿之日，Java 的最新版本为 1.7 正式版，Oracle 官方称为 Java 7。而通用版本为 1.5 和 1.6。

1.2　Java 的特点

Java 语言有下面一些特点：简单、面向对象、分布式、解释执行、稳定性、安全、体系结构中立、可移植、高性能、多线程以及动态性，分别介绍如下。

1. 面向对象

Java 语言的设计集中于对象及其接口，它提供了简单的类机制以及动态的接口模型。对象中封装了它的状态变量以及相应的方法，实现了模块化和信息隐藏；而类则提供了一类对象的原型，并且通过继承机制，子类可以使用父类所提供的方法，从而实现了代码的复用。

2. 分布性

Java 是面向网络的语言。通过它提供的类库可以处理 TCP/IP 协议，用户可以通过 URL 地址在网络上很方便地访问其他对象。

3. 简单性

Java 语言是一种面向对象的语言，它通过提供最基本的方法来完成指定的任务，只需理解一些基本的概念，就可以用它编写出适合于各种情况的应用程序。

Java 略去了运算符重载、多重继承等模糊的概念，并且通过实现自动垃圾收集大大简化了程序设计者的内存管理工作。另外，Java 也适合于在小型机上运行，它的基本解释器及类的支持只有 40KB 左右，加上标准类库和线程的支持也只有 215KB 左右。库和线程的支持也只有 215KB 左右。

4. 稳定性

Java 在编译和运行程序时，都要对可能出现的问题进行检查，以消除错误的产生。它提供自动垃圾收集来进行内存管理，防止程序员在管理内存时容易产生的错误。通过集成的面向对象的异常处理机制，在编译时，Java 提示出可能出现但未被处理的异常，帮助程序员正确地进行选择以防止系统的崩溃。另外，Java 在编译时还可捕获类型声明中的许多常见错误，防止动态运行时不匹配问题的出现。

5. 可移植性

与平台无关的特性使 Java 程序可以方便地被移植到网络上的不同机器。同时，Java 的类库中也实现了与不同平台的接口。使这些类库可以移植。另外，Java 编译器是由 Java 语言实现的，Java 运行时系统由标准 C 实现，这使得 Java 系统本身也具有可移植性。

6. 体系结构中立

Java 解释器生成与体系结构无关的字节码指令，只要安装了 Java 运行时系统，Java 程序就可在任意的处理器上运行。这些字节码指令对应于 Java 虚拟机中的表示，Java 解释器得到字节码后，对它进行转换，使之能够在不同的平台运行。

7. 安全性

用于网络、分布式环境下的 Java 必须防止病毒的入侵。Java 不支持指针，一切对内存的访问都必须通过对象的实例变量来实现，这样就防止了程序员使用"特洛伊"木马等欺骗手段访问对象的私有成员，同时也避免了指针操作中容易产生的错误。

8. 解释执行

Java 解释器直接对 Java 字节码进行解释执行。字节码本身携带了许多编译时信息，使得连接过程更加简单。

9. 动态性

Java 的设计使它适合于一个不断发展的环境。在类库中可以自由地加入新的方法和实例变量而不会影响用户程序的执行。并且 Java 通过接口来支持多重继承，使之比严格的类继承具有更灵活的方式和扩展性。

10. 多线程

多线程机制使应用程序能够并行执行，而且同步机制保证了对共享数据的正确操作。通过使用多线程，程序设计者可以分别用不同的线程完成特定的行为，而不需要采用全局的事件循环机制，这样就能很容易地实现网络上的实时交互行为。

11. 高性能

与其他解释执行的语言(如 BASIC、TCL)不同，Java 字节码的设计使之能很容易地直接转换成对应于特定 CPU 的机器码，从而得到较高的性能。

1.3　安装 Sun 公司的 SDK

自从 Java 推出以来，JDK 已经成为使用最为广泛的 Java SDK。

JDK 是 Sun Microsystems 公司推出的，是整个 Java 的核心，没有 JDK，就无法安装或者运行 Java 程序。

1.3.1 JDK 的主要版本及特性

1. J2EE 1.2

1998 年，Sun 发布了 EJB 1.0 标准，至此 J2EE 平台的 3 个核心技术都已经出现。1999 年，Sun 正式发布了 J2EE 的第一个版本，并于 1999 年底发布了 J2EE 1.2。

2. J2EE 1.3

J2EE 1.3 的架构主要包含了 Applet 容器、Application Client 容器、Web 容器和 EJB 容器，并且包含了 Web 组件、EJB 组件、Application Client 组件，它们以 JMS、JAAS、JAXP、JDBC、JAF、JavaMail、JTA 等技术作为基础。J2EE 1.3 中引入了几个值得注意的功能：Java 消息服务(定义了 JMS 的一组 API)、J2EE 连接器技术(定义了扩展 J2EE 服务到非 J2EE 应用程序的标准)、XML 解析器的一组 Java API、Servlet 2.3、JSP 1.2 也都进行了性能扩展与优化、全新的 CMP 组件模型和 MDB(消息 Bean)。

3. J2EE 1.4

J2EE 1.4 大体上的框架与 J2EE 1.3 是一致的，1.4 增加了对 Web 服务的支持，主要是 Web Service、JAX-RPC、SAAJ、JAXR，还对 EJB 的消息传递机制进行了完善(EJB 2.1)。部署与管理工具的增强(JMX)以及新版本的 Servlet 2.4 和 JSP 2.0 使得创建 Web 应用更加容易。

4. Java EE 5

Java EE 5 拥有许多值得关注的特性。其中之一就是新的 Java Standard Tag Library (JSTL) 1.2 规范。JSTL 1.2 的关键是统一表达式语言，它允许我们在 Java Server Faces(JSF) 中结合使用 JSTL 的最佳特性。

1.3.2 JDK 包含的基本组件

JDK 包含的基本组件包括：

- javac——编译器。将源程序转成字节码。
- jar——打包工具。将相关的类文件打包成一个文件。
- javadoc——文档生成器。从源码注释中提取文档。
- jdb——debugger(调试器)。查错工具。
- java——运行编译后的 Java 程序(.class 后缀的)。
- appletviewer——小程序浏览器，一种执行 HTML 文件上的 Java 小程序的 Java 浏览器。
- javah——产生可以调用 Java 过程的 C 过程，或建立能被 Java 程序调用的 C 过程的头文件。
- javap——Java 反汇编器，显示编译类文件中的可访问功能和数据，同时显示字节代码含义。

- jconsole——Java 进行系统调试和监控的工具。

1.3.3   下载 JDK

现在的 Java 属于 Oracle 公司，通过域名 http://java.sun.com 可以访问 Java 相关资源的所有下载链接，在这个域名中几乎包含了所有想要得内容。当然，输入该域名后，它的实际域名会被自动转换为 http://www.oracle.com/technetwork/java/index.html 的形式出现在浏览器的地址栏中。

下载 JDK 的具体步骤如下。

(1) 打开浏览器，在地址栏中输入网址 http://java.sun.com/JavaSE，页面中包含 Software Downloads 的下载专区，其中包含 Java SE 的下载链接，如图 1-1 所示。

图 1-1   Java SE 下载页面

(2) 点击 Java SE 下载链接，下载页面包含多个下载项，如图 1-2 所示。点击 JDK 对应的下载图标，进入最新版本 JDK 的下载页面，如图 1-3 所示。

图 1-2   Java SE 的下载链接页面

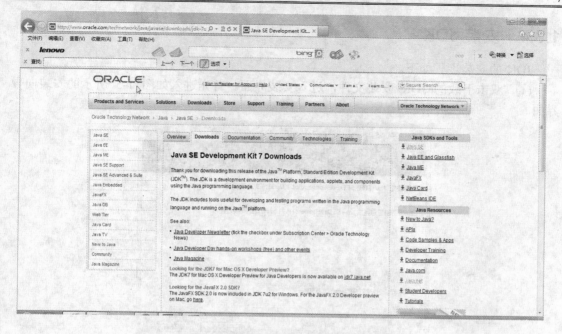

图 1-3　JDK 7 的下载页面

（3）选择你所使用的操作系统平台适用的 JDK，选中内容为"Accept License Agreement"的单选按钮，然后在页面中单击"Download"超链接，接下来就会开始下载 JDK 了。图 1-4 显示了具体下载过程页面。

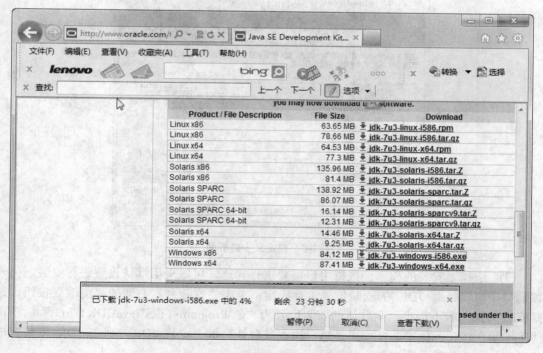

图 1-4　JDK 下载过程页面

1.3.4　安装 JDK

JDK 的安装步骤如下。

(1) 双击下载的 JDK 安装文件，进入安装界面。首先进入如图 1-5 所示的安装向导界面。

图 1-5　安装向导界面

(2) 单击"下一步"按钮，进入如图 1.6 所示的自定义安装界面。

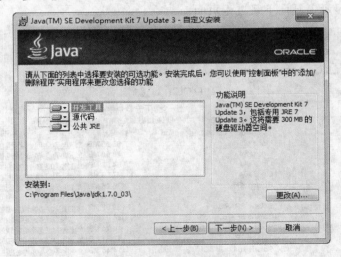

图 1-6　自定义安装界面

(3) 选择要安装的程序。根据用户需要进行勾选，可以采用默认设置进行安装，另外该窗口还可以针对 JDK 的安装位置进行设定：单击"安装到"右侧的"更改"按钮，选择安装位置，若不指定，则默认的安装位置为"C:\Program Files\Java\JDK1.7u3\"。单击"下一步"按钮开始安装，如果是第一次在某台计算机上安装 JDK，则在 JDK 安装完成后进入如图 1-7 所示的 JRE 安装界面。

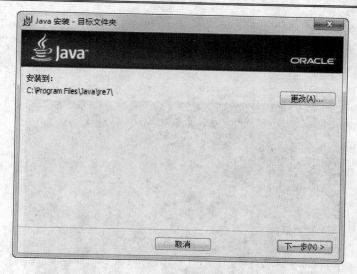

图 1-7　JRE 安装向导界面

（4）按照界面提示，若需改变 JRE 的安装位置，可以单击"更改"按钮确定安装目录，也可以同样采用默认路径的方式进行安装。安装完毕后单击"完成"按钮即可。

1.3.5　JDK 的配置和测试

1. Windows 系统下的配置和测试

以下是在 Windows 7 系统中 JDK 1.7 的配置方法。

（1）添加 JAVA_HOME 指明 JDK 安装路径，如 D:\jdk1.7)，此路径下包括 lib、bin、jre 等文件夹。

变量 JAVA_HOME 值为 D:\java\jdk1.7.0——不要加分号。

（2）添加 Path。设为：

```
;%JAVA_HOME%\bin;%JAVA_HOME%\jre\bin
```

如果已有，就加在原来变量值的后面，一般来说，系统都是有 path 变量的。

（3）添加 CLASSPATH 为 Java 加载类(class or lib)路径，只有类在 CLASSPATH 中，java 命令才能识别。设为：

```
.;%JAVA_HOME%\lib\dt.jar;%JAVA_HOME%\lib\tools.jar;%JAVA_HOME%\lib
```
(要加.表示当前路径)

完成上述操作后，在命令窗口中输入 set java_home set path set classpath，可以看到修改的结果：

```
JAVA_HOME=D:\java\jdk1.7.0 ---不要加分号
Path=D:\java\jdk1.7.0\bin;D:\java\jdk1.7.0\jre\bin;g:\Program
Files\Windows7Master;G:\Pro
Windows7Master
PATHEXT=.COM;.EXE;.BAT;.CMD;.VBS;.VBE;.JS;.JSE;.WSF;.WSH;.MSC
```

接下来进行测试。

从"开始"菜单中选择"运行"命令,键入"cmd"并按 Enter 键,出现系统命令行窗口,在任意目录下键入"java",按 Enter 键,窗口中出现如图 1-8 所示的内容,即表示配置正确。

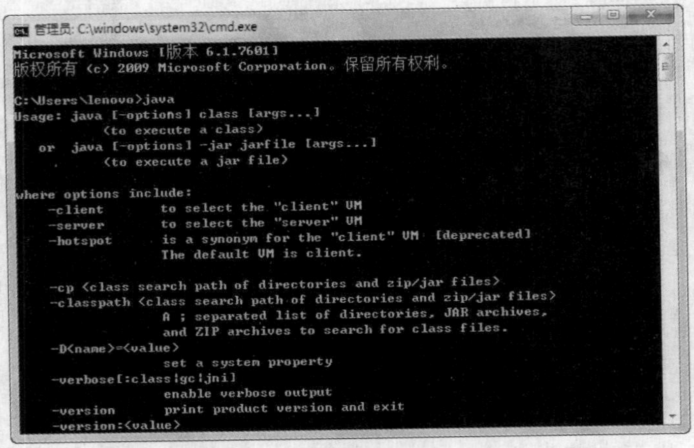

图 1-8　Windows 系统 JDK 测试

2. Linux 系统下的配置和测试

(1)　下载 jdk-7-linux-i586.tar.gz:

```
Wget -c http://download.oracle.com/otn-pub/java/jdk/7/jdk-7-linux-
i586.tar.gz
```

(2)　解压安装:

```
sudo tar zxvf ./jdk-7-linux-i586.tar.gz -C /usr/lib/jvm
cd /usr/lib/jvm
sudo mv jdk1.7.0/ java-7-sun
```

(3)　修改环境变量:

```
vim ~/.bashrc
```

添加:

```
export JAVA_HOME=/usr/lib/jvm/java-7-sun
export JRE_HOME=${JAVA_HOME}/jre
export CLASSPATH=.:${JAVA_HOME}/lib:${JRE_HOME}/lib
export PATH=${JAVA_HOME}/bin:$PATH
```

保存后退出。输入以下命令使之立即生效:

```
source ~/.bashrc
```

(4)　配置默认 JDK 版本。

由于 Ubuntu 中可能会有默认的 JDK,如 openjdk,所以,为了将我们安装的 JDK 设置为默认 JDK 版本,还要进行如下工作。

执行代码:

```
sudo update-alternatives --install /usr/bin/java java /usr/lib/jvm/java-
```

```
7-sun/bin/java 300
sudo update-alternatives --install /usr/bin/javac javac
/usr/lib/jvm/java-7-sun/bin/javac 300
```

执行代码：

```
sudo update-alternatives --config java
```

系统会列出各种 JDK 版本，如下所示：

```
www.linuxidc.com@linux:~$ sudo update-alternatives --config java
```

有 3 个候选项可用于替换 java(提供/usr/bin/java)：

```
选择 路径 优先级 状态
------------------------------------------------------------
* 0 /usr/lib/jvm/java-6-openjdk/jre/bin/java 1061 自动模式
1 /usr/lib/jvm/java-6-openjdk/jre/bin/java 1061 手动模式
2 /usr/lib/jvm/java-6-sun/jre/bin/java 63 手动模式
3 /usr/lib/jvm/java-7-sun/bin/java 300 手动模式
```

要维持当前值[*]可按 Enter 键，或者键入选择的编号 3。

update-alternatives：使用/usr/lib/jvm/java-7-sun/bin/java 来提供/usr/bin/java(java)(在手动模式中)。

(5)　测试：

```
www.linuxidc.com@linux:~$ java -version
java version "1.7.0"
Java(TM) SE Runtime Environment (build 1.7.0-b147)
Java HotSpot(TM) Server VM (build 21.0-b17, mixed mode)
```

1.4　一个 Java 程序的开发过程

本节以一个简单的 Java 程序为例介绍 Java 应用程序的开发过程。

1.4.1　第一个 Java 程序

为了让大家更深入地了解 Java 程序结构，下面对 Hello.java 的源代码进行分析。

【例 1-1】Hello.java。代码如下：

```
public class Hello {
    public static void main(String args[]) {
        System.out.println("Hello!");
    }
}
```

这是一个 Java 应用程序。当然 Java 程序的类型不止应用程序一种，在以后的内容中会给大家介绍。这个程序是在 Hello 类中进行编写的，类中包含一个作为程序入口的 main()方法，main()方法必须是类的 public 和 static 的成员，且 void 表示该方法不返回任何值，String args[]是 main()方法的参数，也可以写成 String[] args。

1.4.2　第一个 Java 程序的开发过程

本教材程序使用开源 Eclipse 开发，Eclipse 是一款功能强大的 Java 项目开发工具。大家可以到网上下载，具体方法不再赘述。

以下是第一个 Java 程序的开发步骤。

(1) 打开 Eclipse SDK，通过 File→New→Java Project 菜单命令打开 Java 项目创建向导，如图 1-9 所示。

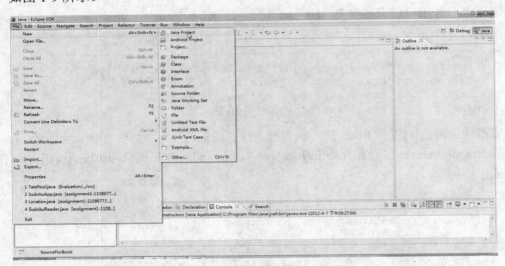

图 1-9　通过菜单命令创建项目

我们在编写一个独立类时，当然可以不通过项目的方式对其进行创建，但是为了便于对相关源代码进行管理和后续完成其他代码的编写，我们将该类以及本章之后大多数被定义的类统一用 Java 项目的方式进行管理。

(2) 在项目创建窗口输入项目名称，然后单击 Finish 按钮，如图 1-10 所示。

图 1-10　单击 Finish 按钮

（3）在 Eclipse 的 Package Explorer 中找到刚刚新建的项目，展开项目找到其中的 src 文件夹，在该文件夹上右击，从弹出的快捷菜单中选择 New→Class 命令，创建类，如图 1-11 所示。

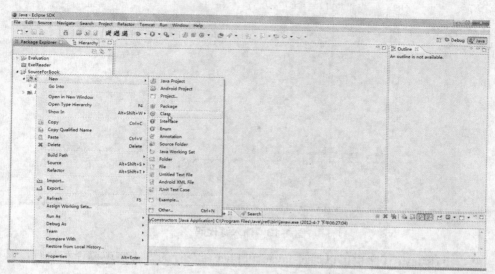

图 1-11　通过菜单命令创建新类

（4）在创建 Java 类窗口中输入类的名字"Hello"，然后单击 Finish 按钮，如图 1-12 所示。

图 1-12　单击 Finish 按钮

（5）在被打开的代码编辑窗口中输入 Hello.java 中的源代码，如图 1-13 所示。

（6）通过 Run → Run As → Java Application 菜单命令运行该程序。程序的运行结果是在控制台输出"Hello！"。

到此为止，我们已经完成了第一个 Java 程序的开发设计。

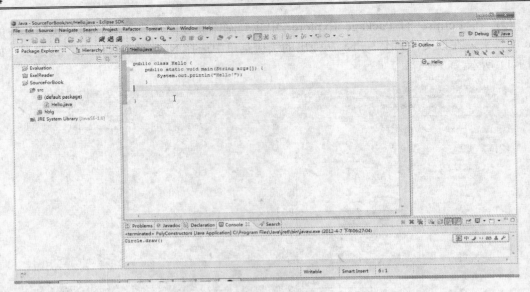

图 1-13　输入源代码

当然，上述 Java 程序也可以通过 javac 和 java 命令行的方式实现编译和执行，具体方法如下(以 Windows 操作系统为例)。

第一步，在已经完成 Java 虚拟机环境变量设置的 Windows 操作系统中，通过 Windows 的命令行窗口进入源文件 Hello.java 所在的目录，执行如下命令行语句：

```
javac Hello.java
```

通过上述命令编译后，会生成文件名相同的字节码文件(扩展名为.class)。

第二步，通过输入"java Hello"命令行语句，实现程序的运行。

1.5　课后习题

1. 填空题

(1) 1991 年，Sun 公司的 Jame Gosling 和 Bill Joe 等人为电视、控制烤面包机等家用电器的交互操作开发了一个____软件，它是 Java 的前身。

(2) Java 可以跨平台的原因是____。

(3) Java 是一个网络编程语言，它简单易学，利用了____的技术基础，但又独立于硬件结构，具有可移植性、健壮性、安全性、高性能。

2. 选择题

(1) 下列不属于 Java 语言鲁棒性(即稳定性)特点的是(　　)。

A. Java 能检查程序在编译和运行时的错误

B. Java 能运行虚拟机，实现跨平台

C. Java 自己操纵内存，减少了内存出错的可能性

D. Java 还实现了真数组，避免了覆盖数据的可能

(2) Java 语言是 1995 年由(　　)公司发布的。

    A. Sun　　　　B. Microsoft　　　　C. Borland　　　　D. Fox Software import

(3) 下列选项中属于 Java 语言的安全性的一项是(　　)。

    A. 动态链接　B. 高性能　　　　C. 访问权限　　　　D. 内存跟踪

(4) 下面关于 Java 语言特点的描述中，错误的是(　　)。

    A. Java 是纯面向对象编程语言，支持单继承和多继承

    B. Java 支持分布式的网络应用，可透明地访问网络上的其他对象

    C. Java 支持多线程编程

    D. Java 程序与平台无关、可移植性好

(5) 编译 Java 程序后生成的面向 JVM 的字节码文件的扩展名是(　　)。

    A. .java　　　　B. .class　　　　C. .obj　　　　D. .exe

3. 简答题

Java 语言的诞生日是哪一天？它有哪些特点和优势？

第 2 章

Java 中的数据类型和运算

　　任何程序设计语言都有其基本语法格式。要掌握并熟练使用 Java 语言，需要对 Java 语言的基本语法进行充分的了解。本章主要介绍 Java 基本语法中的数据类型和基本运算。Java 语言与 C 和 C++ 语言有类似之处，相对而言，学过上述两种语言的读者在学习本章时会更加容易一些。

2.1　Java 中的标识符和关键字

2.1.1　标识符

　　程序员对程序中的各个元素加以命名时使用的命名记号称为标识符(Identifier)。在 Java 语言中，标识符是变量、类或方法的名称。标识符是以字母、下划线_、美元符$开始的一个字符序列，后面可以跟字母、下划线、美元符、数字。

　　(1)　合法标识符的例子如下：

- password
- userName
- User_Name
- _sys_val
- $charge

　　(2)　非法标识符的例子如下。

- 2Number：不可以以数字开头。
- Val-temp：含有不合法的字符"-"。
- tcp/msg：含有不合法的字符"/"。
- &address：含有不合法字符"&"。
- class：不能是保留字(关于保留字，见下文详解)。

　　💡 提示：　Java 标识符区分大小写，如 ID 与 id 是两个不同的标识符。标识符的长度不限。允许标识符中出现汉字或其他语言文字符号，但建议读者不要那样做。

2.1.2　关键字

　　关键字也被称为保留字，是 Java 语言中已经被赋予特定意义和用途的一些单词。关键字不可以被用作标识符，否则会出现错误。下面列出了 Java 语言中的所有保留字：

　　abstract，break，byte，boolean，catch，case，class，char，continue，default，double，do，else，extends，false，final，float，for，finally，if，import，implements，int，interface，instanceof，long，length，native，new，null，package，private，protected，public，return，switch，synchronized，short，static，super，try，true，this，throw，throws，threadsafe，transient，void，while。

　　💡 提示：Java 语言中的保留字均用小写字母表示。

2.1.3　注释

　　Java 语言常用的注释有以下两种：

- 单行注释。"//"后的内容是注释。自这个标记开始，一直到本行结束。
- 多行注释。用"/*"和"*/"包围起来的内容是注释。

2.2 Java 语言的数据类型

2.2.1 数据类型概述

(1) Java 中的数据类型划分

Java 语言的数据类型可以划分为简单数据类型(基本数据类型)和引用类型。

① 基本数据类型包括如下几种。

- 整数类型：byte、short、int、long
- 浮点类型：float、double
- 字符类型：char
- 布尔类型：boolean

② 引用数据类型包括如下几种：

- Class(类)
- Interface(接口)
- 数组

(2) 常量和变量

① 常量用保留字 final 来标示。例如：

```
final float PI = 3.14;
```

② 变量是 Java 程序中的基本存储单元，它的定义包括变量名、变量类型和作用域几个部分。例如：

```
int count;
char c = 'a';
```

(3) 变量的作用域

变量的作用域指明可访问该变量的一段代码，声明一个变量的同时也就指明了变量的作用域。按作用域来分，变量可以有下面几种：局部变量、类变量、方法参数和异常处理参数。在一个确定的域中，变量名应该是唯一的。局部变量在方法或方法的一个块代码中声明，它的作用域为它所在的代码块(整个方法或方法中的某块代码)。类变量在类中声明，而不是在类的某个方法中声明，它的作用域是整个类。方法参数传递给方法，它的作用域就是这个方法。异常处理参数传递给异常处理代码，它的作用域就是异常处理部分。

2.2.2 基本数据类型

基本数据类型代表单值，而不是复杂的对象，是构造其他任何数据类型的基础。Java是完全面向对象的，但简单数据类型不是。它们类似于其他大多数非面向对象语言的简单数据类型。在面向对象中引入简单数据类型不会对执行效率产生太多的影响。

接下来依次讨论每种简单数据类型。

(1) 布尔类型——boolean

布尔型数据只有两个取值：true 和 false，且它们不对应于任何整数值。

布尔型变量的定义举例如下：

```
boolean a = true;
```

需要特别指出的是，在整数类型和 boolean 类型之间无转换计算。有些语言(特别值得强调的是 C 和 C++)允许将数值转换成逻辑值，这在 Java 编程语言中是不允许的；boolean 类型只允许使用 boolean 值。

(2)　字符类型——char

Java 的 char 与 C 或 C++中的 char 不同。在 C/C++中，char 的宽度是 8 位，但 Java 中的 char 类型是 16 位。一个字符用一个 16 位的 Unicode 码表示。

①　字符常量：字符常量是用单引号括起来的一个字符，如 'a'、'A'。

②　字符型变量：类型为 char，它在机器中占 16 位，其范围是 0~65535。

字符型变量的定义举例如下：

```
char c = 'a';   /* 指定变量 c 为 char 型，且赋初值为'a' */
```

Java 的 char 类型数据可以像整数一样进行加或减的操作，通过将字符放在单引号内来表示字符文字，所有可见的 ASCII 码都可以被包含在单引号内，例如'a'、'b'、'@'，对那些不可直接被包含的字符，有若干转义字符，这样就可以输入需要的字符，转义字符以"\"开头，例如"\n"表示换行。常用的转义字符如表 2-1 所示。

表 2-1　常用的转义字符

转义字符	说　明
\n	换行
\t	水平制表符(Tab)
\r	回车符
\b	退格
\f	换页
\\	反斜杠
\'	单引号
\"	双引号
\ddd	八进制符(ddd)
\uxxxx	十六进制 Unicode 码字符(xxx)

在字符处理中另一个常用的类型是 String，String 不是 Java 基本数据类型，而是一个类，它表示一个字符序列(字符串)，String 的文字应该被双引号封闭，例如：

```
String greeting = "Good Afternoon !";
String error_msg = "Input Error";
```

关于更多的字符串类型的知识，我们将在后续的第 5 章中详细讲述。

(3)　整型数据——byte、short、int、long

①　整型常量：

● 十进制整数。如 123、-456、0

- 八进制整数。以 0 开头，如 0123 表示十进制数 83，-011 表示十进制数-9。
- 十六进制整数。以 0x 或 0X 开头，如 0x123 表示十进制数 291，-0X12 表示十进制数-18。
② 整型变量如表 2-2 所示。

表 2-2　整型变量

数据类型	所占位数	数的范围
byte	8	$-2^7 \sim 2^7-1$
short	16	$-2^{15} \sim 2^{15}-1$
int	32	$-2^{31} \sim 2^{31}-1$
long	64	$-2^{63} \sim 2^{63}-1$

(4) 浮点型(实型)数据

① 实型常量：

- 十进制数形式。由数字和小数点组成且必须有小数点，如 0.123、1.23、123.0。
- 科学记数法形式。如 123e3 或 123E3，其中 e 或 E 之前必须有数字，且 e 或 E 后面的指数必须为整数。
- float 型的值。必须在数字后加 f 或 F，如 1.23f。

② 实型变量如表 2-3 所示。

表 2-3　实型变量

数据类型	所占位数	数的范围
float	32	$3.4e^{-038} \sim 3.4e^{+038}$
double	64	$1.7e^{-308} \sim 1.7e^{+308}$

(5) 使用简单数据类型的例子

【例 2-1】使用简单数据类型：

```java
public class Assign {

    public static void main(String args[]) {

        int x, y; //定义 x、y 两个整型变量
        float z = 1.234f; //指定变量 z 为 float 型，且赋初值为 1.234
        double w = 1.234; //指定变量 w 为 double 型，且赋初值为 1.234
        boolean flag = true; //指定变量 flag 为 boolean 型，且赋初值为 true
        char c; //定义字符型变量 c
        String str; //定义字符串变量 str
        String str1 = "Hi"; //指定变量 str1 为 String 型，且赋初值为"Hi"
        c = 'A'; //给字符型变量 c 赋值为'A'
        str = "bye"; //给字符串变量 str 赋值为"bye"
        x = 12; //给整型变量 x 赋值为 12
        y = 300; //给整型变量 y 赋值为 300
    }

}
```

2.2.3　优先关系和相互转换

(1)　简单数据类型中各类型数据间的优先关系如下：

低------------------------------------>高

byte、short、char > int > long > float > double

(2)　简单数据类型中各类型数据间的自动类型转换规则如下：整型、实型、字符型数据可以混合运算。运算中，不同类型的数据先转化为同一类型，然后进行运算，转换从低级到高级，如表 2-4 所示。

表 2-4　优先关系和相互转换

操作数 1 类型	操作数 2 类型	转换后的类型
byte、short、char	int	int
byte、short、char、int	long	long
byte、short、char、int、long	float	float
byte、short、char、int、long、float	double	double

(3)　强制类型转换。

高级数据要转换成低级数据，需用到强制类型转换，例如：

```
int i;
byte b = (byte)i;  /*把 int 型变量 i 强制转换为 byte 型*/
```

2.2.4　引用类型

Java 中的引用数据类型就是以各种类(包括自定义的和系统提供的)作为数据类型进行定义的，关于类的详细介绍，以及如何使用引用类型，将在后续章节给出。

2.3　运算符和表达式

2.3.1　运算符

对各种类型的数据进行加工的过程称为运算，表示各种不同运算的符号称为运算符。Java 语言的运算符按功能划分包括算术运算符、关系运算符、逻辑运算符、位运算符、赋值运算符及其扩展赋值运算符、条件运算符及其他。

参与运算的数据称为操作数，按操作数的数目来分，Java 运算符可分为如下几类。

● 一元运算符：++、--、+、-

● 二元运算符：+、-、>

● 三元运算符：?:

1. 算术运算符

算术运算符包括 +、-、*、/、%、++、--。

例如：

```
3+2
a-b
i++
--i
```

2．关系运算符

关系运算符包括 >、<、>=、<=、==、!=。

例如：

```
count > 3
i == 0
n != -1
```

3．布尔逻辑运算符

布尔逻辑运算符包括 !、&&、||。

例如：

```
flag = true; !(flag);
flag && false;
```

4．位运算符

位运算法包括 >>、<<、>>>、&、|、^、~。

例如对于：

```
a=10011101; b=00111001;
```

则有如下结果：

```
a<<3 =11101000;
a>>3 =11110011 a>>>3=00010011;
a&b=00011001; a|b=10111101;
~a=01100010; a^b=10100100;
```

5．赋值运算符

赋值运算符包括等号 "=" 及其扩展赋值运算符，如+=、-=、*=、/=等。

例如：

```
i = 3;
i += 3;          //等效于 i = i + 3;
```

6．三元条件运算符

三元条件运算符是 ?: 。

例如：

```
result = (sum==0 ? 1 : num/sum);
```

7．其他运算符

其他类型运算法包括分量运算符.、下标运算符[]、实例运算符 instanceof、内存分配运算符 new、强制类型转换运算符(类型)、方法调用运算符()等。例如：

```
System.out.println("hello world");  //使用了分量运算符.和方法调用运算符()
int array1[] = new int[4];  //使用了下标运算符[]和内存分配运算符 new
```

8．运算符的优先次序

按照运算符的优先顺序从高到低进行，同级运算符从左到右进行，如表 2-5 所示。

表 2-5　运算符的优先次序

优先次序	运　算　符
1	. [] ()
2	++ -- ! ~ instanceof
3	new (type)
4	* / %
5	+ -
6	>> >>> <<
7	> < >= <=
8	== !=
9	&
10	^
11	|
12	&&
13	||
14	? :
15	= += -= *= /= %= ^=
16	&= |= <<= >>= >>>=

例如，下述条件语句分 4 步完成(按括号出现的顺序)：

```
Result=sum==0?1:num/sum;
```

第 1 步：result=sum==0?1:(num/sum)

第 2 步：result=(sum==0)?1:(num/sum)

第 3 步：result=((sum==0)?1:(num/sum))

第 4 步：result=最终结果

2.3.2　表达式

表达式是算法语言的基本组成部分，它表示一种求值规则，通常由操作数、运算符和圆括号组成。操作数是参加运算的数据，可以是常数、常量、变量或方法引用。表达式中出现的变量名必须已初始化。

　　表达式按照运算符的优先级进行计算，求得一个表达式的值。运算符中圆括号的优先级最高，运算次序是"先内层后外层"，因此先计算由圆括号括起来的子表达式，圆括号还可以多级嵌套。大多运算符按照从左向右的次序进行计算，少数运算符的运算次序是从右向左的，如赋值、三元条件等。

　　Java 规定了表达式的运算规则，对操作数类型、运算符性质、运算结果类型及运算次序都做了严格的规定，程序员使用时必须严格遵循系统的规定，不能自定义。

　　由于操作数和运算符都是有类型的，因而表达式也是有类型的，表达式的类型不一定与操作数相同，它取决于其中的运算。例如：

```
(i++)*2                    //结果类型与 i 的类型相同
(i >0) & (i<=9)            //结果为布尔型
"I AM" + "ABC"             //结果为 String 类型
```

　　Java 表达式既可以单独组成语句，也可出现在循环条件、变量说明、方法的参数调用等场合。下面通过几个例子来说明表达式在程序中的应用。

　　【例 2-2】求任意一个正数的数字和。

　　本例演示整数类型的运算。程序如下：

```java
public class DigSum
{
    public static void main(String args[])
    {
        int n=0, digsum=0;
        n = Integer.parseInt(args[0]);
        while(n%10!=0 || n/10!=0) {
            digsum += n%10;
            n = n/10;
        }
        System.out.println(
          "Digsum(" + Integer.parseInt(args[0]) + ") = " + digsum);
    }
}
```

　　输入 main()函数参数 103，程序运行结果为：

```
Digsum(103) = 4
```

　　【例 2-3】求圆的面积。

　　给出一个圆的半径，可以求出圆的面积值。本例演示浮点数类型的运算，其中定义 PI 为浮点数常量。程序如下：

```java
public class Circle_area
{
    public static void main(String args[])
    {
        final float PI = 3.14f;
        float r=2f, area;
        area = PI * r * r;
        System.out.println("半径为" + r + "的圆面积为 " + area);
```

```
    }
}
```

程序运行结果：

```
Area(2) = 12.56
```

【例 2-4】判断一个年份是否为闰年，年份由用户在运行时输入。

根据天文历法规定，每 400 年中有 97 个闰年。凡不能被 100 整除但能被 4 整除的年份，或能被 400 整除的年份是闰年，其余年份是平年。如 1996、2000 是闰年，而 1900 是平年。

本例演示布尔型的运算。对一个年份 Year，按上述条件进行判断，即进行相应的逻辑运算，得到布尔型结果值并输出。程序如下：

```java
public class Leap_boolean
{
    public static void main(String args[])
    {
        int year = Integer.parseInt(args[0]);
        boolean leap = false;
        leap = (year%400==0) | (year%100!=0) && (year%4==0);
        System.out.println(
          Integer.parseInt(args[0]) + " is a leap year," + leap);
    }
}
```

程序运行结果：

```
2002 is a leap year, false
```

2.4　课后习题

1. 填空题

(1)　已知 int a=8, b=6; 则表达式++a-b++的值为_____。

(2)　已知 boolean b1=true, b2; 则表达式!b1&&b2||b2 的值为_____。

(3)　执行 int x, a=2, b=3, c=4; x =++a + b++ + c++; 结果是_____。

2. 选择题

(1)　Java 语言中基本的数据类型不包括(　　)。

　　A. 整型　　　　　　B. 浮点型　　　　　C. 数组　　　　　　D. 逻辑型

(2)　Java 程序中用来定义常量时必须用到的关键字是(　　)。

　　A. final　　　　　　B. class　　　　　　C. void　　　　　　D. static

(3)　下列哪个是合法标识符(　　)。

　　A. 2end　　　　　　B. -hello　　　　　C. =AB　　　　　　D. 整型变量

(4)　基本数据类型 short 的取值范围是(　　)。

　　A.(-256)~255　　　B. (-32768)~32767　　　C. (-128)~127　　　D. 0~655

(5) 若定义有 short s; byte b; char c; 则 s * b + c 的类型为( )。

    A. char   B. short   C. int   D.byte

3. 判断题

(1) Java 中的显示类型转换既能从低类型向高类型转换，也能从高类型向低类型转换，而隐式类型转换只有前者。 ( )

(2) 在 Java 中，字符串和数组是作为对象出现的。 ( )

(3) 执行完 boolean x = false; boolean y = true; boolean z = (x&&y)&&(!y); int f=z=false?1:2; 这段代码后，z 和 f 的值分别为 true 和 1。 ( )

4. 简答题

float f = 3.4;是否正确？

第 3 章

Java 结构化编程

　　程序必须能够控制自己的世界，任何时候都能够通过语句控制自己的执行方向。Java 使用了 C 语言的全部控制语句，所以假如您以前用 C 或 C++做过编程，那么对 Java 中的大多数控制语句结构都应是非常熟悉的。本章涉及的知识点是实现 Java 方法体内部处理的核心，方法体内部程序流程控制方式与面向过程的结构化语言(如 C 语言)一致，这也是我们将介绍面向对象编程语言 Java 的控制流程的这一章命名为"Java 结构化编程"的原因。

3.1   控制语句概述

Java 算法包含 3 种基本的控制结构，分别为顺序结构、分支结构、循环结构。这 3 种结构构成了 Java 程序的 3 种控制流程。

- 顺序结构：语句按照书写的先后顺序依次执行，这是最简单，也是最基本的程序控制流程。
- 分支结构：也称为选择结构，分支结构通过判断条件表达式的值确定程序执行的分支。
- 循环结构：这是在一定条件下反复执行一个语句块的程序控制结构。

这 3 种结构的程序流程图如图 3-1 所示。

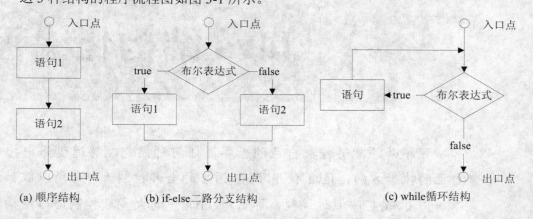

图 3-1   Java 程序的 3 种控制结构

Java 程序通过控制语句来实现程序流程控制，完成一定的任务。程序流是由若干个语句组成的，语句可以是单一的一条语句，也可以是用大括号{}括起来的一个复合语句(或称语句块)。Java 中的控制语句有以下几类。

- 分支语句：if-else、switch
- 循环语句：while、do-while、for
- 与程序转移有关的跳转语句：break、continue、return
- 异常处理语句：try-catch-finally、throw
- 注释语句：//、/* */、/** */

💡 注意：   顺序结构是不需要任何控制语句的，换句话说，在任何方法体语句中，如果不包含任何上述控制语句，则其执行顺序必将严格按照语句书写的先后顺序执行。

3.2   分支语句

分支语句提供了一种控制机制，使得程序的执行可以跳过某些语句不执行，而转去执行特定的语句。换言之，分支语句可以改变程序的顺序执行方式，使程序根据不同的条件执行不同的处理语句(或语句块)。

3.2.1　if-else 语句

1. if-else 语句

一般形式为：

```
if(布尔表达式)
    语句块 1
else
    语句块 2
```

语句执行顺序：首先计算布尔表达式的值，若表达式取值为"真"，则执行语句块 1，如果布尔表达式的取值为"假"，则执行语句块 2。这里"语句块"要么是用分号结尾的一个简单语句，要么是一个复合语句——即封闭在括号内的一组语句。

例如：

```
if(a >= b)
    max = a;
else
    max = b;
```

2. 省略 else 分支

if-else 语句使用时 else 是可选的，省略 else 分支的语句的一般格式是：

```
if(布尔表达式)
    语句块 1
```

在省略 else 分支的语句中，当布尔表达式取值为假时不做任何处理。

例如：

```
if(x > 0)
    println("x 是正数");
```

3. if-else 语句的嵌套

if-else 语句中如果语句块 1 或者语句块 2 又是 if-else 语句，这种使用形式称为 if-else 的嵌套。在 Java 语言中，else 总是与离它最近的 if 配对，若想改变这种配对关系，可通过{}来实现。例如：

```java
static int test(int testval) {
    int result = -32768;
    if(testval < 60)
        result = -1;
    else if(testval > 60)
        result = +1;
    else
        result = 0;
    return result;
}
```

需要指出的是，过多层次的 if-else 嵌套使用会降低程序的执行效率。

3.2.2　多分支语句 switch

switch 语句的一般形式为：

```
switch (表达式) {
    case value_1:
        语句1;
        break;
    case value_2:
        语句2;
        break;
    ...
    case value_n:
        语句n;
        break;
    [default: 默认处理语句;]
}
```

这里"表达式"的返回值类型必须是几种类型之一：int(整型)、byte(字节型)、char(字符型)、short(短整型)。

case 子句中的值 value_x 必须是常量，而且所有 case 子句中的值应是不同的。

default 子句是可选的。

break 语句用来在执行完一个 case 分支后，使程序跳出 switch 语句，即终止 switch 语句的执行(特殊情况下多个不同的 case 值要执行一组相同的操作，这时可以不用 break)。

例如：

```
swith(score/10){
    case 10:
    case 9 :  level = "优"; break;
    case 8 :  level = "良"; break;
    case 7 :  level = "中"; break;
    case 6 :  level = "及格"; break;
    default:  level = "不及格";
}
```

3.3　循 环 语 句

循环语句的作用是反复执行一段代码，直到满足终止循环的条件为止。Java 语言中提供的循环语句有 for 语句、while 语句和 do-while 语句，下面分别进行讨论。

3.3.1　for 语句

for 循环语句适合循环次数确定的情况。for 语句的一般格式为：

```
for (循环变量初始化语句; 循环终止条件表达式; 循环迭代语句) {
    循环体语句;
}
```

for 语句执行时，首先执行初始化操作，然后判断终止条件是否满足，如果满足，则执行循环体中的语句，最后执行迭代部分。完成一次循环后，重新判断终止条件。

初始化、终止以及迭代部分都可以为空语句(但分号不能省略)，三者均为空的时候，相当于一个无限循环。

在初始化部分和迭代部分可以使用逗号语句来进行多个操作。逗号语句是用逗号分隔的语句序列。

【例 3-1】 用 for 循环求 1~10 的累加和。代码如下：

```java
public class Sum_for
{
    public static void main(String args[])
    {
        int i=1, n=10, s=0;
        for (i=1; i<=n; i++)
            s = s + i;
        System.out.println("Sum = 1+...+" + n + " = " + s);
        s = 0;
        System.out.print("Sum = ");
        for (i=n; i>1; i--)
        {
            s += i;
            System.out.print(i + "+");
        }
        System.out.println(i + " = " + (s+i));
    }
}
```

程序运行结果：

```
Sum = 1+...+10 = 55
Sum = 10+9+8+7+6+5+4+3+2+1 = 55
```

3.3.2 while 语句

在有些情况下，语句序列被重复执行的次数并不确定，这时使用 while 循环较为合适。while 语句的一般格式为：

```
[初始化]
while (循环条件表达式) {
    循环体;
}
```

【例 3-2】 用 for-while 循环求 1~10 的累加和。程序代码如下：

```java
public class Sum_while
{
    public static void main(String args[])
    {
        int i=1, s=0;
        while(i < 10) {
            System.out.print(i + "+");
            s += i++;
        }
```

```
        System.out.println(i + " = " + (i + s));
    }
}
```

程序运行结果：

```
1+2+3+4+5+6+7+8+9+10 = 55
```

3.3.3　do-while 语句

语法格式：

```
[初始化]
do {
    循环体;
} while (循环条件表达式);
```

do-while 语句的执行过程如下。

(1) 执行循环体语句。

(2) 计算"循环条件表达式"，若其值为真返回 1，否则退出循环。

do-while 与 while 不同的是不论循环条件是否满足，循环体都要被执行一次。而 while 循环有可能发生循环体未被执行的情况。

【例 3-3】用 do-while 循环计算 1~10 的累加和。代码如下：

```java
import java.io.*;
public class Sum_dowhile
{
    public static void main(String args[]) throws IOException
    {
        int i=1, s=0;
        do
        {
            System.out.print(i + "+");
            s += i++;
        } while (i < 10);
        System.out.println(i + " = " + (i + s));
    }
}
```

程序运行结果：

```
1+2+3+4+5+6+7+8+9+10 = 55
```

3.4　跳　转　语　句

Java 支持 3 种跳转语句：break、continue 和 return。这些语句把控制转移到程序的其他部分。下面对每一种语句进行讨论。

3.4.1　break 语句

break 语句的一般格式：

```
break [<标号>];
```

1. 不带符号的情况

只能用于循环语句和选择语句内，用于结束包含它所在层次的循环体语句或分支处理语句的执行。对于 break 语句在多分支选择(switch)语句中的应用，我们已经在前面给大家进行了介绍。下面通过一个例子具体讲解 break 语句的作用方式。

【例 3-4】不带符号的 break 应用：

```java
class BreakLoop {
    public static void main(String args[]) {
        for(int i=0; i<100; i++) {
            if(i == 10) break;  //结束循环
            System.out.print(i + ",");
        }
        System.out.println(" 循环终止。");
    }
}
```

该程序的输出是：

```
1,2,3,4,5,6,7,8,9, 循环终止。
```

2. 带符号的情况

带符号的 break 既适用于循环语句和选择语句，也可以用于块语句内。其作用是结束该复合语句。

在 Java 中，可以为每个代码块加一个括号，一个代码块通常是用大括号{}括起来的一段代码。加标号的格式如下：

```
BlockLabel: { codeBlock }
```

break 语句的第二种使用情况就是跳出它所指定的块，并从紧跟该块的第一条语句处执行。

例如：

```
a:{... //标记代码块 a
    b:{... //标记代码块 b
        c:{... //标记代码块 c
            break b;
            ... //此处的语句块不被执行
        }
        ... /此处的语句块不被执行
    }
    ... //从此处开始执行
}
```

3.4.2　continue 语句

continue 语句用来结束本次循环，跳过循环体中下面尚未执行的语句，接着进行终止条件的判断，以决定是否继续循环。对于 for 语句，在进行终止条件的判断前，还要先执行迭代语句。它的格式为：

```
continue;
```

也可以用 continue 跳转到括号指明的外层循环中，这时的格式为：

```
continue outerLabel;
```

例如：

```
outer: for (int i=0; i<10; i++) { //外层循环
    inner: for (int j=0; j<10; j++) { //内层循环
        if(i < j) {
            ...
            continue outer;
        }
        ...
    }
    ...
}
```

3.4.3　返回语句 return

return 语句从当前方法中退出，返回到调用该方法的语句处，并从紧跟该语句的下一条语句继续程序的执行。返回语句有两种格式：

```
return 表达式;
return;
```

除非用在 if-else 语句中，否则 return 语句通常用在一个方法体的最后，不然的话会产生编译错误。

3.5　课后习题

1. 选择题

(1) 所有的程序均可以用几种类型控制结构编写？（　　）

  A. 顺序结构、选择结构、循环结构

  B. 顺序结构、循环结构

  C. 顺序结构、选择结构

  D. 选择结构、循环结构

(2) 当条件为真和条件为假时，（　　）控制结构可以执行不同的动作。

  A. switch   B. while   C. for   D. if/else

(3)　下列关于 for 循环和 while 循环的说法中哪个是正确的？(　　　)

　　A. while 循环能实现的操作，for 循环也都能实现

　　B. while 循环判断条件一般是程序结果，for 循环判断条件一般是非程序结果

　　C. 两种循环任何时候都可替换

　　D. 两种循环结构中都必须有循环体，循环体不能为空

2. 判断题

(1)　Java 语言提供了 3 个专门的循环控制语句：for 语句、while 语句和 do while 语句。　　　　　　　　　　　　　　　　　　　　　　　　　　　　　　　(　　　)

(2)　程序中的 break 语句是用于退出 switch 的，若没有，则程序将不再比较而是依次执行所有语句。　　　　　　　　　　　　　　　　　　　　　　　　　　　(　　　)

(3)　若循环变量在 for 语句前面已经有定义并具有循环初值，则初始语句可以为空(分号不可省略)。　　　　　　　　　　　　　　　　　　　　　　　　　　　(　　　)

3. 操作题

(1)　编写一个程序求 1!+2!+...+10!。

(2)　请写出下面程序的执行结果：

```
int i = 9;
switch (i) {
    default: System.out.println("default");
    case 0: System.out.println("zero"); break;
    case 1: System.out.println("one");
    case 2: System.out.println("two");
}
```

(3)　请写出下面程序的执行结果：

```
one:
for (int i=0; i<3; i++) {
two:
    for (int j=10; j<30; j+=10) {
        System.out.println(i + j);
        if (i > 2)
            continue one;
    }
}
```

第 4 章

Java 面向对象编程

Java 语言是目前使用最多的面向对象编程语言。与 C++语言相比，Java 去掉了 C++语言的复杂性和二义性的成分，增加了安全性和可移植性的成分。Java 语言与 C++语言相比简单得多，去掉了头文件、预处理程序、指针、多重继承、结构体、共用体、操作符重载和模板，另外，Java 还可以实现无用内存单元的自动回收。本章重点讨论 Java 语言的面向对象编程的基本方法。

4.1　面向对象编程语言概述

提到面向对象程序设计，相信大家会经常听到，似乎并不陌生。但是，究竟什么是面向对象，并不是每个人都能说得清楚。实际上，面向对象是一种思想，它将客观世界中的事物均描述为对象，并通过抽象思维方法将待解决的问题对应成为人们易于理解的对象模型，然后通过这些模型构建应用程序的功能。面向对象程序设计(OOP)是替代传统的面向过程编程的一种程序设计方法，与过程型程序设计相比，程序的模块变成了类。类中将操作数据的函数与被操作数据封装在一起，彻底改变了面向过程编程语言的数据和处理分离的特性。

其基本思想是使用对象、类、继承、封装、消息等基本概念来进行程序设计，从现实世界中客观存在的事物(即对象)出发来构造软件系统，并且在系统构造中尽可能运用人类的自然思维方式。OOP 的一条基本原则是：计算机程序是由单个能够起到子程序作用的单元或对象组合而成。OOP 实现了软件工程的三个主要目标：重用性、灵活性和扩展性。为了实现整体运算，每个对象都能够接收信息、处理数据和向其他对象发送信息。

4.1.1　面向对象编程的基本概念

面向对象程序设计中的概念主要包括对象、类、数据抽象、继承、动态绑定、数据封装、多态性、消息传递。通过这些概念，面向对象的思想得到了具体的体现。

(1)　对象

对象是运行期的基本实体，它是一个封装了数据和操作这些数据的代码的逻辑实体。

(2)　类

类是具有相同类型的对象的抽象。一个对象所包含的所有数据和代码可以通过类来构造。

(3)　封装

封装是将数据和代码捆绑到一起，避免了外界的干扰和不确定性。对象的某些数据和代码可以是私有的，不能被外界访问，以此实现对数据和代码不同级别的访问权限。

(4)　继承

继承是让某个类型的对象获得另一个类型的对象的特征。通过继承可以实现代码的重用：从已存在的类派生出的一个新类将自动具有原来那个类的特性，同时，它还可以拥有自己的新特性。

(5)　多态

多态是指不同事物具有不同表现形式的能力。多态机制使具有不同内部结构的对象可以共享相同的外部接口，通过这种方式减少代码的复杂度。

(6)　动态绑定

绑定指的是将一个过程调用与相应代码链接起来的行为。动态绑定是指与给定的过程调用相关联的代码只有在运行期才可知的一种绑定，它是多态实现的具体形式。

(7)　消息传递

对象之间需要相互沟通，沟通的途径就是对象之间收发信息。消息内容包括接收消息的对象的标识，需要调用的函数的标识，以及必要的信息。消息传递的概念使得对现实世界的描述更加容易。

(8) 方法

方法(Method)是定义一个类可以做的、但不一定会去做的事。

4.1.2　面向对象程序设计的特点

面向对象编程更加符合人的思维模式，可以将程序的内容定义为类。更重要的是面向对象程序设计更有利于有效地组织和管理比较复杂的应用程序的开发。下面对面向对象程序设计的特点进行详细介绍。

1. 封装性

封装性是面向对象编程的核心思想。封装性就是把对象的属性和服务结合成一个独立的相同单位，并尽可能隐蔽对象的内部细节，包含以下两个含义：

- 把对象的全部属性和全部服务结合在一起，形成一个不可分割的独立单位(即对象)。
- 信息隐蔽，即尽可能隐蔽对象的内部细节，对外形成一个边界(或者说形成一道屏障)，只保留有限的对外接口，使之与外部发生联系。

封装是面向对象具有的一个基本特性，其目的是有效实现信息隐藏原则。这是软件设计模块化、软件复用和软件维护的一个基础。

2. 继承性

继承是指一个对象直接使用另一个对象的属性和方法。存在继承关系的对象例如飞机与直升机以及人与成年人。继承可以创建类和类之间的父类和子类关系，被继承的类被称为父类，从其他类继承的类被称为子类。例如，将飞机看成一个父类，它具有体积属性，当定义直升机子类时，可以直接使用继承自父类的体积属性，这样可以从很大程度上提高程序的复用。继承关系可分为单继承(Single Inheritance)和多继承(Multiple Inheritance)。子类仅对单个直接父类的继承叫作单继承，子类对多于一个的直接父类的继承叫作多继承。为了降低复杂度，Java 语言不支持多继承，需要实现多继承效果时要借助于接口来实现。

3. 多态性

对象的多态性是指在父类中定义的属性或服务被子类继承之后，可以具有不同的数据类型或表现出不同的行为。这使得同一个属性或服务在父类及其各个子类中具有不同的语义。例如对于"几何图形"的"绘图"方法，因为"椭圆"和"多边形"都是"几何图形"的子类，其"绘图"方法功能不同。

4.2　类

在 Java 语言中，类是非常重要的一种引用数据类型，下面将详细介绍类的结构、成员变量、成员方法、方法重载和构造方法。

4.2.1　类的结构

在 Java 语言中，一个类包括类名、字段和方法，其中字段是类的属性，方法是类的行为。定义类的语法结构为：

```
[访问修饰符][abstract|final] class 类名 [extends 父类名][implements 接口列表]
{
    属性的定义;
    方法的定义;
}
```

其中属性是类中定义的变量，方法是类中定义的函数，访问修饰符用来对权限进行说明，可能的取值包括 public(公共)、protected(保护)、private(私有)和[default](默认)。关于访问修饰符，详见本章第 4.5 节的内容。

例如：

```
class Plane {
    public String type;            //定义 public 属性
    protected String color;        //定义 protected 属性
    private float weight;          //定义 private 属性
    float speed;                   //定义默认权限属性
    public void Fly() {            //定义飞行方法
        System.out.println(
            type + "can fly, and the speed of it is " + speed);
    }
}
```

提示：　在语法格式说明中，[]的作用是说明其中的内容可以写也可以不写。

4.2.2　成员变量

在 Java 语言中，成员变量是类和对象的属性。成员变量有两种，分别是静态变量(类变量)和实例变量。在定义成员变量时，可以为其设置初始值。下面进行详细的介绍。

1．成员变量的语法格式

成员变量的语法格式如下：

```
[public|protected|private][static][final][transient][volatile]
  type variableName;                        //成员变量
```

其中的变量修饰词说明如下。
- static：静态变量(类变量)；相对于实例变量。
- final：常量。
- transient：暂时性变量，用于对象存档。
- volatile：共享变量，用于并发线程的共享。

2．静态成员变量(类变量)

静态成员变量是被 static 修饰的成员变量，例如：

```
public static String ProductID;
```

Java 虚拟机在加载类的过程中为每一个类变量分配一个内存空间，类成员变量在内存中是被该类的所有对象共享的，可以通过"类名.类变量名"的方式对其进行访问。类变量的生命周期取决于类的生命周期。

3．实例变量

实例变量是在类定义时不被 static 修饰的成员变量，例如：

```
public String color;
```

实例变量是每个对象自己拥有自己实例变量的内存空间；实例变量需要通过类的实例对象进行访问。实例变量的生命周期取决于实例的生命周期。

4.2.3　成员方法

在 Java 语言中，成员方法与成员变量类似，也根据有没有 static 修饰分为静态方法和实例方法。

1．成员方法的语法格式

成员方法的语法格式如下：

```
[public|protected|private][static]
[final|abstract][native][synchronized]
returnType methodName([paramList])[throws exceptionList] //方法声明
{
    statements        //方法体
}
```

方法声明中的限定词的含义如下。

- static：类方法，可通过类名直接调用。
- abstract：抽象方法，没有方法体。
- final：方法不能被重写。
- native：集成其他语言的代码。
- synchronized：控制多个并发线程的访问。

2．静态方法

静态方法简单语法格式如下：

```
[访问修饰符] static 返回值类型 方法名([参数列表])
{
    方法体;
    return 返回值;
}
```

其中返回值类型可以是 Java 语言中允许的各种数据类型，当返回值类型定义为 void时，表明方法的返回值为空，此时方法体中不需要 return 语句。

静态方法的访问规则如下：

- 在类外部调用静态方法时，可以使用"类名.方法名"的方式，也可以使用"对象名.方法名"的方式。
- 静态方法在访问本类的成员时，只允许访问静态成员(即静态成员变量和静态方法)，而不允许访问实例成员变量和实例方法；实例方法则无此限制。

【例 4-1】定义一个静态方法：

```
public class demoStaticMethod {
    public static void sta_method()
    {
        System.out.println("This is a static method.");
    }
}
```

下面这个程序使用两种形式来调用静态方法：

```
public class invokeStaticMethod
{
    public static void main(String args[])
    {
        demoStaticMethod.sta_method();  //不创建对象，直接调用静态方法
        demoStaticMethod demo = new hasStaticMethod();   //创建一个对象 demo
        demo.sta_method ();    //利用对象来调用静态方法
    }
}
```

程序两次调用静态方法，都是允许的，程序的输出如下：

```
This is a static method.
This is a static method.
```

3. 实例方法

实例方法的简单语法格式：

```
[访问修饰符] static 返回值类型 方法名([参数列表])
{
    方法体;
    return 返回值;
}
```

【例 4-2】方法访问成员变量示例：

```
class access1
{
    private static int a;  //定义一个静态成员变量
    private int b;  //定义一个实例成员变量
    //下面定义一个静态方法
    static void method1()
    {
        a = 0;   //正确，静态方法可以使用静态变量
        otherStaticMethod();  //正确，可以调用静态方法
        b = 1;   //错误，静态方法不能访问实例变量
        method2();  //错误，静态方法不能调用实例方法
    }
    static void otherStaticMethod() { }
```

```
    //下面定义一个实例方法
    void method2() {
        a = 1;    //正确，可以使用静态变量
        b = 2;    //正确，可以使用实例变量
        otherStaticMethod();    //正确，可以调用静态方法
        otherInsMethod();    //正确，可以调用实例方法
    }
    void otherInsMethod() { }
}
```

本例可以概括成一句话：静态方法只能访问静态成员，实例方法可以访问静态和实例成员。之所以不允许静态方法访问实例成员变量，是因为实例成员变量是属于某个对象的，而静态方法在执行时，并不一定存在对象。同样，因为实例方法可以访问实例成员变量，如果允许静态方法调用实例方法，将间接地允许它使用实例成员变量，所以它也不能调用实例方法。基于同样的道理，静态方法中也不能使用关键字 this。

4.2.4　方法的重载

在 Java 语言中，方法重载是在一个类内方法名字相同而参数(参数个数或参数类型)不同的一种成员方法定义方式。调用重载方法时，根据传递给它的具体参数决定具体调用哪个方法。

提示：　不能以返回值类型不同作为方法重载的判定标准。

【例 4-3】下面是一个方法重载的例子：

```
public MethodOverloadDemo() {
    public static void printRectangle(int length, int width) {
        System.out.println("根据长宽分别为 length 和 width 画矩形");
    }
    public static void printRectangle(int length) {
        System.out.println("根据边长 length 画正方形");
    }
    public static boolean printRectangle(int length, char flag) {
        System.out.println("根据边长 length 画正方形");
        return true;
    }
    public static void main() {
        printRectangle(1,2); //调用 printRectangle(int length, int width)
        printRectangle(3); //调用 printRectangle(int length)
        printRectangle(4,'a');//调用 printRectangle(int length, char flag)
    }
}
```

4.2.5　类的构造方法

构造方法有别于类的成员方法，构造方法的本质是在类创造对象的过程中执行的方法，负责对对象的一些属性进行初始化，设定初始值。对象的一些与生俱来的属性是不能通过创建对象后设定初始值的形式来初始化的。需要一种机制，在创建对象的过程中对这类属性进行初始化，类中的构造方法就是解决这类问题的一种机制。

构造方法的语法格式:

```
[访问修饰符] 构造方法名([参数列表]) {
    方法体;
}
```

在 Java 语言中,构造方法具有与类名相同的名称,而且不返回任何数据类型。访问修饰符可以是 public、protected、private 和默认。在定义类时,如果没有编写构造函数,那么系统将为该类配置默认的空构造函数,因此 Java 类至少存在一个构造函数。构造函数允许重载,重载的规则与类成员函数相同。构造方法只能由 new 运算符调用。

【例 4-4】构造方法及其在 Java 程序中的应用。代码如下:

```
public class Person {
    private String name;
    private String sex;
    private int age;
    //构造方法
    public Person(String name, String sex, int age) {
        name = name;
        sex = sex;
        age = age;
    }
    private Person() {   //重载的构造方法

    }
    public void show() {
        System.out.println("Name: " + name);
        System.out.println("Sex: " + sex);
        System.out.println("Age: " + age);
    }
    public static void main(String[] args) {
        Person p = new Person(          //通过 new 关键字调用类中的构造方法
            "zhangsan", "male", 30);
        p.show();
    }
}
```

上述代码在构造方法中指定类的 3 个属性。这样在对象的创建过程中,就能保证对象的变量也完成初始化。程序的运行结果是:

```
Name: zhangsan
Sex: male
Age: 30
```

4.3　对　　象

类实例化可生成对象。对象是某类事物的个体,也称为类的实例。对象通过消息传递来进行交互。消息传递即激活指定的某个对象的方法以改变其状态或让它产生一定的行为。一个对象的生命周期包括 3 个阶段:创建、使用和清除。下面进行详细讨论。

4.3.1　对象的创建

对象的创建包括声明、实例化和初始化。

格式为：

```
type objectName = new type([paramList]);
```

- 声明：type objectName 声明并不为对象分配内存空间，而只是分配一个引用空间；对象的引用类似于指针，是 32 位的地址空间，它的值指向一个中间的数据结构，它存储有关数据类型的信息以及当前对象所在的堆的地址，而对于对象所在的实际的内存地址是不可操作的，这样就保证了安全性。
- 实例化：运算符 new 为对象分配内存空间，它调用对象的构造方法，返回对象的引用；一个类的不同对象分别占据不同的内存空间。
- 初始化：执行指定参数列表对应的构造方法，在构造方法中完成对象初始化。

4.3.2　对象的使用

在创建了对象之后，即可由运算符"."通过对象实现对其成员变量的访问和方法的调用了。

【例 4-5】创建和使用对象。代码如下：

```java
class Person {
    private String name;
    private String sex;
    private int age;
    //构造方法
    public Person(String name, String sex, int age) {
        name = name;
        sex = sex;
        age = age;
    }
    public Person(){  //重载的构造方法

    }
    public void show() {
        System.out.println("Name: " + name);
        System.out.println("Sex: " + sex);
        System.out.println("Age: " + age);
    }
    public static void main(String[] args) {
        Person p = new Person();
        // 通过 new 关键字调用类中的构造方法创建 Person 的对象 p
        p.name = "张三";    //访问对象 p 的 name 属性
        p.sex = "男";       //访问对象 p 的 sex 属性
        p.age = 20;         //访问对象 p 的 age 属性
        p.show();           //访问对象 p 的 show()方法
    }
}
```

程序的运行结果是：

```
Name：张三
Sex：男
Age：20
```

4.3.3 对象的清除

当不存在对一个对象的引用时，该对象成为一个无用对象。Java 的垃圾收集器会自动扫描对象的动态内存区，把没有引用的对象作为垃圾收集起来并释放。可以通过调用函数 System.gc()实现对象释放。当系统内存用尽或调用 System.gc()要求垃圾回收时，垃圾回收线程与系统同步运行。

4.3.4 this 关键字

在 Java 语言中，this 关键字实现对当前对象的引用，指的是当前编写的类实例化后所产生的对象。当一个对象被创建后，Java 虚拟机将为其分配一个自身的引用(即 this 引用)。this 关键字只与对象关联，不与类关联，并且同一个类的不同对象对应不同的 this。

【例 4-6】this 在 Java 中的应用。代码如下：

```
class Person {
    private String name;
    private int age;
    private void talk() {
        System.out.println("我是" + name + "，今年" + age + "岁");
    }

    public void say() {
        this.talk();      //通过 this 引用 private 类型的方法 talk()
    }
}
```

4.4 包

在编写 Java 应用程序时，可能包含很多 Java 源文件，为了更好地组织类，Java 提供了包机制。包是类的容器，用于分隔类名空间。如果没有指定包名，所有的示例都属于一个默认的无名包。Java 中的包一般均包含相关的类，例如，所有关于交通工具的类都可以放到名为 Transportation 的包中。

程序员可以使用 package 指明源文件中的类属于哪个具体的包。包语句的格式为：

```
package pkg1[.pkg2[.pkg3...]];
```

例如：

```
package heuu.javatech.test;
```

程序中如果有 package 语句，该语句一定是源文件中的第一条可执行语句，它的前面只能有注释或空行。另外，一个文件中最多只能有一条 package 语句。

包的名字有层次关系，使用文件夹的形式描述，定义时各层之间以点分隔。包层次必须与 Java 开发系统的文件系统结构相同。

如果文件声明如下：

```
package java.awt.image;
```

则此文件必须存放在 Windows 的 java\awt\image 目录下或者 Unix 的 java/awt/image 目录下。

通常包名中全部用小写字母，这与类名以大写字母开头，且各字的首字母亦大写的命名约定有所不同。

当使用包说明时，程序中无需再引用(import)同一个包或该包的任何元素。import 语句只用来将其他包中的类引入当前命名空间中。而当前包总是处于当前命名空间中。

4.5　访问权限

在 Java 语言中，访问修饰符是用来控制对象被访问的范围的。访问修饰符所修饰的对象可以是类本身、类的成员变量、类的成员方法以及接口。

访问修饰符有 4 种，分别是 public、protected、默认和 private，分别表示 Java 中的 4 种访问权限，下面分别介绍。

1. public

public 访问修饰符提供的访问范围最大，一个被 public 修饰的类成员不但可以在本类中被访问，还可以在任何其他类内被访问。

2. protected

protected 访问修饰符的范围仅次于 public，被 protected 修饰的类成员可以被在类中访问，也可以被同一包中的类或者不同包中的子类访问。

3. 默认

缺省情况下为默认访问修饰符，同一个包内可以访问，访问权限是包级的。

4. private

private 修饰的成员变量是访问范围最小的，表示成员是私有的，只有类自身可以访问，外界是无法访问的，即使是类的对象也无法访问类的私有成员，因此类和接口都不可以用 private 作为访问修饰符。

Java 访问修饰符的可见性见表 4-1。

表 4-1　Java 访问修饰符的可见性

访问修饰符	同一类内	同一包内	不同包的子类	不同包的非子类
public	可见	可见	可见	可见
protected	可见	可见	可见	不可见

续表

访问修饰符	同一类内	同一包内	不同包的子类	不同包的非子类
默认	可见	可见	不可见	不可见
private	可见	不可见	不可见	不可见

4.6 类 的 继 承

在 Java 语言中，通过继承可以实现代码的复用。Java 继承是使用已存在的类的定义作为基础建立新类的技术，新类的定义可以增加新的数据或新的功能，也可以用父类的功能，但不能选择性地继承父类。这种技术使得复用以前的代码非常容易，能够大大缩短开发周期，降低开发费用。

Java 不支持多重继承，单继承使 Java 的继承关系很简单，一个类只能有一个父类，易于管理程序，同时一个类可以实现多个接口，从而能克服单继承的缺点。本节将重点介绍 Java 继承方面的知识点。

4.6.1　继承的概念与基本特征

1. 继承的概念

在面向对象程序设计中运用继承原则，就是在每个由一般类和特殊类形成的"一般/特殊"结构中，把一般类的对象实例和所有特殊类的对象实例都共同具有的属性和操作一次性地在一般类中做显式的定义，在特殊类中不再重复地定义一般类已经定义的东西，但是在语义上，特殊类却自动地、隐含地拥有它的一般类(以及所有更上层的一般类)中定义的属性和操作。特殊类的对象拥有其一般类的全部或部分属性与方法，称作特殊类对一般类的继承。

继承所表达的就是一种对象类之间的相交关系，它使得某类对象可以继承另外一类对象的数据成员和成员方法。若 B 类继承 A 类，则属于 B 类的对象便具有 A 类的全部或部分性质(数据属性)和功能(操作)，我们称被继承的类 A 为基类、父类或超类，而称继承类 B 为 A 的派生类或子类。Java 中所有的类都是直接或间接地继承 java.lang.Object。Java 继承的语法格式为：

```
[访问修饰符] class 子类名称 extends 父类名称 {
    ...
}
```

2. 继承的基本特征

在 Java 语言中，继承具有如下基本特征。

(1) 继承关系是传递的。若 C 类继承 B 类，B 类继承 A 类，则 C 类既有从 B 类那里继承下来的属性和方法，也有从 A 类那里继承下来的属性和方法，还可以有自己新定义的属性和方法。继承来的属性和方法尽管是隐式的，但仍是 C 类的属性和方法。继承是在一些比较一般的类的基础上构造、建立和扩充新类的最有效的手段。

(2) Java 虽然不允许多重继承，但提供多重继承机制。从理论上说，一个类可以是多个一般类的特殊类，它可以从多个一般类中继承属性与方法，这便是多重继承。Java 出于安全性和可靠性的考虑，仅支持单重继承，而通过使用接口机制来实现多重继承。

4.6.2　父类和子类

1. 访问父类成员

在 Java 语言中，子类可以通过"子类实例名.父类成员"的方式访问父类的非 private 类型的成员。

【例 4-7】父类成员如何在子类实例中被访问。代码如下：

```
class Person {
    public String name;
    public String sex;
    public int age;
    public void show() {
        System.out.println("Name: " + name);
        System.out.println("Sex: " + sex);
        System.out.println("Age: " + age);
    }
}

class OnePerson extends Person(){
    public static void main(String[] args) {
        OnePerson p = new OnePerson ();
        // 通过 new 关键字创建 OnePerson 子类的对象 p
        p.name = "张三";    //访问对象 p 的 name 属性
        p.sex = "男";       //访问对象 p 的 sex 属性
        p.age = 20;         //访问对象 p 的 age 属性
        p.show();           //通过子类实例访问父类的 show()方法
    }
}
```

程序的运行结果是：

```
Name：张三
Sex：男
Age: 20
```

2. super 关键字

子类通过 super 关键字访问父类的内部引用，在 Java 语言中包含两种用法：

- 可以通过"super([参数列表])"的方式调用父类的构造函数，并且在子类的构造函数中 super 必须是第一条语句。
- 可以通过"super.父类成员名"实现对父类成员的调用。

3. 子类的构造函数

在 Java 语言中，每一个类至少存在一个构造函数，然而子类无法继承父类的构造函数，但子类的构造函数必须调用父类的构造函数。如果子类的构造函数中没有显式地调用父类的构造函数，则系统默认调用父类的无参构造函数；若父类自定义了非空的构造函数，系统就不再有默认的无参构造函数。

【例 4-8】构造函数的调用次序。代码如下：

```
class BaseClass {
    public BaseClass() {
        System.out.println("I am BaseClass");
    }
    public FatherClass(int age) {
        System.out.println("I am " + age + " years old.");
    }
}
class SonClass extends BaseClass {
    public SonClass() {}
    public SonClass(int i) {
        System.out.println("I am 1234 years old.");
    }
    public static void main(String[] args) {
        SonClass s = new SonClass(20);
    }
}
```

分析：

执行 SonClass s = new SonClass(20);这句时，调用：

```
public SonClass(int i) {
    System.out.println("I am 1234 years old.");
    //系统会自动先调用父类的无参构造函数 super()
}
```

这个构造函数等价于：

```
public SonClass(int i) {
    super(); //必须是第 1 行，否则不能编译
    System.out.println("I am 1234 years old.");
}
```

所以结果是：

```
I am BaseClass
I am 1234 years old.
```

在创建子类的对象时，Java 虚拟机首先执行父类的构造方法，然后再执行子类的构造方法。在多级继承的情况下，将从继承树的最上层的父类开始，依次执行各个类的构造方法，这可以保证子类对象从所有直接或间接父类中继承的实例变量都被正确地初始化。

如果子类构造函数是这样写的：

```
public SonClass(int i) {
    super(22); //必须是第 1 行，否则不能编译
    //显式调用了 super 后，系统就不再调用无参的 super()了；
    System.out.println("I am 1234 years old.");
}
```

执行结果是：

```
I am 22 years old.
I am 1234 years old.
```

总结：

构造函数不能继承，只是调用而已。如果没有任何构造函数，系统会默认有一个无参构造函数，一旦创建有参构造函数后，系统就不再有默认无参构造函数。如果确实需要无参构造函数，则必须显式地定义。

如果父类没有无参构造函数，创建子类时如果不显式地调用父类的构造函数，则代码不能编译。在例 4-8 中，若将父类中的无参构造函数去掉，程序就会出现编译错误。

4.6.3　成员变量的隐藏和方法的重写

1．成员变量的隐藏

在子类对父类的继承中，如果子类的成员变量与父类的成员变量同名，此时称为子类隐藏(override)了父类的成员变量。这种情况下，子类使用的变量是它自己的变量，而不是父类的同名变量。当子类执行它自己定义的方法时，如果操作该变量，所操作的是它自己定义的变量，而把继承自父类的变量"隐藏"起来。当子类执行从父类继承的操作时，如果操作该变量，所操作的是继承自父类的成员变量。于是，父类被隐藏的成员变量不能被子类简单继承，如果子类要调用父类的变量，则必须借助于 super 关键字。

2．方法的重写

如果子类的方法名与父类的方法名相同，并且返回值的类型和入口参数的数目、类型均相同，那么在子类中，从父类继承的方法就会被置换掉，成为方法的重写。

正如子类可以定义与父类同名的成员变量，实现对父类成员变量的隐藏一样，子类也可以重新定义与父类同名的方法，实现对父类方法的覆盖。当在子类中调用同名的方法时，一般情况下是调用它自己定义的方法，因而实现了对父类方法的覆盖，如果子类要调用父类的方法，也必须通过 super 关键字实现。

【例 4-9】 成员变量的覆盖和方法重写。代码如下：

```
class BaseClass {
    int  num;        //父类中的成员变量
    BaseClass() {  //父类的构造函数
        num = 0;
    }
    public void who() { //父类中的成员方法
        System.out.println("I am BaseClass.");
    }
}
class Subclass extends BaseClass {
    int num;           // 子类中的成员变量，隐藏父类成员变量
    Subclass() {         //子类的构造函数
        super();        //引用父类构造函数
        num = 5;        //子类构造函数对自己的 num 变量进行初始化
        System.out.println("BaseClass.num = " + super.num);
        // 通过 super 引用父类被覆盖的变量
        System.out.println("Subclass.num = " + num);
```

```
    }
    void who() {        //子类中重写父类的方法
        super.who();    //引用父类被覆盖的方法成员
        System.out.println("I am SubClass.");
        System.out.println(
          "super.num=" + super.num + "\t sub.num=" + num);
    }
}
class test {
    public static void main(String[] args) {
        Subclass Subc = new Subclass();
        Subc.who();
    }
}
```

运行结果：

```
BaseClass.num = 0
Subclass.num = 5
I am BaseClass.
I am SubClass.
super.num=0
sub.num=5
```

4.7　抽　象　类

　　抽象类(abstract class)和接口(interface)在 Java 语言中都是用来进行抽象类定义的，那么什么是抽象类，使用抽象类能为我们带来什么好处呢？

　　在面向对象的概念中，我们知道所有的对象都是通过类来描绘的，但是反过来却不是这样。并不是所有的类都是用来描绘对象的，如果一个类中没有包含足够的信息来描绘一个具体的对象，这样的类就是抽象类。抽象类往往用来表征我们在对问题领域进行分析、设计中得出的抽象概念，是对一系列看上去不同，但是本质上相同的具体概念的抽象。比如，如果我们进行一个图形编辑软件的开发，就会发现问题领域存在着四边形、三角形这样一些具体概念，它们是不同的，但是它们又都属于形状这样一个概念，形状这个概念在问题领域是不存在的，它就是一个抽象概念。正是因为抽象的概念在问题领域没有对应的具体概念，所以用以表征抽象概念的抽象类是不能够实例化的。

　　在面向对象领域，抽象类主要用来进行类型隐藏。我们可以构造出一个固定的一组行为的抽象描述，但是这组行为却能够有任意多个可能的具体实现方式。这个抽象描述就是抽象类，而这一组任意个可能的具体实现则表现为所有可能的派生类。模块可以操作一个抽象体。由于模块依赖于一个固定的抽象体，因此它可以是不允许修改的；同时，通过从这个抽象体派生，也可扩展此模块的行为功能。抽象类可以增强程序的扩展性和兼容性。

4.7.1　抽象方法

　　在 Java 语言中，抽象类中未必有抽象方法，但是有抽象方法的类一定是抽象类。抽象方法是被关键字 abstract 修饰的方法，以下是关于抽象方法定义的例子：

```
public abstract void absMethod();
```

抽象方法只定义方法原形，不能定义方法体。在 Java 语言中，如果某个类继承了抽象类，则可以(但不必须)对其父类中的抽象方法进行实现。

4.7.2　抽象类

抽象类的定义中必须包含 abstract 对类的修饰，同时要求抽象类中若含有抽象方法则只能声明，但不对抽象方法进行具体实现；抽象类定义中的非抽象方法在定义抽象类时是需要实现的。

抽象类一般用来实现多态，不能被实例化，只能被继承，而且不能有抽象构造函数和抽象静态方法。抽象类的子类需要提供父类中所有抽象方法的实现，否则子类也必须是抽象类。

抽象类的语法格式为：

```
[访问修饰符] abstract class 类名 {
    字段;
    方法;
}
```

例如：

```
abstract class AbsDemo {
    int num;
    abstract void method1();
    abstract void method2();
    void method3() {
        方法体;
    }
}
```

【例 4-10】使用抽象类和抽象方法。代码如下：

```
abstract class A {                //抽象类
    int num;
    abstract void m1(int i);    //抽象方法声明
    public void m2() {           //抽象类中的非抽象方法
        System.out.println(num);
    }
}

class B extends A {       //抽象类的子类
    void m1(int i) {      //实现父类的抽象方法
        num = i;
    }
    public static void main(String[] args) {
        B b = new B();
        b.m2();
        b.m1(2);
        b.m2();
    }
}
```

程序运行结果：

```
0
2
```

4.8　接　　口

从某种意义上说，接口(interface)是一种特殊形式的抽象类。在抽象类中可以有自己的数据成员，也可以有非 abstract 的成员方法，而在接口中，只能够有静态的不能被修改的数据成员(也就是必须是 static final 的，不过在 interface 中一般不定义数据成员)，所有的成员方法都是 abstract 的。

4.8.1　接口的定义

接口的定义包括接口声明和接口体。

接口声明的语法格式如下：

```
[public] interface 接口名称 [extends 父接口列表] {
    接口体;
}
```

extends 子句与类声明的 extends 子句基本相同，不同的是一个接口可有多个父接口，用逗号隔开，而一个类只能有一个父类。

接口体包括常量定义和方法定义。

常量定义格式为：

```
type NAME = value;
```

该常量可以被实现了该接口的多个类共享。

接口中定义的常量具有 public、final 和 static 的属性。

方法体定义语法格式为：

```
返回值类型 方法名称([参数列表]);
```

接口方法体具有 public 和 abstract 属性。

【例 4-11】接口定义举例。代码如下：

```
public interface shape() {
    double PI = 3.14;        //常量定义
    double getArea();        //方法声明
    double getGrith();       //方法声明
}
```

4.8.2　接口的实现

在类的声明中用 implements 子句来表示一个类实现某个接口，在实现接口的类体中可以使用接口中定义的常量，而且必须实现接口中定义的所有方法。一个类可以实现多个接口，在 implements 子句中用逗号分开。

【例 4-12】定义一个类，实现例 4-11 中定义的接口。代码如下：

```
class circle implements shape {
    double r;
    circle(double r) {
        r = r;
    }
    //接口方法体具有public属性，不能在其实现类中降低其可见性
    public double getArea() {    //实现接口方法
        return PI*r*r;
    }
    //接口方法体具有public属性,不能在其实现类中降低其可见性
    public double getGrith() {    //实现接口方法
        return 2*PI*r;
    }
}
```

【例 4-13】接口案例。代码如下：

```
interface Student_info {          //学生信息接口
    int year = 2010;
    int sage();
    void output();
}
interface Student_score {      //学生成绩接口
    float total();
    void output();
}
public class Student implements Student_info, Student_score
{                               //实现学生情况接口和学生成绩接口
    String name;
    int birth_year;
    float g_math, g_programming, g_computer;
    public Student(String n1, int y, float a, float b, float c) {
        name = n1;
        birth_year = y;
        g_math = a;
        g_programming = b;
        g_computer = c;
    }
    public int sage() {                 //实现接口的方法
        return (year - birth_year);
    }
    public float total() {                //实现接口的方法
        return (g_math + g_programming + g_computer);
    }
    public void output() {                //实现接口的方法
        System.out.print(this.name + " " + this.age() + "岁, ");
        System.out.println("成绩: " + g_math + "+" + g_programming
            + "+" + g_computer + "=" + total());
    }
    public static void main(String args[]) {
        Student s = new Student("张三", 1992, 87, 80, 78);
        s.output();
    }
}
```

```
}
```

程序运行结果：

张三 18 岁，成绩：87+80+78=245

4.8.3　接口与抽象类

从编程的角度来看，抽象类和接口都可以用来实现 design by contract 的思想。但是在具体的使用上面还是有一些区别的。

首先，抽象类在 Java 语言中表示的是一种继承关系，一个类只能使用一次继承关系。但是，一个类却可以实现多个接口。

其次，在抽象类的定义中，我们可以给方法赋予默认的行为。但是在接口的定义中，方法却不能拥有默认行为，为了绕过这个限制，必须使用委托，但是这会增加一些复杂性，有时会造成很大的麻烦。

4.9　多　态　性

多态是面向对象程序设计的三大特点之一。本节主要讨论 Java 的多态性。

4.9.1　多态的含义

1．多态概述

多态是指允许不同类型的对象对同一消息做出不同的响应，即在实现继承的基础上父类的引用可以指向子类的对象。方法的重写、重载与动态连接构成多态性。Java 之所以引入多态的概念，原因之一是它在类的继承问题上与 C++不同，后者允许多继承，这确实给其带来非常强大的功能，但是复杂的继承关系也给 C++开发者带来了更大的麻烦，为了规避风险，Java 只允许单继承，派生类与基类间有 IS-A 的关系(即类似于"猫" is a "动物")。这样做虽然保证了继承关系的简单明了，但是势必在功能上有很大的限制，所以，Java 引入了多态性的概念以弥补这点不足，此外，抽象类和接口也是解决单继承规定限制的重要手段。同时，多态也是面向对象编程的精髓所在。

在 Java 语言中，多态性体现在两个方面：由方法重载实现的静态多态性(编译时多态)和方法重写实现的动态多态性(运行时多态)。

(1)　编译时多态

在编译阶段，具体调用哪个被重载的方法，编译器会根据参数的不同来静态确定调用相应的方法，编译期间便可知对象的类型。编译时多态的表现形式是方法的重载。

(2)　运行时多态

运行时多态在运行期间才能确切获知对象的类型。由于子类继承了父类所有的属性(私有的除外)，所以子类对象可以作为父类对象使用。程序中凡是使用父类对象的地方，都可以用子类对象来代替。一个对象可以通过引用子类的实例来调用子类的方法。

2. 深入理解多态

要理解多态性，首先需知道什么是"向上转型"。我们首先通过一个例子对"向上转型"现象进行分析。假设定义了一个子类 Cat，它继承了 Animal 类，那么 Animal 就是 Cat 的父类。可以通过下述语句实例化一个 Cat 的对象，这是我们所熟悉的一种方式：

```
Cat c = new Cat();
```

但如果这样定义：

```
Animal a = new Cat();
```

这条语句代表什么含义？它的作用又是什么呢？

其实很简单，它表示定义一个 Animal 类型的引用，并使其指向新建的 Cat 类型的对象。由于 Cat 是继承自它的父类 Animal，所以 Animal 类型的引用是可以指向 Cat 类型的对象的。这种用法就是"向上转型"。

那么这样做有什么意义呢？

因为子类是对父类的一个改进和扩充，所以一般子类在功能上较父类更强大，属性较父类更独特，定义一个父类类型的引用指向一个子类的对象既可以使用子类强大的功能，又可以抽取父类的共性。所以，父类类型的引用可以调用父类中定义的所有属性和方法，而对于子类中定义而父类中没有的方法，它是无权使用的；同时，父类中的一个方法只有当在父类中定义而在子类中没有重写时，才可以被父类类型的引用调用；对于父类中定义的方法，如果子类中重写了该方法，那么父类类型的引用将会调用子类中的这个方法，这就是动态连接。

看下面这段程序：

```
class A {
    public void method1() {
        method2();
    }
    /*这是父类中的method2()方法，因为下面的子类中重写了该方法，所以在父类类型的引用
    中调用时，这个方法将不再有效，取而代之的是将调用子类中重写的method2()方法*/
    public void method2() {
        System.out.println("A");
    }
}
class B extends A {
    /*method1(int i)是对method1()方法的一个重载。由于在父类中没有定义这个方法，
    所以它不能被父类类型的引用调用，
    所以如果在下面的main方法中出现b.method1(6)是不对的*/
    public void method1(int i) {
        System.out.println("B");
    }
    //method2()重写了父类A中的method2()方法
    //如果父类类型的引用中调用了method2()方法，那么必然是子类中重写的这个方法
    public void method2() {
        System.out.println("CCC");
    }
}
```

```java
public class PolymorphismTest {
    public static void main(String[] args) {
        A b = new B();
        b.method1(); //打印结果将会是什么？
    }
}
```

上面的程序是个很典型的多态的例子。子类 B 继承了父类 A，并重载了父类的 method1()方法，重写了父类的 method2()方法。重载后的 method1(int i)和 method1()不再是同一个方法，由于父类中没有 method1(int i)，所以父类类型的引用 b 就不能调用 method1(int i)方法。而子类重写了 method2()方法，所以父类类型的引用 b 在调用该方法时将会调用子类中重写的 method2()。

4.9.2　多态的实现

在 Java 语言中，继承是实现多态的基础，抽象类和接口在继承中的应用提升了 Java 多态性的应用。

【例 4-14】多态的实现。代码如下：

```java
class ShapeS {
    void draw() {
        System.out.println("Shape.draw()");
    }
}
class Circle1 extends ShapeS {
    void draw() {
        System.out.println("Circle.draw()");
    }
}
class PolyConstructors {
    public static void main(String[] args) {
        ShapeS shape = new Circle1();   //通过子类实例化父类的对象
        shape.draw();   //父类对象通过向上转型实现对子类多态方法的调用
    }
}
```

输出结果：

```
Circle.draw()
```

4.10　匿　名　类

匿名类是不能有名称的类，所以没办法引用它们。必须在创建时，作为 new 语句的一部分来声明它们。这就要采用另一种形式的 new 语句，语法如下所示：

new　类或接口　类的主体

这种形式的 new 语句声明一个新的匿名类，它对一个给定的类进行扩展，或者实现一个给定的接口。它还创建那个类的一个新实例，并把它作为语句的结果而返回。要扩展的类和要实现的接口是 new 语句的操作数，后跟匿名类的主体。如果匿名类对另一个类进行扩展，它的主体可以访问类的成员、覆盖它的方法等，这和其他任何标准的类都是一样的。如果匿名类实现了一个接口，它的主体必须实现接口的方法。

匿名类属于内部类，关于内部类，会在下一节详细论述，对应于匿名类的实例也会在下一节中给出。

4.11　内　部　类

在 Java 语言中，一个类的定义放在另一个类的内部，这个类就叫作内部类。内部类分为成员内部类、静态嵌套类、方法内部类、匿名内部类。

各种内部类具有如下共同特征：

- 内部类仍然是一个独立的类，在编译之后内部类会被编译成独立的.class 文件，但是前面冠以外部类的类名和$符号。
- 内部类不能用普通的方式访问。内部类是外部类的一个成员，因此内部类可以自由地访问外部类的成员变量，无论是否是 private 的。

4.11.1　成员内部类

成员内部类作为类的成员，格式如下：

```
class Outer {
    class Inner {}
}
```

编译上述代码会产生两个文件：Outer.class 和 Outer$Inner.class。

4.11.2　方法内部类

顾名思义，方法内部类把内部类定义在方法内。语法格式如下：

```
class 外部类名 {
    [public|protected|private] 返回值类型 方法名() {
        class 内部类名 {
            内部类体;
        }
    }
}
```

方法内部类使用规则如下：

- 方法内部类只能在定义该内部类的方法内实例化，不能在此方法外对其实例化。
- 方法内部类对象不能使用该内部类所在方法的非 final 局部变量。因为方法的局部变量位于栈上，只存在于该方法的生命期内。当一个方法结束时，其栈结构被删除。但是该方法结束之后，在方法内创建的内部类对象可能仍然存在于堆中！例如，如果对它的引用被传递到其他某些代码，并存储在一个成员变量内。正因为不能保证局部变量的生命周期和方法内部类对象的一样长，所以内部类对象不能使用方法体内的非 final 的局部变量。

下面是一个关于方法内部类完整的例子。

【例 4-15】使用方法内部类。代码如下：

```java
class OuterC {
    public void m1() {
        final int a = 10;
        class InnerC {
            public void innerM() {
                System.out.println("a=" + a);
            }
        }
        Inner in = new InnerC();
        In.innerM();
    }
    public static void main(String[] args) {
        Outer out = new Outer();
        out.m1();
    }
}
```

运行结果：

```
a=10
```

4.11.3 匿名内部类

匿名内部类是没有名字的内部类。表面上看起来它们似乎有名字，实际那不是它们的名字。

(1) 当出现下列情况时，使用匿名内部类比较合适：

- 只需要用到类的一个实例。
- 类在定义后马上需要使用。
- 类非常小(Sun 推荐是在 4 行代码以下)。
- 给类命名并不会使代码更容易被理解。

(2) 匿名内部类的使用规则：

- 匿名内部类不能有构造方法。
- 匿名内部类不能定义任何静态成员、方法和类。
- 匿名内部类不能为 public、protected、private、static。
- 只能创建匿名内部类的一个实例。
- 一个匿名内部类一定是在 new 的后面，用其隐含实现一个接口或实现一个类。
- 因匿名内部类为局部内部类，所以局部内部类的所有限制都对其生效。

1. 继承式的匿名内部类

继承式的匿名内部类实现对父类的某一个方法的覆盖。

【例 4-16】使用继承式的匿名内部类。代码如下：

```java
class Animal {
    public void bark() {
        System.out.println("我是会叫的动物");
```

```
    }
}
class Dog {
    public static void main(String[] args) {
        Animal dog = new Animal() {
            public void bark() {    //继承式的匿名内部类实现对父类方法的覆盖
                System.out.println("我会汪汪叫!");
            }
        };
        dog.bark();                    //调用匿名内部类的方法
    }
}
```

运行结果:

我会汪汪叫!

2. 接口式的匿名内部类

接口式的匿名内部类是实现了一个接口的匿名类,而且只能实现一个接口。

【例 4-17】使用接口式的匿名内部类。代码如下:

```
interface  Animal {
    public void bark();
}
class Test {
    public static void main(String[] args) {
        Animal v = new Animal(){
            public void bark(){
                System.out.println("我会汪汪叫!");
            }
        };
        v.bark();
    }
}
```

上面的代码好像是在实例化一个接口,事实却并非如此。

程序运行结果:

我会汪汪叫!

3. 参数式的匿名内部类

【例 4-18】使用参数式的匿名内部类。代码如下:

```
class Outer {
    public int num;
    Outer(int i) {
        num = i;
    }
    public void m(int i) {}
}
class Test {
    static void goTest(int number) {
        new Outer(number) {  //参数式的匿名内部类
            public void m(int number) {
```

```
            System.out.println(number);
        }
    };
}
public static void main(String[] args) {
    Test.goTest(9);
}
}
```

运行结果：

9

4.11.4　静态嵌套类

从技术上讲，静态嵌套类不属于内部类。因为内部类与外部类共享一种特殊关系，更确切地说是对实例的共享关系。而静态嵌套类则没有上述关系。它只是位置在另一个类的内部，因此也被称为顶级嵌套类。

4.12　课后习题

1. 填空题

(1) 面向对象程序设计的 3 个特点是_____、_____和_____。

(2) 接口中定义的数据成员均是_____，所有成员方法均为_____方法且没有_____方法。

(3) 类成员访问控制符有_____、_____、_____和默认 4 种。

(4) Java 的多态性主要表现在_____、_____和_____这 3 个方面。

2. 选择题

(1) 下列关于封装性的描述错误的是(　　)。

    A. 封装体包含属性和行为　　　　　B. 被封装的某些信息在外不可见

    C. 封装提高了可重用性　　　　　　D. 封装体中的属性和行为的访问权限相同

(2) 下列关于类的描述错误的是(　　)。

    A. 说明类方法使用关键字 static

    B. 类方法和实例方法一样均占用对象内存空间

    C. 类方法能用实例和类名调用

    D. 类方法只能处理类变量或调用类方法

(3) 下列关于包的描述，错误的是(　　)。

    A. 包是若干对象的集合　　　　　　B. 使用 package 语句创建包

    C. 使用 import 语句引入包　　　　　D. 包分为有名包和无名包两种

(4) 设有如下类的定义：

```
public class Parent {
    int change() {}
```

```
}
class Child extends Parent()
```

则下面哪些方法可以加入 Child 类中?(　　　)

A. public int change(){}　　　　　　B. int change(int i){}

C. private int change(){}　　　　　　D. abstract int change(){}

3. 简答题

(1) 简述面向对象基本思想、主要特征和基本要素。

(2) 什么是类方法(静态方法),什么是实例方法,它们的存储特性,访问方法有什么区别?

(3) 什么是包,如何创建包,如何引用包?

(4) 什么是继承,什么是父类,什么是子类,继承的特性可给面向对象编程带来什么好处,什么是多重继承?

第 5 章

Java 中的数组和字符串

数组和字符串是 Java 语言中非常重要的两种对象数据类型，本章将具体介绍有关 Java 数组和字符串的相关知识。

5.1　数　　组

在 Java 语言中，数组是一种最简单的复合数据类型。数组是有序数据的集合，数组中的每个元素具有相同的数据类型，可以用一个统一的数组名和下标来唯一地确定数组中的元素。数组有一维数组和多维数组。

5.1.1　一维数组

1. 一维数组的定义

一维数组的定义如下：

```
type arrayName[];
```

类型(type)可以为 Java 中任意的数据类型，包括简单类型和复合类型。

例如：

```
int intArray[];
Date dateArray[];
```

2. 一维数组的初始化

(1)　静态初始化：

```
int intArray[] = {1, 2, 3, 4, 5};
String stringArray[] = {"I", "am", "a", "student"};
```

(2)　动态初始化。

①　简单类型的数组：

```
int intArray[];
intArray = new int[5];
```

②　复合类型的数组：

```
String stringArray[];
String stringArray = new String[4]; /*为数组中每个元素开辟引用空间*/
stringArray[0] = new String("I"); //为第一个数组元素开辟空间
stringArray[1] = new String("am"); //为第二个数组元素开辟空间
stringArray[2] = new String("a"); //为第三个数组元素开辟空间
stringArray[3] = new String("student"); //为第四个数组元素开辟空间
```

3. 一维数组元素的引用

数组元素的引用方式为：

```
arrayName[index]
```

index 为数组下标，它可以为整型常数或表达式，下标从 0 开始。每个数组都有一个属性 length 指明它的长度，例如 intArray.length 指明数组 intArray 的长度。

5.1.2　多维数组

在 Java 语言中，多维数组被看作是数组的数组。

1. 二维数组的定义

二维数组的定义如下：

```
type arrayName[][];
type [][]arrayName;
```

2. 二维数组的初始化

(1) 静态初始化：

```
int intArray[][] = {{1,2}, {2,3}, {3,4,5}};
```

在 Java 语言中，由于把二维数组看作是数组的数组，数组空间不是连续分配的，所以不要求二维数组每一维的大小相同。

(2) 动态初始化。

① 直接为每一维分配空间，格式如下：

```
arrayName = new type[arrayLength1][arrayLength2];
int a[][] = new int[2][3];
```

② 从最高维开始，分别为每一维分配空间：

```
arrayName = new type[arrayLength1][];

arrayName[0] = new type[arrayLength20];
arrayName[1] = new type[arrayLength21];
...
arrayName[arrayLength1-1] = new type[arrayLength2n];
```

二维简单数据类型数组的动态初始化举例如下：

```
int a[][] = new int[2][];

a[0] = new int[3];
a[1] = new int[5];
```

对二维复合数据类型的数组，必须首先为最高维分配引用空间，然后再顺次为低维分配空间。而且，必须为每个数组元素单独分配空间。

例如：

```
String s[][] = new String[2][];

s[0] = new String[2]; //为最高维分配引用空间
s[1] = new String[2]; //为最高维分配引用空间
s[0][0] = new String("line"); //为每个数组元素单独分配空间
s[0][1] = new String("one");  //为每个数组元素单独分配空间
s[1][0] = new String("line"); //为每个数组元素单独分配空间
s[1][1] = new String("two");  //为每个数组元素单独分配空间
```

3. 二维数组元素的引用

对二维数组中的每个元素，引用方式为 arrayName[index1][index2]。

例如：

```
num[1][0];
```

4. 二维数组举例

【例 5-1】两个矩阵相乘。代码如下：

```
public class MatrixMultiply {
    public static void main(String args[]) {
        int i, j, k;
        int a[][] = new int [2][3];  //动态初始化一个二维数组
        int b[][] = {{1,1,2,1}, {0,9,-3,2}, {2,-7,0,8}};
        //静态初始化 一个二维数组
        int c[][] = new int[2][4];  //动态初始化一个二维数组
        for (i=0; i<2; i++)
            for (j=0; j<3; j++)
                a[i][j] = (i+1)*(j+2);
        for (i=0; i<2; i++) {
            for (j=0; j<4; j++) {
                c[i][j] = 0;
                for(k=0; k<3; k++)
                    c[i][j] += a[i][k]*b[k][j];
            }
        }
        System.out.println("*******矩阵 C********");  //打印 Matrix C 标记
        for(i=0; i<2; i++) {
            for (j=0; j<4; j++)
                System.out.println(c[i][j] + " ");
            System.out.println();
        }
    }
}
```

5.2　数组的常用方法

在 Java 语言中，JDK 通过提供一组标准的库函数实现对数组的某些操作，下面将针对常用的库函数分别予以详细介绍。

5.2.1　数组复制

Java 标准类库提供 static 方法 System.arraycopy()实现数组的复制，用它复制数组比用 for 循环复制要快得多。

（1）System.arraycopy()的格式：

```
public static void arraycopy(Object src, int srcPos, Object dest,
    int destPos, int length)
```

其中：

- src：源数组。
- srcPos：源数组中的起始位置。
- dest：目标数组。
- destPos：目标数据中的起始位置。
- length：要复制的数组元素的数量。

(2)　System.arraycopy()的作用是从指定源数组中复制一个数组，复制从指定的位置开始，到目标数组的指定位置结束。

从 src 引用的源数组到 dest 引用的目标数组，数组组件的一个子序列被复制下来。被复制的组件的编号等于 length 参数。源数组中位置在 srcPos 到 srcPos+length-1 之间的组件被分别复制到目标数组中的 destPos 到 destPos+length-1 位置。

【例 5-2】从 A 数组中复制元素到 B 数组。代码如下：

```java
public class Practice {
    public static void main(String[] args) {
        String[] A = {"A", "B", "C", "d", "e"};
        String[] B = new String[3];
        System.arraycopy(A,0,B,1,B.length-1); //调用 System.arraycopy()函数
        for(int i=0; i<B.length; i++) {
            System.out.print(B[i] + " ");
        }
    }
}
```

运行结果为：

```
null A B
```

5.2.2　填充数组

填充数组可以使用 Arrays.Fill(数组名，值)方法，该方法在 Array 类中。

【例 5-3】向已知数组 Arr 中填充值。代码如下：

```java
import java.util.Arrays;          //Array 类位于 java.util 包中
public class TestArrFill {
    public static void main(String[] args) {
        String[] Arr = new String[2];
        Arrays.fill(Arr, "Hi");    //调用 Arrays 的 static 函数 fill()
        for(int i=0; i<Arr.length; i++) {
            System.out.print(Arr[i] + " ");
        }
    }
}
```

运行结果为：

```
Hi Hi
```

5.2.3　比较两个数组是否相等

比较两个数组 A、B 是否相等可以使用 Arrays.equals(数组名 A，数组名 B)函数。

【例 5-4】比较数组是否相等。代码如下：

```java
import java.util.Arrays;
public class TestArrEqual {
    public static void main(String[] args) {
        String[] A = {"12", "2", "3"};
        String[] B = {"a", "bc", "d"};
        String[] C = {"12", "2", "3"};
        System.out.println(Arrays.equals(A, B));
        System.out.println(Arrays.equals(A, C));
    }
}
```

运行结果为：

```
false
true
```

5.2.4　输出数组中所有的数

Array.asList()方法用于输出数组中所有的数，需要指出的是，该函数的返回值不是简单的数组数据的罗列，而是有格式的。

【例 5-5】输出已知数组中的所有数。代码如下：

```java
public class TestForAsList {
    public static void main(String[] args) {
        String[] A = {"H", "e", "l", "l", "o!"};
        System.out.println(Arrays.asList(A));
    }
}
```

运行结果为：

```
[H, e, l, l, o!]
```

5.2.5　数组中的排序

只要数组对象实现了 Comparable 接口或具有相关联的 Comparator 接口，使用内置的排序方法，就可以对任意的基本类型数组排序，也可以对任意的对象数组进行排序。

【例 5-6】已经有数组 String[] A = {"a", "B", "c", "D", "e", "f"}；对数组 A 进行排序。

分析：String 默认的排序方法，第一步是将大写字母开头的词均放在小写字母开头的词的前面，然后才进行排序。

代码如下：

```java
import java.util.Arrays;
import java.util.Comparator;
public class ArrSort implements Comparator {
```

```
public static void main(String[] args) {
    String[] A = {"a", "B", "c", "D", "e", "f"};
    Arrays.sort(A);
    System.out.println(Arrays.asList(A));
}
@Override
public int compare(Object arg0, Object arg1) {
    // TODO Auto-generated method stub
    return 0;
}
}
```

运行结果为：

```
[B, D, a, c, e, f];
```

5.2.6　使用 Arrays.binarySearch()执行快速查找

binarySearch(String str, String objStr)方法能够实现对已排序的数组进行快速查找。

【例 5-7】快速查找数组 a 中的元素。代码如下：

```
import java.util.Arrays;
import java.util.Comparator;
public class ArrSearch implements Comparator {
    public static void main(String[] args) {
        String[] a = {"a", "d", "e", "w", "f"};
        Arrays.sort(a);    //现对数组元素排序
        int index = Arrays.binarySearch(a, "f");
        System.out.println("要查找的位置是: " + index);
    }
    @Override
    public int compare(Object arg0, Object arg1) {
        // TODO Auto-generated method stub
        return 0;
    }
}
```

运行结果：

要查找的位置是：3

5.2.7　数组的复制

1. Arrays.copyOf()方法

这个方法是将原数组快速复制成一个新数组。如果新数组的长度小于旧数组的长度，将截取旧数组中的满足长度要求的部分元素，复制给新数组，反之，如果大于旧数组的长度，则将没有确切数值的位置根据数组元素的类型用 0、null 或 false 给予填充。

【例 5-8】快速复制数组。代码如下：

```
public class ArrCopy {
    public static void main(String[] args) {
        String[] a = {"a", "b", "c", "E", "f"};
```

```
        String[] b = new String[4];
        String[] c = new String[5];
        String[] d = new String[6];
        b = Arrays.copyOf(a, b.length);
        c = Arrays.copyOf(a, c.length);
        d = Arrays.copyOf(a, d.length);
        System.out.println("b 数组的元素: " + Arrays.asList(b));
        System.out.println("c 数组的元素: " + Arrays.asList(c));
        System.out.println("d 数组的元素: " + Arrays.asList(d));
    }
}
```

运行结果为:

```
b 数组的元素: [a, b, c, E]
c 数组的元素: [a, b, c, E, f]
d 数组的元素: [a, b, c, E, f, null]
```

2. Arrays.copyOfRange()方法

这个方法与前面介绍的 Arrays.copyOf()的用法相似，下面通过具体实例讲解。

【例 5-9】快速复制指定范围的数组元素。代码如下:

```
public class ArrCopy2 {
    public static void main(String[] args) {
        String[] a = {"a","b","c","E","f"};
        String[] b = new String[4];
        b = Arrays.copyOfRange(a, 2, 4);
        /* 将数组 a 中从编号为 2 的元素开始直到编号为 4 的前
        一个元素结束，所有的数组元素复制到数组 b */
        System.out.println("b 数组的元素: " + Arrays.asList(b));
    }
}
```

运行结果:

```
b 数组的元素: [c, E]
```

5.3 字 符 串

Java 定义了字符串类 String。在此我们将 String 当作一个数据类型使用，String 为引用数据类型。

String 类位于 java.lang 中，其中封装了很多实现字符串基本操作的方法。

5.3.1 字符串的表示

Java 中包含两个字符串类——String 和 StringBuffer。

- String：字符串的内容是不能改变的。
- StringBuffer：字符串的内容是可以改变的。

1. String 类表示

声明字符串变量的格式与其他变量一样，如下式声明了一个 String 类的变量 str：

```
String str;
```

同样也可以在声明时初始化变量，使变量 str 获得字符串常量值：

```
String str = "ddd";
```

字符串是引用类型，其存储方式与简单类型变量不同，引用类型变量空间存储的是对象在堆栈被分配的地址，两者的存储方式如图 5-1 所示。

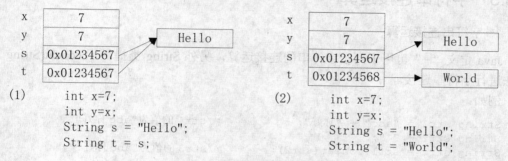

图 5-1　字符串变量存储示意

2. StringBuffer 类表示

StringBuffer 是表示字符串的另外一个类，它的字符串的内容是可以改变的。
下面是使用 StringBuffer 对象的例子：

```
StringBuffer(); /*分配 16 个字符的缓冲区*/
StringBuffer(int len); /*分配 len 个字符的缓冲区*/
StringBuffer(String s); /*除了按照 s 的大小分配空间外，再分配 16 个字符的缓冲区*/
StringBuffer str = new Stringbuffer("hello, are you!");
Str.insert(7, "How ");
System.out.println(sb.toString());
// 语句输出结果是：hello, How are you!
```

5.3.2　字符串对象操作

在 Java 语言中，对字符串对象赋初值一般采用两种方法式：

● 通过字符串常量对字符串赋值。
● 通过实例化字符串对象(调用 String 类的构造函数)对字符串赋值。

【例 5-10】对字符串对象赋初值。代码如下：

```
public class StrAssing {
    public static void main(String args[])
    {
        String s = "ddd";
        System.out.println(s);
        s = "aaa";
        System.out.println(s);
```

```
        s = new String("Hello world!");
        System.out.println(s);
    }
}
```

程序运行结果：

```
ddd
aaa
Hello world!
```

5.3.3 字符串连接运算

1. 字符串连接运算

Java 定义 "+" 可用于两个字符串的连接运算，另外 String 类提供了 concat(String str) 方法进行字符串连接。

例如：

```
String str1 = "abc" + "你好";           //str1 的值为"abc 你好"
String str2 = "!";
String str3 = str1.concat(str2);        //str3 的值为"abc 你好!"
```

2. 字符串与其他类型数据的连接

如果字符串与其他类型变量进行连接运算，需要通过 "+" 运算符来实现，系统自动将其他类型转换为字符串。

【例 5-11】字符串与其他类型数据的连接。代码如下：

```
public class StrJoin {

    public static void main(String args[])
    {

        String s = new String("num=");
        double a = 0.3;
        float b = 3.14f;
        int c = 5;
        s = s + a + b + c;
        System.out.println(s);

    }
}
```

程序运行结果：

```
num=0.33.145
```

💡 **注意：** 之所以系统自动实现连接对象的数据类型转换，是因为操作符重载的缘故，除了对运算符 "+" 进行了重载外，Java 不支持其他运算符的重载。

5.4 字符串的常用方法

5.4.1 String 类的方法

String 类的方法如下。

- public int length()：返回字符串的字符个数。
- public char charAt(int index)：返回字符串中 index 位置上的字符，其中 index 值的范围是 0 ~ length-1。
- public int indexOf(int ch) / public int lastIndexOf(in ch)：返回字符 ch 在字符串中出现的第一个和最后一个的位置。
- public int indexOf(String str) / public int lastIndexOf(String str)：返回子串 str 中第一个字符在字符串中出现的第一个和最后一个的位置。
- public int indexOf(int ch, int fromIndex) / public lastIndexOf(in ch, int fromIndex)：返回字符 ch 在字符串中 fromIndex 以后出现的第一个和最后一个的位置。
- public int indexOf(String str, int fromIndex) / public int lastIndexOf(String str, int fromIndex)：返回子串 str 中的第一个字符在字符串中 fromIndex 后出现的第一个和最后一个的位置。
- public void getchars(int srcbegin, int end, char buf[], int dstbegin)：srcbegin 为要提取的第一个字符在源串中的位置，end 为要提取的最后一个字符在源串中的位置，字符数组 buf[]存放目的字符串，dstbegin 为提取的字符串在目的串中的起始位置。
- public void getBytes(int srcBegin, int srcEnd, byte[] dst, int dstBegin)：参数及用法同上，只是串中的字符均用 8 位表示。
- public String contat(String str)：将当前字符串对象与给定字符串 str 连接起来。
- public String replace(char oldChar, char newChar)：把串中出现的所有特定字符替换成指定字符以生成新串。
- public String substring(int beginIndex) / public String substring(int beginIndex, int endIndex)：用来得到字符串中指定范围内的子串。
- public String toLowerCase()：把串中所有的字符变成小写。
- public String toUpperCase()：把串中所有的字符变成大写。
- equals() / equalsIgnoreCase()：它们与运算符"=="实现的比较是不同的。运算符"=="比较两个对象是否引用同一个实例，而 equals()和 equalsIgnoreCase()则比较两个字符串中对应的每个字符值是否相同。

5.4.2 StringBuffer 类的方法

StringBuffer 类的方法如下。

- public synchronized StringBuffer append(String str)：用来在已有字符串末尾添加一

个字符串 str。

- public synchronized StringBuffer insert(int offset, String str)：用来在字符串的索引 offset 位置处插入字符串 str。
- public synchronized void setCharAt(int index, char ch)：用来设置指定索引 index 位置的字符值。

💡 **注意**：　String 中对字符串的操作不是对源操作串对象本身进行的，而是对新生成的一个源操作串对象的副本进行的，其操作的结果不影响源串。相反，StringBuffer 中对字符串的连接操作是对源串本身进行的，操作之后源串的值发生了变化，变成连接后的串。

5.4.3　分割字符串

在 Java 语言中，String 类提供了 split()方法进行字符串分割，其包含的两种不同形式分别是 split(String regex)和 split(String regex, int limit)，这两种形式的返回值都是字符串数组。Limit 参数的作用是控制模式 regex 的应用次数，它将影响结果数组的长度。假如 limit 的值为 n，当 n 大于 0 时，模式 regex 将最多被应用 n-1 次，结果数组的长度小于或等于 n，而且数组的最后项将包括超出最后匹配的所有输入；当 n 小于等于 0 时，模式 regex 将被应用尽可能多的次数，而且数组可以是任意长度。下面以 SplitString.java 文件为例，介绍 split()方法在 Java 程序中的应用。

【例 5-12】使用 SplitString.java 程序进行分割字符串的操作。代码如下：

```
public class SplitString {                      //创建类
    public static void main(String[] arg) {  //主方法
        String str1 = "aaa,bbb,ccc,ddd";        //创建字符串对象 str1
        String[] str2 = str1.split(",");        //以逗号 "，" 为界进行字符串分割

        System.out.println("结果数组 str2 的长度为: "
          + str2.length); //输出结果数组 str2 的长度
        System.out.print("结果数组 str2 的内容为: ");
        for(int i=0; i<str2.length; i++) {   //使用 for 循环
            System.out.print(str2[i] + "");   //输出结果数组 str2 的值
        }
        System.out.println("");                 //换行

        String str3 = "may@163.xzc@163.com";//创建字符串对象 str3
        String[] str4 = str3.split("@163.com", 2);  //分割字符串

        System.out.print("结果数组 str4 的内容为: ");
        for(int i=0; i<str4.length; i++) {          //使用 for 循环
            System.out.print(str4[i]);              //输出结果数组 str4 的值
        }
    }
}
```

运行结果：

结果数组 str2 的长度为: 4
结果数组 str2 的内容为: aaa bbb ccc ddd

结果数组 str4 的内容为：xzc@163.com

5.5　字符串与基本数据的相互转化

5.5.1　字符串类型转化为其他基本数据类型

使用 java.lang 包中提供的分别对应简单数据类型的类 Integer、Byte、Short、Long、Float、Double 类中的方法可以实现字符串类型向其他简单数据类型的转化。例如：

```
int x;
String str = "1001";
x = Integer.parseInt(s);
//调用 Integer 类的 parseInt()方法，将字符串类型的值转化为整型值
```

类似地，使用 Byte、Short、Long、Float、Double 类相应的类方法可以实现到各自简单数据类型数据的转换。

- Byte.parseByte(String s)：将字符串类型的数据转化为 byte 类型的数据。
- Short.parseShort(String s)：将字符串类型的数据转化为 short 类型的数据。
- Long.parseLong(String s)：将字符串类型的数据转化为 long 类型的数据。
- Float.parseFloat(String s)：将字符串类型的数据转化为 float 类型的数据。
- Double.parseDouble(String s)：将字符串类型的数据转化为 double 类型的数据。

【例 5-13】将字符串类型转化为其他基本数据类型。代码如下：

```
public class StrToOther {
    public static void main(String args[])
    {
        System.out.println(Integer.parseInt("10"));
        System.out.println(Byte.parseByte("102"));
        System.out.println(Float.parseFloat("10.221"));
        System.out.println(Double.parseDouble("10.211"));
    }
}
```

程序运行结果：

```
10
102
10.221
10.211
```

5.5.2　其他基本数据类型转化为字符串类型

在 Java 语言中，可以通过 String 类的 Public 类方法 String.valueOf()实现各种不同简单数据类型到字符串类型的转化。当然，为了能够处理不同的简单数据类型，该方法实现了针对不同类型的重载，包括：

- public static String valueOf(int i)
- public static String valueOf(byte i)

● public static String valueOf(float i)

● public static String valueOf(double i)

5.6　对象与字符串

5.6.1　Object 的字符串表示

java.lang.Object 中提供了 public 方法 toString() 把对象转化为字符串，在 Java 语言中所有的类都默认是 Object 的子类，所以任何 Java 对象都可以通过调用该方法获得对象的字符串表示。

【例 5-14】输出对象的字符串表示。代码如下：

```
package fiv;
import java.util.Date;

class TestClass {
    int a;
    String b;
    TestClass(int a, String b) {
        a = a;
        b = b;
    }
}

public class ObjToStr {
    public static void main(String[] args) {
        java.util.Date d = new Date();
        TestClass tc = new TestClass(1, "hello");
        System.out.println(d.toString());   //Date 对象的字符串
        System.out.println(tc.toString());  //自定义对象的字符串
    }
}
```

程序运行结果：

```
Mon Apr 09 22:58:53 CST 2012
fiv.TestClass@61de33
```

5.6.2　日期和时间字符串格式化

在实际的 Java 编程中，经常遇到需要将字符串类型的数据格式化成日期和时间类型的数据输出。下面将分别介绍日期和时间的组合方式，日期字符串的格式化和时间字符串的格式化。

1. 日期和时间的组合方式

在 Java 语言中，日期与时间的格式化转换符定义了各种格式的日期和时间字符串，其中最常用的日期和时间的组合格式如表 5-1 所示。

表 5-1　日期和时间的组合格式

转 换 符	组合格式	举 例
%tc	全部日期和时间信息	星期一 十二月 01 15:40:31 CST2008
%tD	"月/日/年"格式(2 位年份)	08/12/01
%tF	"年-月-日"格式(4 位年份)	2008-12-1
%tr	"时：分：秒 PM(AM)"格式(12 时制)	15:27:25 下午
%tR	"时：秒"格式(24 时制)	15:27
%tT	"时：分：秒"格式(24 时制)	15:27:25

学习了以上日期和时间的转换符之后，下面以 TimeData.java 文件为例，介绍日期和时间组合格式在 Java 程序中的应用。

【例 5-15】以 TimeData.java 程序展示日期和时间组合的相关应用。代码如下：

```java
import java.util.Date;
public class DateTimeDate {
    public static void main(String[] args) {
        Date date = new Date(); //创建日期对象 date
        System.out.println(
            "将对象 date 直接输出：" + date); //直接输出 date 的值(即当前日期)

        String str1 = String.format(
            "全部日期和时间信息：%tc%n", date); //将对象 date 通过转换符%tc 格式化
        System.out.print(str1);    //输出字符串 str1 的值

        String str2 = String.format(
            "月/日/年格式：%tD%n", date); //将对象 date 通过转换符%tD 格式化
        System.out.print(str2);          //输出字符串 str2 的值
        String str3 = String.format(
            "年-月-日格式：%tF%n", date);  //将对象 date 通过转换符%tF 格式化
        System.out.print(str3);

        System.out.printf("HH:MM:SS PM 格式(12 时制)：%tr%n", date);
            //将对象 date 通过转换符%tr 格式化，输出时间
        System.out.printf("HH:MM 格式(24 时制)：%tR", date);
            //将对象 date 通过转换符%tR 格式化，输出时间
        System.out.printf("HH:MM:SS 格式(24 时制)：%tT%n", date);
            //将对象 date 通过转换符%tT 格式化，输出时间
    }
}
```

运行结果：

```
将对象 date 直接输出：Mon Dec 01 16:23:43 CST 2011
全部日期和时间信息：星期一 十二月 01 16:23:43 CST 2011
月/日/年格式：12/01/11
年-月-日格式：2011-12-01
HH:MM:SS PM 格式(12 时制)：04:23:43 下午
HH:MM 格式(24 时制)：16:23
HH:MM:SS 格式(24 时制)：16:23:43
```

2. 日期字符串的格式化

在 Java 语言中，可以通过定义日期格式的转换符输出需要的日期格式，Java 日期转换符参见表 5-2。

表 5-2　Java 日期转换符

转 换 符	说 明	举 例
%ta	星期的简称	Tue(英文)、星期二(中文)
%tA	星期的全称	Tuesday(英文)、星期二(中文)
%tB	月份全称	December(英文)、十二月(中文)
%tC	年的前两位数字(不足两位前面补 0)	20
%td	两位数字的日(不足两位前面补 0)	02
%te	月份的日(前面不补 0)	2
%tm	两位数字的月份(不足两位前面补 0)	05
%tj	一年中的第几天	337
%tY	4 位数字的年份(不足 4 位前面补 0)	2008
%ty	年的后两位数字(不足两位前面补 0)	08

学习了以上格式转换符之后，下面以 DateFormat.java 文件为例，介绍日期格式转换符在 Java 程序中的应用。

【例 5-16】以 DateFormat.java 程序应用 format()方法来格式化日期类型字符串。

代码如下：

```
import java.util.Date;          //导入 java.util 包下的 Date 类
import java.util.Locale;        //导入 java.util 包下的 locale 类

public class DateFormat {       //创建类
    public static void main(String[] args){ //主方法
        Date date = new Date();              //创建对象 date
        String str1 = String.format(
          "今天是：%tY%tB%te 日%tA", date, date, date, date); //本地日期格式化
        System.out.println(str1);           //输出格式化日期

        String str2 = String.format(Locale.US,
          "Todayis:%tY%tB%te%tA", date, date, date, date)    //英文日期格式化
        System.out.println(str2);           //输出格式化日期
    }
}
```

运行结果：

```
今天是：2012 七月 2 日星期一
Today is: 2012July2Monday
```

3. 时间字符串的格式化

在 Java 语言中，可以通过定义时间格式的转换符输出需要的时间格式，Java 时间转

换符参见表 5-3。

表 5-3 Java 时间转换符

转 换 符	说 明	举 例
%tH	2 位数字 24 时制的小时(不足 2 位前面补 0)(00~23)	16
%tI	2 位数字 12 时制的小时(不足 2 位前面补 0)(01~12)	06
%tk	2 位数字 24 时制的小时(前面不补 0)(0~23)	4
%tl	2 位数字 12 时制的小时(前面不补 0)(1~12)	5
%tL	3 位数字的毫秒(不足 3 位前面补 0)(000~999)	078
%tM	2 位数字的分钟(不足 2 位前面补 0)(00~59)	15
%tN	9 位数字的毫秒数(不足 9 位前面补 0)(000000000~999999999)	000345000
%tp	小写字母的上午或下午标记	上午(中文)am(英文)
%tQ	1970-1-1 00:00:00 到现在所经过的毫秒数	1228185984546
%tS	2 位数字的秒(不足 2 位前面补 0)	32
%ts	1970-1-1 00:00:00 到现在所经过的秒数	1228186029
%tZ	时区缩写字符串	CST
%tz	相对于 GMT 的 RFC822 时区的偏移量	CST+0800

5.7　字符串与字符、字节数组

5.7.1　字符串与字符数组

1. 用字符数组创建字符串对象

String 类中有两个用字符数组创建字符串对象的构造方法。

- String(char[])：该构造方法用指定的字符数组构造一个字符串对象。
- String(char[], int offset, int length)：用指定的字符数组的一部分，即从数组起始位置 offset 开始取 length 个字符构造一个字符串对象。

例如：

```
char chars1[] = {'a', 'b', 'c'};
char chars2[] = {'a', 'b', 'c', 'd', 'e'};
String s1 = new String(chars1);
String s2 = new String(chars2, 0, 3);
```

2. 将字符串中的字符复制到字符数组

public void getChars(int start, int end, char c[], int offset)方法是字符串类的实例方法，其作用是：将当前字符串中的一部分字符复制到参数 c 指定的数组中，将字符串中从位置 start 到 end-1 位置上的字符复制的数组 c 中，并从数组 c 的 offset 处开始存放这些字符。需要注意的是，必须保证数组 c 能容纳下要被复制的字符。

5.7.2 字符串与字节数组

1. 用字节数组创建字符串对象

String 类的构造方法同样是包含两个对应字节数组作为参数的。

- String(byte[])：该构造方法使用平台默认的字符编码，用指定的字节数组构造一个字符串对象。
- String(byte[], int offset, int length)：该构造方法使用平台默认的字符编码，用指定的字节数组的一部分，即从数组起始位置 offset 开始取 length 个字节构造一个字符串对象。

2. 将字符串转化为字节数组

public byte[] getBytes()使用平台默认的字符编码，将当前字符串转化为一个字节数组。例如：

```
byte bs[] = "你好".getBytes(); //将字符串常量转化为字节数组并对 bs 字节数组赋值
```

5.8 正则表达式

正则表达式(Regular Expression)就是一个由字符构成的串，是由普通的字符(例如字符 a ~ z)以及特殊字符(称为元字符)组成的文字模式，它定义了一个用来搜索匹配字符串的模式。许多语言，包括 Perl、PHP、Python、JavaScript 和 JScript，都支持用正则表达式来处理文本，一些文本编辑器用正则表达式实现高级"搜索/替换"功能。JDK 1.4 中加入了 java.util.regex 包提供对正则表达式的支持。而且 Java.lang.String 类中的 replaceAll 和 split 函数也是调用的正则表达式来实现的。

正则表达式在字符数据处理中起着非常重要的作用，我们可以用正则表达式完成大部分的数据分析处理工作，比如判断一个串是否是数字、是否是有效的 E-mail 地址，从海量的文字资料中提取有价值的数据等，如果不使用正则表达式，那么实现的程序可能会很长，并且容易出错。反之则将可以轻松地完成，获得事半功倍的效果。

关于正则表达式的体系很庞杂，在此不做相关概念及规则的介绍。下面通过一个实例展示一下正则表达式在 Java 中的应用。

【例 5-17】正则表达式在 Java 中的应用。代码如下：

```java
import java.util.regex.*;
public class UsePhoneNOMatcher {
    public static void main(String[] args) {
        String phones1 = "张三的手机号码：0315-2100391\n"
        + "李四的手机号码：0316-2666888\n";
        Pattern pattern =
        Pattern.compile(".*0315-\\d{7}");  //".*0315-\\d{7}"为模式
        Matcher matcher =
        pattern.matcher(phones1); //matcher()返回符合条件的 Matcher 实例
        while(matcher.find()) {    // find()方法表示是否有符合的字符串
```

```
        System.out.println(
            matcher.group()); //group()方法可以将符合的字符串返回
        }
    }
}
```

该例寻找开头为 0315 的手机号码，假设号码来源不止一个，则可以编译好正则表达式并返回一个 Pattern 对象，之后就可以重复使用这个 Pattern 对象。

程序的运行结果如下：

张三的手机号码：0315-2100391

5.9 课后习题

1. 填空题

(1) 下列程序的输出结果为_____。

```
public class test
{
    public static void main(String args[])
    {
        String s = "I am a string!";
        Int n = s.length();
        Char c = s.charAt(7);
        System.out.println(n);
        System.out.println(c);
    }
}
```

(2) 设有数组定义 int MyIntArray[ ]={10, 20, 30, 40, 50, 60, 70}；则执行下面几个语句后的输出结果是_____。

```
int s = 0;
for(int i=0; i<MyIntArray.1length; i++)
    s += MyIntArray[i];
System.out.println(S);
```

(3) CharArrayWriter 类写入的是一个内部的_____。

(4) 若已有数组说明 char s[]；则创建 20 个字符的数组的语句是_____。

2. 选择题

(1) 以下数组初始化形式正确的是( )。

A. int t1[][]={{1,2},{3,4},{5,6}}　　　　B. int t2[][]={1,2,3,4,5,6}

C. int t3[3][2]={1,2,3,4,5,6}　　　　　　D. int t4[][]; t4={1,2,3,4,5,6}

(2) 在 Java 中，字符串由 java.lang.String 和( )定义。

A. java.lang.StringChar　　　　　　B. java.lang.StringBuffer

C. java.io.StringChar　　　　　　　D. java.io.StringBuffer

(3) 下列关于 Java 语言的数组描述中，错误的是( )。

　　A. 数组的长度通常用 length 表示

　　B. 数组下标从 0 开始

　　C. 数组元素是按顺序存放在内存中的

　　D. 数组在赋初始值时都不判断

(4) 下列关于字符串的描述中，错误的是(　　　)。

　　A. Java 语言中，字符串分为字符串常量和字符串变量两种

　　B. 两种不同的字符串都是 String 类对象

　　C. Java 语言中不再使用字符数组存放字符串

　　D. Java Application 程序的 main()参数 args[]是一个 String 类的对象数组，用它可以存放若干个命令行参数

3. 简答题

(1) 找出以下代码中有错误的部分：

```java
public int searchAccount(int number[25]) {
    number = new int[15];
    for(int i=0; i<number.length; i++)
        number[i] = number[i-1] + number[i+1];
    return number;
}
```

(2) 编写应用程序，实现字符串"Dot saw I was Tod"的倒转。

(3) 编写应用程序，将一个字符串数组按字典序重新排列。

第 6 章

JDK 命令行参数及用法

　　JDK(Java Development Kit)是 Sun Microsystems 公司针对 Java 开发推出的产品。如今 JDK 已经成为使用最广泛的 Java SDK(Software Development Kit)。JDK 提供了一整套与 Java 程序编译运行有关的命令，本章主要介绍 JDK 常用命令的使用，说明各命令中不同参数的作用和用法。

6.1　JDK 命令简介

JDK 是 Java 专业人士最初使用的开发环境。尽管许多编程人员如今已经在使用第三方的开发工具，但 JDK 仍被当作 Java 开发的重要工具。

JDK 由一个标准类库和一组测试及建立文档的 Java 实用程序组成。其核心 Java API 是一些预定义的类库，开发人员需要用这些类来访问 Java 语言的功能。Java API 包括一些重要的语言结构以及基本图形、网络和文件 I/O。一般来说，Java API 的非 I/O 部分对于运行 Java 的所有平台是相同的，而 I/O 部分则仅在通用 Java 环境中实现。

作为 JDK 实用程序，工具库中有 7 种主要程序。

- javac：Java 编译器，将 Java 源代码转换成字节码。
- java：Java 解释器，直接从类文件执行 Java 应用程序字节代码。
- appletviewer：小程序浏览器，一种用来执行 HTML 文件上的 Java 小程序的 Java 浏览器。
- javadoc：根据 Java 源码及说明语句生成 HTML 文档。
- jdb：Java 调试器，可以逐行执行程序、设置断点和检查变量。
- javah：产生可以调用 Java 过程的 C 过程，或建立能被 Java 程序调用的 C 过程的头文件。
- javap：Java 反汇编器，显示编译类文件中的可访问功能和数据，同时显示字节代码含义。

上述应用程序存放在 JDK 的 bin 目录下，要想通过命令行方式运行这些命令，需要对 Windows 操作系统的环境变量进行修改，也就是需要将这些可执行文件所在的目录添加到系统的 path 环境变量中。例如，将 "C:\Program Files\Java\jdk1.6.0_10\bin" 添加到 path 环境变量中。

6.2　javac 命令

6.2.1　javac 命令的功能及参数

javac 是 JDK 的标准编译工具，常见的形式为：

```
javac 选项 Java 源文件
```

它包含下列可能的选项。

- -g：生成所有调试信息。
- -g:none：生成无调试信息。
- -g:{lines,vars,source}：生成部分调试信息。
- -nowarn：不生成任何警告。
- -verbose：输出有关编译器正在执行的操作的消息。
- -deprecation：输出使用了不鼓励使用的 API 的源程序位置。

- -classpath 路径：指定用户类文件的位置。
- -sourcepath 路径：指定输入源文件的位置。
- -bootclasspath 路径：覆盖引导类文件的位置。
- -extdirs 目录(多个)：覆盖安装的扩展类的位置。
- -d 目录：指定存放生成的类文件的位置。
- -target 版本：生成指定虚拟机版本的类文件。
- -encoding 编码：指定源文件使用的字符编码。
- -source 版本：提供与指定版本的源兼容性。
- -version：版本信息。
- -cp：指定 classpath 参数。

6.2.2　javac 命令应用实践

从 Windows 桌面选择"开始"→"运行"命令，弹出"运行"对话框，输入"cmd"，并单击"确定"按钮，如图 6-1 所示。

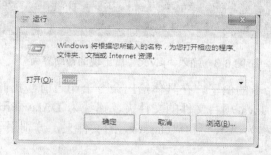

图 6-1　"运行"对话框

将出现如图 6-2 所示的命令行窗口。

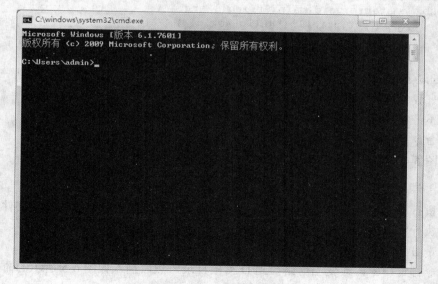

图 6-2　命令行窗口

在命令行窗口中输入"javac"后直接按 Enter 键，会出现如图 6-3 所示界面。因为没有设置任何 javac 命令的参数和命令作用对象，所以界面中会列出所有有关 javac 命令的参数及用法(其他的 JDK 命令行工具也有类似效果)。

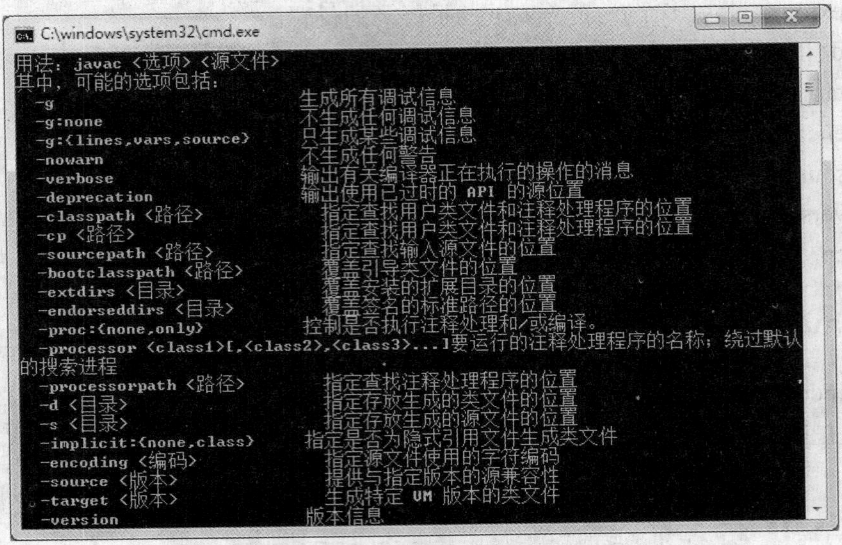

图 6-3　输入"javac"后出现的帮助界面

下面看几个 javac 命令的例子。在具体给出命令语句之前，我们先作如下准备工作。

首先创建一个存放 Java 项目文件的文件夹，路经为 D:\JavaProject\，并在 JavaProject 文件夹下面分别创建名称为"src"和"classes"的文件夹，分别用于 Java 源文件和 class 文件的存储。

接下来编写一个 Hello.java 文件，内容如下：

```java
public class Hello {
    public static void main(String[] args) {
        System.out.println("Hello World!");
    }
}
```

将 Hello.java 文件存储在 D:\JavaProject\src\目录中。至此，准备工作基本告一段落。

接下来我们运用不同参数对 Hello.java 进行编译。

(1)　不带参数

打开命令行窗口，进入 D:\JavaProject\src\目录，如图 6-4 所示。

在如图 6-4 所示的界面中输入如下命令：

```
javac Hello.java
```

这样执行 javac 命令的意思是在源文件 Hello.java 所在的目录执行对该文件的编译命令，命令执行完毕后，会在当前路径生成一个同名的.class 文件。

(2)　带-d 参数

在命令行窗口中，改变当前路径到 D 盘根目录，然后输入如图 6-5 所示的命令。

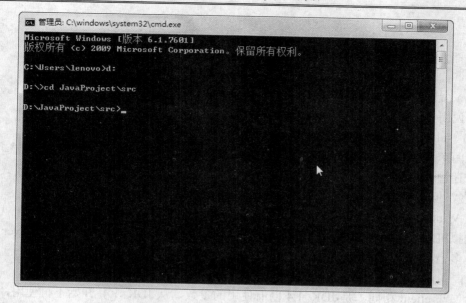

图 6-4　进入 D:\JavaProject\src 目录

图 6-5　执行 java 命令

命令执行完毕后，会在 D:\JavaProject\classes 目录下生成 Hello.class 字节码文件。

(3)　带-classpath 参数

如果在使用 javac 编译.java 源文件时找不到 jar 包，则需使用-classpath 选项指定在编译 Java 源代码时用所用类库的位置。一般用于该类库不在当前 CLASSPATH 环境变量中的情形。

设定要搜索类的路径，可以是目录、Jar 文件、ZIP 文件(里面都是 class 文件)，会覆盖掉所有在 CLASSPATH 里面的设定。所以假设 abc.java 在路径 c:\src 里面，一个完整的 javac 命令行应该是这样的(在任何目录都可以执行以下命令来编译)：

```
javac -classpath c:\classes;c:\jar\abc.jar;c:\zip\abc.zip -sourcepath
c:\source\project1\src;c:\source\project2\lib\src.jar;c:\source\project3
\lib\src.zip c:\src\abc.java
```

这表示编译需要 C:\classes 下面的 class 文件、C:\jar\abc.jar 里面的 class 文件、C:\zip\abc.zip 里面的 class 文件，还需要 C:\source\project1\src 下面的源文件、C:\source\project2\lib\src.jar 里面的源文件、C:\source\project3\lib\src.zip 里面的源文件。

💡 注意：　jar、zip 里面的源文件不会有什么改动，而目录下的源文件，却有可能会被重新编译。

6.3   java 命令

java 命令是 JDK 默认的 Java 执行程序，java 命令的作用是运行.class 文件。java 命令的参数说明如下。

(1) -client，-server

这两个参数用于设置虚拟机使用何种运行模式，client 模式启动比较快，但运行时性能和内存管理效率不如 server 模式，通常用于客户端应用程序。相反，server 模式启动比 client 慢，但可获得更高的运行性能。

在 Windows 中，默认的虚拟机类型为 client 模式，如果要使用 server 模式，就需要在启动虚拟机时加-server 参数，以获得更高性能，对服务器端应用，推荐采用 server 模式，尤其是多个 CPU 的系统。在 Linux、Solaris 上，默认采用 server 模式。

(2) -hotspot

含义与 client 相同，是 JDK 1.4 以前使用的参数，从 JDK 1.4 开始不再使用，代之以 client。

(3) -classpath，-cp

告知虚拟机搜索目录名、Jar 文档名、ZIP 文档名，之间用分号";"分隔。例如当你自己开发了公共类并包装成一个 common.jar 包，在使用 common.jar 中的类时，就需要用-classpath common.jar 告诉虚拟机从 common.jar 中查找该类，否则，虚拟机就会抛出 java.lang.NoClassDefFoundError 异常，表明未找到类定义。

虚拟机在运行一个类时，需要将其装入内存，虚拟机搜索类的方式和顺序如下：

Bootstrap classes，Extension classes，User classes

Bootstrap 中的路径是虚拟机自带的 Jar 或 ZIP 文件，虚拟机首先搜索这些包文件，用 System.getProperty("sun.boot.class.path")可得到虚拟机搜索的包名。

Extension 是位于 jre\lib\ext 目录下的 Jar 文件，虚拟机在搜索完 Bootstrap 后就搜索该目录下的 Jar 文件。用 System.getProperty("java.ext.dirs")可得到虚拟机使用的 Extension 搜索路径。

User classes 搜索顺序为当前目录、环境变量 CLASSPATH、-classpath。

在运行时可用 System.getProperty("java.class.path")得到虚拟机查找类的路径。使用-classpath 后虚拟机将不再使用 CLASSPATH 中的类搜索路径，如果-classpath 和 CLASSPATH 都没有设置，则虚拟机使用当前路径(.)作为类搜索路径。推荐使用-classpath 来定义虚拟机要搜索的类路径，而不要使用环境变量 CLASSPATH 的搜索路径，以减少多个项目同时使用 CLASSPATH 时存在的潜在冲突。例如应用 1 要使用 a1.0.jar 中的类 G，应用 2 要使用 a2.0.jar 中的类 G，a2.0.jar 是 a1.0.jar 的升级包，若 a1.0.jar，a2.0.jar 都在 CLASSPATH 中，虚拟机搜索到第一个包中的类 G 时就停止搜索，如果应用 1 和应用 2 的虚拟机都从 CLASSPATH 中搜索，就会有一个应用得不到正确版本的类 G。

(4) -D<propertyName>=value

在虚拟机的系统属性中设置属性名/值对，运行在此虚拟机之上的应用程序在虚拟机报告类找不到或类冲突时可用此参数来诊断和查看虚拟机装入类的情况。

（5）-verbose:gc

虚拟机发生内存回收时在输出设备显示信息，格式如下：

```
[Full GC 268K->168K(1984K), 0.0187390 secs]
```

该参数用来监视虚拟机内存回收的情况。

（6）-verbose:jni

虚拟机调用 native 方法时输出设备显示信息，格式如下：

```
[Dynamic-linking native method HelloNative.sum ... JNI]
```

该参数用来监视虚拟机调用本地方法的情况，在发生 jni 错误时可为诊断提供便利。

（7）-version

显示可运行的虚拟机版本信息然后退出。一台机器上装有不同版本的 JDK 时使用。

（8）-showversion

显示版本信息以及帮助信息。

（9）-ea[:<packagename>...|:<classname>]

（10）-enableassertions[:<packagename>...|:<classname>]

从 JDK 1.4 开始，Java 可支持断言机制，用于诊断运行时问题。通常在测试阶段使断言有效，在正式运行时不需要运行断言。断言后的表达式的值是一个逻辑值，为 true 时断言不运行，为 false 时断言运行，抛出 java.lang.AssertionError 错误。

上述参数就用来设置虚拟机是否启动断言机制，缺省时虚拟机关闭断言机制，用-ea可打开断言机制，不加 packagename 和 classname 时运行所有包和类中的断言，如果希望只运行某些包或类中的断言，可将包名或类名加到-ea 之后。例如要启动包 com.foo.util 中的断言，可用命令-ea:com.foo.util。

（11）-da[:<packagename>...|:<classname>]

（12）-disableassertions[:<packagename>...|:<classname>]

用来设置虚拟机关闭断言处理，packagename 和 classname 的使用方法和-ea 相同。

（13）-esa | -enablesystemassertions

设置虚拟机显示系统类的断言。

（14）-dsa | -disablesystemassertions

设置虚拟机关闭系统类的断言。

（15）-agentlib:<libname>[=<options>]

该参数是 JDK5 新引入的，用于虚拟机装载本地代理库。Libname 为本地代理库文件名，虚拟机的搜索路径为环境变量 PATH 中的路径，options 为传给本地库启动时的参数，多个参数之间用逗号分隔。

在 Windows 平台上，虚拟机搜索本地库名为 libname.dll 的文件，在 Unix 上，虚拟机搜索本地库名为 libname.so 的文件，搜索路径环境变量在不同系统上有所不同，Linux、SunOS、IRIX 上为 LD_LIBRARY_PATH，AIX 上为 LIBPATH，HP-UX 上为 SHLIB_PATH。

例如可使用-agentlib:hprof 来获取虚拟机的运行情况，包括 CPU、内存、线程等的运行数据，并可输出到指定文件中，可用-agentlib:hprof=help 来使用帮助列表。在 jre\bin 目录下可发现 hprof.dll 文件。

(16) -agentpath:<pathname>[=<options>]

设置虚拟机按全路径装载本地库，不再搜索 PATH 中的路径。其他的功能与 agentlib 相同。

(17) -javaagent:<jarpath>[=<options>]

虚拟机启动时装入 Java 语言设备代理。Jarpath 文件中的 mainfest 文件必须有 Agent-Class 属性。代理类要实现 public static void premain(String agentArgs, Instrumentation inst)方法。当虚拟机初始化时，将按代理类的说明顺序调用 premain 方法。

6.4   其 他 命 令

6.4.1   jar

随着 JDK 安装，在 JDK 安装目录下的 bin 目录中存在一个可执行文件，Windows 下的文件名为 jar.exe，Linux 下的文件名为 jar。它的运行需要用到 JDK 安装目录下 lib 目录中的 tools.jar 文件。jar 命令行格式为：

```
jar {ctxu}[vfm0M] [jar-文件] [manifest-文件] [-C 目录] 文件名
```

其中{ctxu}是 jar 命令的子命令，每次 jar 命令只能包含一个子命令，这些子命令含义如下。

- -c：创建新的 Jar 文件包。
- -t：列出 Jar 文件包的内容列表。
- -x：展开 Jar 文件包的指定文件或者所有文件。
- -u：更新已存在的 Jar 文件包(添加文件到 Jar 文件包中)。

[vfm0M]中的选项可以任选，也可以不选，它们是 jar 命令的选项参数。

- -v：生成具体报告并打印到标准输出。
- -f：指定 Jar 文件名，通常这个参数是必需的。
- -m：指定需要包含的 MANIFEST 清单文件。
- -o：只存储，不压缩，这样产生的 Jar 文件包会比不用该参数产生的体积大，但速度更快。
- -M：不产生所有项的清单(MANIFEST)文件，此参数会忽略-m 参数。

[jar-文件]：即需要生成、查看、更新或者解开的 Jar 文件包，是-f 参数的附属参数。

[manifest-文件]：即 MANIFEST 清单文件，它是-m 参数的附属参数。

[-C 目录]：表示转到指定目录下去执行这个 jar 命令的操作。它相当于先使用 cd 命令转到该目录下，再执行不带-c 参数的 jar 命令，它只能在创建和更新 Jar 文件包的时候使用。

文件名：指定一个文件/目录列表，这些文件/目录就是要添加到 Jar 文件包中的文件/目录。假如指定了目录，那么 jar 命令打包的时候会自动把该目录中的所有文件和子目录打入包中。使用 JDK 的 jar 命令打包，会自动在压缩包中生成一个 META-INF 目录，其中有一个 MANIFEST.MF 文件。

【例 6-1】 将两个 class 文件存档到一个名为 classes.jar 的存档文件中：

```
jar cvf classes.jar Foo.class Bar.class
```

【例 6-2】 用一个存在的清单(manifest)文件 mymanifest 将 foo/目录下的所有文件存档到一个名为 classes.jar 的存档文件中：

```
jar cvfm classes.jar mymanifest -C foo/
```

6.4.2　javaw 命令

javaw 命令功能跟 java 命令相对，可以运行.class 文件，主要用来执行图形界面的 Java 程序。运行 java 命令时，会出现并保持一个 console 窗口，程序中的信息可以通过 System.out 在 console 内输出；而运行 javaw，开始时会出现 console，当主程序调用之后，console 就会消失；javaw 大多用来运行 GUI 程序。

6.4.3　javah 命令

javah 命令其功能是 C 头文件和 Stub 文件生成器。javah 从 Java 类生成 C 头文件和 C 源文件。这些文件提供了连接胶合，使 Java 和 C 代码可以进行交互。

语法：

```
javah[命令选项]fully-qualified-classname...
Javah_g[命令选项]fully-qualified-classname...
```

💡 **提示：**　javah 生成实现本地方法所需的 C 头文件和源文件。C 程序用生成的头文件和源文件在本地代码中引用某一对象的实例变量。.h 文件含义一个 struct 定义，该定义的布局与相应类的布局平行。

6.4.4　javadoc 命令

该命令的功能是 Java API 文档生成器，从 Java 源文件生成 API 文档 HTML 页。

语法：

```
javadoc [命令选项][包名][源文件名][@files]
```

其中[包名]为用空格分隔的一系列包的名字，包名不允许使用通配符，如(*)。[源文件名]为用空格分隔的一系列的源文件名，源文件名可包括路径和通配符，如(*)。[@files] 是以任何次序包含包名和源文件的一个或多个文件。

javadoc 解析 Java 源文件中的声明和文档注释，并产生相应的 HTML 页，描述公有类、保护类、内部类、接口、构造函数、方法和域。

在实现时，javadoc 要求且依赖于 Java 编译器完成其工作。javadoc 调用部分 javac 编译声明部分，忽略成员实现。它建立类的内容丰富的内部表示，包括类层次和"使用"关系，然后从中生成 HTML。javadoc 还从源代码的文档注释中获得用户提供的文档。

当 javadoc 建立其内部文档结构时，它将加载所有引用的类。由于这一点，javadoc 必须能查找到所有引用的类，包括引导类、扩展类和用户类。

javadoc 包含以下命令选项。

- -overview：pathfilename 告诉 javadoc 从 pathfilename 所指定的文件中获取概述文档，并且把它放到输出的概述页面(overview-summary.html)中。其中 pathfilename 是相对于-sourcepath 的相对路径。

- -public：只显示公有类及成员。

- -protected：只显示受保护的和公有的类及成员。这是默认状态。

- -package：只显示包、受保护的和公有的类及成员。

- -private：显示所有类和成员。

- -help：显示联机帮助，它将列出这些 javadoc 和 doclet 命令行选项。

- -doclet class：指定启动用于生成文档的 docle 的类文件。该 doclet 定义了输出的内容和格式。如果未使用-doclet 选项，则 javadoc 使用标准 doclet 生成默认 HTML 格式。该类必须包含 start(Root)方法。该启动类的路径由-docletpath 选项定义。

- -docletpath classpathlist：指定 doclet 类文件的路径，该类文件用-doclet 选项指定。如果 doclet 已位于搜索路径中，则没有必要使用该选项。

- -1.1：生成具有 javadoc 1.1 版本生成的文档的外观和功能的文档。不是所有的选项都可以用于-1.1 选项，具体可以使用 javadoc -1.1 -help 查看。

- -sourcepath sourcepathlist：当将包名传递到 javadoc 命令中时，指定定位源文件(.java)的搜索路径。注意只有当用 javadoc 命令指定包名时才能使用 sourcepath 选项——它将不会查找传递到 javadoc 命令中的.java 文件。如果省略-sourcepath，则 javadoc 使用类路径查找源文件。

- -classpath classpathlist：指定 javadoc 将在其中查找引用类的路径——引用类是指带文档的类加上它们引用的任何类。javadoc 将搜索指定路径的所有子目录。classpathlist 可以包括多个路径，彼此用逗号分隔。

- -bootclasspath classpathlist：指定自举类所在路径。它们名义上是 Java 平台类。这个 bootclasspath 是 javadoc 将用来查找源文件和类文件的搜索路径的一部分。在 classpathlist 中用冒号(:)分隔目录。

- -extdirs dirlist：指定扩展类所在的目录。它们是任何使用 Java 扩展机制的类。这个 extdirs 是 javadoc 将用来查找源文件和在文件的搜索路径的一部分。在 dirlist 中用冒号(:)分隔目录。

- -verbose：在 javadoc 运行时提供更详细的信息。不使用 verbose 选项时，将显示加载源文件、生成文档(每个源文件一条信息)和排序的信息。verbose 选项导致打印额外的信息，指定解析每个 Java 源文件的毫秒数。

- -locale language_country_variant：指定 javadoc 在生成文档时使用的环境。

- -encoding name：指定源文件编码名，例如 EUCJIS/SJIS。如果未指定该选项，则使用平台默认的转换器。

- -J[flag]：将 flag 直接传递给运行 javadoc 的运行时系统 java。注意在 J 和 flag 之间不能有空格。

标准 doclet 提供的选项如下。

- -d directory：指定 javadoc 保存生成的 HTML 文件的目标目录。省略该选项将导致把文件保存到当前目录中。其中 directory 可以是绝对路径或相对当前工作目录的相对路径。
- -use：对每个文档类和包包括一个"用法"页。该页描述使用给定类或包的任何 API 的包、类、方法、构造函数和域。对于给定类 C，使用类 C 的任何东西将包括 C 的子类、声明为 C 的域、返回 C 的方法以及具有 C 类型参数的方法和构造函数。
- -version：在生成文档中包括@version 文本。默认将省略该文本。
- -author：在生成文档中包括@author 文本。
- -splitindex：将索引文件按字母分割成多个文件，每个字母一个文件，再加上一个包含所有以非字母字符开头的索引项的文件。
- -windowtitle[title]：指定放入 HTML。

6.4.5　appletviewer 命令

功能说明：appletviewer 是 Java Applet 浏览器。appletviewer 命令可在脱离万维网浏览器环境的情况下运行 Applet。

语法：

```
appletviewer [threads flag][命令选项] urls ...
```

appletviewer 命令连接到 urls 所指向的文档或资源上，并在其自身的窗口中显示文档引用的每个 Applet。注意，如果 URL 所指向的文档不引用任何带有 OBJECT、EMBED 或 APPLET 标记的 Applet，那么 appletviewer 就不做任何事情。

6.4.6　rmic 命令

功能：rmic 为远程对象生成 stub 和 skeleton。

rmic 命令用法：

```
rmic 选项 类名
```

其中，"选项"包括下列内容。

- -keep：不删除中间生成的源文件。
- -keepgenerated：同-keep。
- -v1.1：为 1.1 stub 协议版本创建 stubs/skeleton。
- -vcompat(缺省)：创建与 1.1 和 1.2 stub 协议版本兼容的 stubs/skeleton。
- -v1.2：仅为 1.2 stub 协议版本创建 stubs。
- -iiop：为 IIOP 创建 stubs。当使用该选项时，"选项"还应包括下列内容。
- -always：总创建 stubs(即使在它们同时出现时)。
- -alwaysgenerate：同-always。
- -nolocalstubs：不创建为同一进程优化的 stubs。
- -idl：创建 IDL。当使用该选项时，"选项"还应包括下列内容。

- -noValueMethods：不生成值类型的方法。
- -always：总创建 IDL(即使在它们同时出现)。
- -alwaysgenerate：同-always。
- -g：一般调试信息。
- -depend：以递归方式重编译过期的文件。
- -nowarn：不警告。
- -nowrite：不将编译过的类写入到文件系统。
- -verbose：输出有关编译器所做工作的信息。
- -classpath path：指定输入源和类文件的查找位置。
- -sourcepath path：指定用户源文件的查找位置。
- -bootclasspath path：覆盖自举类文件的位置。
- -extdirs path：覆盖安装扩展类的位置。
- -d directory：指定所生成类文件的放置位置。
- -J runtime flag：将参数传给 Java 解释程序。

6.4.7　rmiregistry 命令

功能：在当前主机的指定端口上启动远程对象注册服务程序。

rmiregistry 命令用法：

```
rmiregistry 选项 [port]
```

其中，"选项"包括-J <runtime 标记>，将参数传递到 Java 解释程序。

功能说明：rmiregistry 命令可在当前主机的指定端口上启动远程对象注册服务程序。

rmiregistry 命令在当前主机的指定 port 上创建并启动远程对象注册服务程序。如果省略 port，则注册服务程序将在 1099 端口上启动。rmiregistry 命令不产生任何输出而且一般在后台运行。远程对象注册服务程序是自举命名服务。主机上的 RMI 服务器将利用它将远程对象绑定到名字上。客户机可查询远程对象并进行远程方法调用。注册服务程序一般用于定位应用程序需调用其方法的第一个远程对象。该对象反过来对各应用程序提供相应的支持，用于查找其他对象。java.rmi.registry.LocateRegistry 类的方法可用于在某台主机或主机和端口上获取注册服务程序操作。java.rmi.Naming 类的基于 URL 的方法将对注册服务程序进行操作，并可用于查询远程对象、将简单(字符串)名称绑定到远程对象、将新名称重新绑定到远程对象(覆盖旧绑定)、取消远程对象的绑定以及列出绑定在注册服务程序上的 URL。

6.4.8　serialver 命令

serialver 命令用法：

```
serialver [-classpath classpath] [-show] [classname...]
```

功能说明：

serialver 命令返回 serialVersionUID。

补充说明：

serialver 以适于复制到演变类的形式返回一个或多个类的 serialVersionUID。不带参数调用时，它输出用法行。

命令选项：-show 显示一个简单的用户界面。输入完整的类名并按 Enter 键或单击"显示"按钮可显示 serialVersionUID。

6.5　课后习题

1. 选择题

(1)　下列关于运行字节码文件的命令行参数的描述中，正确的是(　　)。

　　A. 命令行的命令字被存放在 args[0]中

　　B. 数组 args[]的大小与命令行的参数的个数无关

　　C. 第一个命令行参数(紧跟命令字的参数)被存放在 args[0]中

　　D. 第一个命令行参数被存放在 args[1]中

2. 填空题

(1)　Java 使用固定于首行的(　　)语句创建包。

(2)　在运行时，由 Java 解释器自动引入，而不用 import 语句引入的包是(　　)。

(3)　发布 Java 应用程序类库时，通常可以使用 JDK 自带的(　　)命令打包。

3. 判断题

(1)　java 命令不区分大小写而 javac 命令区分大小写。　　　　　　　　　(　　)

(2)　运行字节码文件时使用 java 命令一定要给出字节码文件的扩展名.class。　(　　)

第 7 章

Java 中的异常处理

本章我们将讨论 Java 的异常处理机制，并学习如何合理应用异常处理机制，从而使我们编写的 Java 程序具有稳定性和可靠性。

7.1　异　常

7.1.1　错误与异常

在程序运行时经常会出现一些不正常的现象，我们称之为错误。所谓错误，是在程序运行过程中发生的异常事件，比如除 0 溢出、数组越界、文件找不到等，这些事件的发生将阻碍程序的正常运行。为了增加程序的稳定性，做程序设计时，必须考虑到可能发生的异常情况并做出相应的处理。根据错误性质将运行错误分为两类：错误和异常。

(1)　一类是致命性的错误

例如程序进入了死循环，或递归无法结束导致不断消耗内存，这类现象称为错误。错误只能在编程阶段解决，运行时程序本身无法解决，只能依靠其他程序干预，否则会一直处于非正常状态。

(2)　另一类是非致命性的异常

例如运算时除数为 0，或打开一个文件时，发现文件并不存在，这类现象称为异常。在源程序中加入异常处理代码，当程序运行中出现异常时，可以解决异常，通过这些代码修正，这时程序仍可以继续运行直至正常结束。

由于异常是可以检测和处理的，所以产生了相应的异常处理机制，目前大多面向对象的语言都提供了异常处理机制，而错误处理一般由系统承担，语言本身并不提供错误处理机制。

7.1.2　异常处理机制

Java 提供了异常处理机制，它是通过面向对象的方法来处理异常的。程序运行过程中如果发生了异常，则生成一个代表该异常的对象，并把它交给运行时系统，运行时系统寻找相应的代码来处理这一异常。

1. 抛出异常

我们把生成异常对象并把它提交给运行时系统的过程称为抛出(throw)一个异常，当程序发生异常时，产生一个异常事件，生成一个异常对象，并把它提交给运行系统，再由运行系统寻找相应的代码来处理异常。这个过程就是抛出一个异常的具体过程。一个异常对象可以由 Java 虚拟机生成，也可以由运行的方法生成。异常对象中包含了异常事件类型、程序运行状态等必要的信息。

2. 捕获异常

异常抛出后，运行时系统从生成对象的代码开始，沿方法的调用栈逐层回溯查找，直到找到包含相应处理的方法，并把异常对象交给该方法为止，这个过程称为捕获(catch)一个异常。

简单地说，发现异常的代码可以"抛出"一个异常，运行系统"捕获"该异常，交由程序员编写的相应代码进行异常处理。

3. 异常处理的类层次

Java 用 Throwable 类表示异常，该类有两个子类——Exception 和 Error。它们的层次结构如图 7-1 所示。

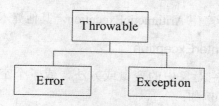

图 7-1　异常类的层次结构

从图 7-1 中可以看出，类 Throwable 有两个直接子类：Error 和 Exception。

(1) 错误类(Error)

Error 及其子类定义的是系统级底层错误，由 Java 虚拟机生成并抛出给系统，其中有内存溢出错、堆栈溢出错、虚拟机错等。通常，这类错误一般与应用程序无关，Java 应用程序也不需要处理。

(2) 异常类(Exception)

Exception 通常用来定义程序级异常，类对象是 Java 程序抛出和处理的对象。它有各种不同的子类，分别对应于不同类型的异常，如除数为 0 的算术异常、数组下标越界异常、I/O 异常等，这类异常一般是程序可以处理的。

7.1.3　常用异常类

常用异常类如表 7-1 所示。

表 7-1　Java 常见异常

异　　常	描　　述
ArithmeticException	当出现异常算术条件时产生
NullPointerException	当应用程序需要的对象为空时产生
ArrayIndexOutOfBoundsException	数组下标越界时产生
ArrayStoreException	当程序试图存储数组中错误的类型数据时产生
FileNotFoundException	试图访问的文件不存在时产生
IOException	由于一般 I/O 故障而引起的，如读文件故障
NumberFormatException	当把字符串转换为数值型数据失败时产生
OutOfMemoryException	内存不足时产生
SecurityException	当小应用程序(Applet)试图执行由于浏览器的安全设置而不允许的动作时产生
StackOverflowException	当系统的堆栈空间用完时产生
StringIndexOutOfBoundsException	当程序试图访问串中不存在的字符位置时产生
ClassCastException	当执行不允许的强制类型转换时产生

表 7-1 中列出的 Java 常见异常类都是 RuntimeException 的子类。下面我们针对其中常见的异常类进行介绍。

1. 算术异常 ArithmeticException

除数为 0 或用 0 取模会产生 ArithmeticException，其他算术操作不会产生异常。

2. 空指针异常 NullPointerException

当程序试图访问一个空对象中的变量或方法，或一个空数组中的元素时，会引发 NullPointerException 异常。例如：

```
int a[] = null;
a[0] = 0;               //访问长度为 0 的数组，产生 NullPointerException
String str = null;
System.out.println(
  str.length());        //访问空字符串的方法，产生 NullPointerException
```

3. 类型强制转换异常 ClassCastException

进行类型强制转换时，对于不能进行的转换操作产生 ClassCastException 异常。例如：

```
Object obj = new Object();
String str = (String)obj;
```

上述语句试图把 Object 对象 obj 强制转换成 String 对象 str，而 obj 既不是 String 的实例，也不是 String 子类的实例，系统不能转换时产生 ClassCastException 异常。

4. 数组负下标异常 NegativeArraySizeException

如果一个数组的长度是负数，则会引发 NegativeArraySizeException 异常。例如：

```
int a[] = new int [-1]; //产生 NegativeArraySizeException 异常
```

5. 数组下标越界异常 ArrayIndexOutOfBoundsException

试图访问数组中的一个非法元素时，引发 ArrayIndexOutOfBoundsException 异常。例如：

```
int a[] = new int[1];
a[0] = 0;
a[1] = 1;
```

7.2　try-catch 语句

一般来说，系统捕获抛出的异常对象并输出相应的信息，同时终止程序运行，导致其后程序无法运行。这其实并不是人们所期望的，因此就需要能让程序来接收和处理异常对象，从而不会影响其他语句的执行，这就是捕获异常的意义所在。

7.2.1　try-catch-finally 语句

在 Java 的异常处理机制中，提供了 try-catch-finally 语句来捕获和处理一个或多个异常，语法格式为：

```
try
{
    //可能产生异常的语句块
}
catch (ExceptionType1 e)
{
    //捕获 ExceptionType1 异常对象时进行处理的代码
}
catch (ExceptionType2 e)
{
    //捕获 ExceptionType2 异常对象时进行处理的代码
}
finally
{
    //语句 3
}
```

其中，"语句 3"是最后必须执行的代码，无论是否捕获到异常。

try-catch-finally 语句的作用是，当 try 语句中的代码产生异常时，根据异常的不用，由不同 catch 语句中的代码对异常进行捕获并处理；如果没有异常，则 catch 语句不执行；而无论是否捕获到异常都必须执行 finally 中的代码。

要处理特殊的异常，将能够抛出异常的代码放入 try 块中，然后创建相应的 catch 块的列表，每个可以被抛出的异常都有一个。如果生成的异常与 catch 中给出的相匹配，那么 catch 条件的块语句就被执行。在 try 块之后，catch 语句可以有一个或多个，但至少要有一个 catch 语句，每一个都处理不同的异常。finally 语句可以省略。

在 catch 语句中，可通过异常对象的 toString()、getMessage()和 printStackTrace()等方法输出异常的详细描述。

【例 7-1】异常的捕获和处理。代码如下：

```
public class ExceptionEx
{
    public static void main(String args[])
    {
        int i = 0;
        int a[] = {5, 10, 15, 20};
        for(i=0; i<5; i++)
        {
            System.out.print("当 i= "+ i +"时: ");
            try
            {
                System.out.print("a[" + i + "]/" + i + "=" + (a[i]/i));
            }
            catch(ArrayIndexOutOfBoundsException e)
            {
```

```
            System.out.println("数组越界异常,");
            e.printStackTrace();    // 异常信息打印输出
        }
        catch(ArithmeticException e)
        {
            System.out.print("算术异常," + e.toString());
        }
        catch(Exception e)
        {
            System.out.print("捕获" + e.getMessage() + "异常,");
        }
        finally
        {
            System.out.println();
        }
    }
  }
}
```

程序运行结果如下：

```
当 i= 0 时: 算术异常,java.lang.ArithmeticException: / by zero
当 i= 1 时: a[1]/1=10
当 i= 2 时: a[2]/2=7
当 i= 3 时: a[3]/3=6
当 i= 4 时: 数组越界异常,java.lang.ArrayIndexOutOfBoundsException: 4
        at seven.ExceptionEx.main(ExceptionEx.java:14)
```

从程序的运行结果看，数组越界的异常被捕获到，而且由于这个异常被第一个 catch 语句捕获到，因此后面的 catch 语句就不再起作用。同时，异常捕获到后，其他语句仍然可以正常运行，直至整个程序结束。

通过这个例子，我们再来深入探讨 try-catch-finally 语句，以及使用时要注意的问题。

(1) try 语句

try 语句大括号{}中的这段代码可能会抛出一个或多个异常。也就是说，若某段代码在运行时可能产生异常的话，需要使用 try 语句来试图捕获这个异常。例如当某段代码需要访问某个文件，而程序运行时该文件是否存在，在编程时是无法确定的。这时就需要对这段代码使用 try 语句，这样，当文件存在时，程序可以正常运行，若文件不存在，则可以由 catch 语句捕获并处理。

(2) catch 语句

catch 语句的参数类似于方法的声明，包括一个异常类型和一个异常对象。异常类型必须为 Throwable 类的子类，它指明了 catch 语句所处理的异常类型，异常对象则由运行时系统在 try 所指定的代码块中生成并被捕获，大括号中包含对象的处理，其中可以调用对象的方法。

catch 语句可以有多个，分别处理不同类的异常。Java 运行时系统从上向下分别对每个 catch 语句处理的异常类型进行检测，直到找到与类型相匹配的 catch 语句为止。这里，类型匹配指 catch 所处理的异常类型与生成的异常对象的类型完全一致或是它的超类，因此，catch 语句的排列顺序是从特殊到一般(系统异常类的层次结构如图 7-2 所示)。也可以用一个 catch 语句处理多个异常类型，这时它的异常类型参数应该是这多个异常类型的超类，程序设计需要根据具体的情况来选择 catch 语句的异常处理类型。

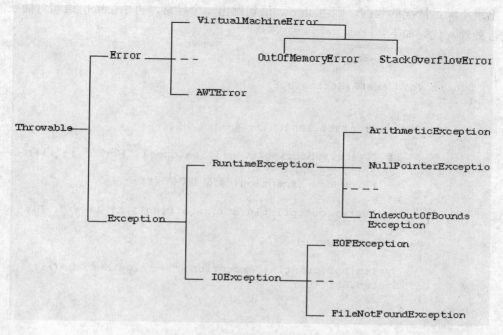

图 7-2　系统异常类的层次结构

如果程序产生的异常和所有 catch 处理的异常都不匹配，则这个异常将由 Java 虚拟机捕获并处理，此时就与不使用 try-catch-finally 语句是一样的，这显然也不是我们所期望的结果。因此一般在使用 catch 语句时，最后一个将捕获 Exception 这个所有异常的超类，从而保证异常由对象自身来捕获和处理。

(3) finally 语句

在 try 所限定的代码中，当抛出一个异常时，其后的代码不会被执行。通过 finally 语句可以指定一块代码。无论 try 所指定的程序块中抛出或不抛出异常，也无论 catch 语句的异常类型是否与所抛出的异常的类型一致，finally 所指定的代码都要被执行，它提供了统一的出口。该语句是可以省略的。

7.2.2　抛出异常

在捕获一个异常前，必须有一段代码生成一个异常对象并把它抛出。抛出异常的既可以是 Java 运行时系统，也可以是程序员自己编写的代码，即在 try 语句中的代码不会由系统产生异常，而是由程序员根据问题处理需要抛出异常。

1. throw 语句

使用 throw 语句抛出异常，抛出异常格式为：

```
throw  异常对象
```

其中，throw 是关键字，"异常对象"是创建的异常类对象。

【**例 7-2**】用 throw 抛出异常。本例使用主动抛出异常、再捕获并处理异常的方式。如果出现不满足情况的数据，则由 throw 语句抛出一个异常，再由 catch 语句对捕获的异常进行处理。代码如下：

```java
public class ThrowEx
{
    public void testA(String str)
    {
        int  y=1, i=1;
        for(int j=0; j<str.length(); j++) {
            try {
                if (!(str.substring(j, j+1).matches(("[0-9//.]+"))))
                    //存在字符不属于 0~9 范围
                    throw new Exception("数据类型错误");
                else
                    System.out.println(str.substring(j, j+1) + ", ");
            }
            catch(Exception e)
            {
                System.out.println("exception: " + e.getMessage());
                System.exit(0);
            }
        }
    }
    public static void main(String args[])
    {
        ThrowEx a = new ThrowEx();
        System.out.println("无异常抛出的情况: ");
        a.testA("1234109890");
        System.out.println("有异常抛出的情况: ");
        a.testA("12345f12");
    }
}
```

程序运行结果如下：

无异常抛出的情况：

1,

2,

3,

4,

1,

0,

9,

8,

9,

0,

有异常抛出的情况：

1,

2,

3,

4,

5,

exception: 参数中包含非 0~9 的字符。

由此可见，字符串"12345f12"中包含异常数据，程序终止。

注意，如果某个代码抛出异常，则必须使用 try-catch 语句进行异常捕获处理，否则会出现编译错误，显示系统要求进行异常捕获的信息。

2. throws 语句

在前面的例子中，异常的产生和处理都是在同一个方法中进行的，也就是说，异常的处理是在产生异常的方法中进行的。

在实际编程中，有时并不需要由产生异常的方法自己处理，而需要在该方法之外处理异常。这时与异常有关的方法就有两个：抛出异常的方法与处理异常的方法。

在方法声明中，添加 throws 子句表示该方法将抛出异常。带有 throws 子句的方法的声明格式为：

[修饰符] 返回值类型 方法名([参数列表]) [throws 异常类]

其中，throws 是关键字，"异常类"是方法要抛出的异常，可以声明多个异常类，用逗号隔开。

由 throws 语句抛出的异常由调用方法处理，即由一个方法抛出异常后，系统将异常向上传递，由调用它的方法来处理这些异常。例如：

```
public class A {

    public void method1() throws FirstException { //定义一个方法抛出异常
        ...
        throw new FirstException("异常信息");
        ...
    }

    /* 下面这个方法调用 method1()，同时方法体抛出自己的一个异常 SecondException，
    若不在方法体中处理 method1()抛出的 FirstException，则可将 FirstException、
    SecondException 同时抛出，让该方法的调用者去处理 */

    public void method2() throws FirstException, SecondException
    {
        ...
        this.method1(); //调用 method1()
        ...
        throw new SecondException("异常信息");
        ...
    }

    /* 下面这个方法调用 method1()，同时方法体抛出自己的一个异常 ThirdException，在
    方法体中 throw method1()抛出的 FirstException，因此 FirstException 不再向上
    层调用者传递 */

    public void method3() throws ThirdException
    {
        ...
        this.method1(); //调用 method1()
        throw new FirstException("异常信息");  //处理 FirstException
        ...
        throw new ThirdException("异常信息");
```

```
            ...
        }
    }
```

【例 7-3】用 throws 抛出异常。代码如下：

```
public class ThrowsEx
{
    static double c;
    public static void main(String []args) {
        BufferedReader input =
          new BufferedReader(new InputStreamReader(System.in));
        try {
            System.out.println("请任意输入一个被除数(数字)：");
            String input1 = readin.readLine();
            float a = Float.parseFloat(input1);
            System.out.println("请任意输入一个非零的除数：");
            String input2 = input.readLine();
            float b = Float.parseFloat(input2);
            c = division(a,b);                //调用用 throws 抛出异常的函数
        } catch(ArithmeticException ae) {  //处理 division()函数的异常
            System.out.println(ae.getMessage());
            System.exit(0);
        } catch(Exception e) {
            e.printStackTrace();
        } finally {
            System.out.println("两数相除的结果是：" + '\n' + c);
            System.exit(0);
        }
    }
    static double division(double x, double y)
      throws ArithmeticException {
        if(y==0)
            throw new ArithmeticException("除数不能为 0,否则结果是无限大。 ");
        double result;
        result = x / y;
        return result;
    }
}
```

程序运行时，如果输入的被除数和除数分别为 13 和 0 后，运行结果为：

请任意输入一个被除数(数字)：
13
请任意输入一个非零的除数：
0
除数不能为 0,否则结果是无限大。

7.3　自定义异常类

系统预定义异常类代表了程序运行过程中可能产生的绝大多数异常。如果希望记录和应用相关的错误信息，则可创建自己的异常类。该类的定义与普通类无太大区别，只需继承 Exception 类或 RuntimeException 类即可。

自定义异常类可以包含一个"普通"类所包含的任何东西。下面就是一个用户定义异常类的例子，它包含一个构造函数、几个变量以及方法。

【例 7-4】用户定义异常类。代码如下：

```
public class MyselfException extends Exception {
    private String reason;
    private int num;
    public MyselfException(String reason, int num) {  //定义构造函数
        this.reason = reason;
        this.num = num;
    }
    public String getReason() {
        return reason;
    }
    public int getNum() {
        return num;
    }
}
```

在应用程序中，可以使用如下语句来抛出已经创建的异常：

```
throw new MyselfException("错误提示信息", 10);
```

7.4　Log4j

在很多应用程序中要求在能够实现特定操作功能的同时，还需要实现日志功能，通过日志记录在系统运行过程中出现的一些情况。

Log4j 是 Apache 的一个开放源代码项目，通过使用 Log4j，我们很容易在 Java 应用程序中实现日志功能。

7.4.1　关于 Log4j

1. Log4j 配置

(1) 下载 commons-logging-1.1.1.jar 和 log4j-1.2.16.jar，并将其加入到项目的 lib 下。

(2) 在 CLASSPATH 下建立 log4j.properties。内容如下：

```
log4j.rootCategory=INFO, stdout, R
log4j.appender.stdout=org.apache.log4j.ConsoleAppender
log4j.appender.stdout.layout=org.apache.log4j.PatternLayout
log4j.appender.stdout.layout.ConversionPattern=[QC] %p [%t] %C.%M(%L)
| %m%n log4j.appender.R=org.apache.log4j.DailyRollingFileAppender
log4j.appender.R.File=D:\\MyProject\\logs\\qc.log
log4j.appender.R.layout=org.apache.log4j.PatternLayout
log4j.appender.R.layout.ConversionPattern=%d-[TS] %p %t %c - %m%n
log4j.logger.com.neusoft=DEBUG
log4j.logger.com.opensymphony.oscache=ERROR
log4j.logger.net.sf.navigator=ERROR
log4j.logger.org.apache.commons=ERROR
log4j.logger.com.ibatis.db=WARN
log4j.logger.org.apache.velocity=FATAL
```

在上述文件中，第一句为将等级为 INFO 的日志信息输出到 stdout 和 R 这两个目的地，stdout 和 R 的定义在后面的代码中可以任意起名。等级可分为 OFF、FATAL、ERROR、WARN、INFO、DEBUG、ALL，如果配置 OFF，则不打印出任何信息，如果配置为 INFO，将只显示 INFO、WARN、ERROR 的日志信息，而 DEBUG 信息不会被显示出来。

(3) 根据实际项目相应地修改其中属性。

(4) 在要输出日志的类中加入相关的语句：

```
//定义属性
static Logger logger = Logger.getLogger(LogDemo.class);
//LogDemo 为相关的类
```

在相应的方法中：

```
if (logger.isErrorEnabled()) {
    logger.error("error info");
}
```

2．Log4j 应用实例

例如：

```
public static void main(String[] args) {
    Logger log = Logger.getLogger(Test.class);
    log.debug("test");
    log.error("err! ");
}
```

7.4.2　将异常记入日志

通过使用 Log4j，可以很方便地将程序运行时捕获到的异常信息记入日志，以便日后查看及更正。Log4j 在项目中的配置前面已经介绍过。接下来将说明如何在程序代码中把捕获的异常记入日志。

在例 7-3 的 try 语句之前添加以下语句：

```
static Logger logger = Logger.getLogger(ThrowsEx.class);
```

然后在 catch 语句中，分别加入日志记录语句，就可以实现将异常信息记录为日志的目的了。

修改后的部分语句如下所示：

```
catch(ArithmeticException ae) {
    System.out.println(ae.getMessage());
    logger.error(ae.getMessage());      //把异常信息写入日志
    System.exit(0);
} catch(Exception e){
    logger.error(e.getMessage());       //把异常信息写入日志
    e.printStackTrace();
}
```

7.5　课后习题

1. 填空题

(1) Java 虚拟机能自动处理_____异常。

(2) Java 语言把那些可预料和不可预料的出错称为_____。

(3) 对程序语言而言，一般有编译错误和_____错误两类。

(4) 变量属性是描述变量的作用域，按作用域分类，变量有局部变量、类变量、方法参数和_____。

(5) catch 子句都带一个参数，该参数是某个异常的类及其变量名，catch 用该参数去与_____对象的类进行匹配。

2. 选择题

(1) Java 中用来抛出异常的关键字是(　　)。

A. try　　　　　　B. catch　　　C. throw　　　　　D. finally

(2) 关于异常，下列说法正确的是(　　)。

A. 异常是一种对象

B. 一旦程序运行，异常将被创建

C. 为了保证程序运行速度，要尽量避免异常控制

D. 以上说法都不对

(3) (　　)类是所有异常类的父类。

A. Throwable　　B. Error　　　C. Exception　　　D. AWTError

(4) Java 语言中，下列哪一子句是异常处理的出口(　　)。

A. try{...}子句　　　　　　　　B. catch{...}子句

C. finally{...}子句　　　　　　D. 以上说法都不对

3. 判断题

(1) 捕获异常的 try 语句后面通常跟有一个或多个 catch()方法，用来处理 try 块内生成的异常事件。　　　　　　　　　　　　　　　　　　　　　　　　(　　)

(2) 使用 try-catch-finally 语句只能捕获一个异常。　　　　　　　(　　)

(3) try-catch 语句不可以嵌套使用。　　　　　　　　　　　　　(　　)

(4) Error 类所定义的异常是无法捕获的。　　　　　　　　　　　(　　)

(5) IOException 异常是非运行时异常，必须在程序中抛弃或捕获。(　　)

(6) 用户自定义异常类是通过继承 Throwable 类来创建的。　　　(　　)

4. 简答题

(1) 什么是异常？简述 Java 的异常处理机制。

(2) 系统定义的异常与用户自定义的异常有何不同？如何使用这两类异常？

(3) 编写从键盘读入 5 个字符放入一个字符数组，并在屏幕上显示它们的程序。请在

程序中处理数组越界的异常。

(4) 在 Java 的异常处理机制中，try 程序块、catch 程序块和 finally 程序块各起到什么作用？

5. 操作题

(1) 编写一个程序，从键盘读入 5 个整数存储在数组中，要求在程序中处理数组越界的异常。

(2) 编写一个简单的计算器程序，能够计算两个变量进行四则运算的结果。在计算中及时捕获各种算术异常，保证在输入各种数字的时候程序才能够计算出结果。

(3) 编写 Java Application 程序，求解从命令行以参数形式读入两个数的积，若缺少操作数或运算符，则抛出自定义异常 OnlyOneException 与 NoOperationException 并且退出程序。

第 8 章

Java 文件管理和 I/O

本章主要介绍 Java 中用于文件处理的类、流的概念、序列化与
对象克隆、带进度条的输入流的相关知识。

8.1   Java 中用于文件处理的类

java.io 包包含了用于文件处理的类和接口,这个 Java 包的目的是引导数据和对象的 I/O 操作。程序员需要使用这个 Java 包把数据写到磁盘文件、套接字、URL 以及系统控制台上,并从中读取输入数据。还有一些可利用的格式字符串数据和处理 ZIP 与 Jar 文件的工具。

除 java.io 之外,还存在其他若干有关的 Java 包,参见以下内容,这个列表涵盖了较大范围的 Java I/O 特征:

- java.io 包含 75 个 I/O 类和接口。
- java.nio(JDK 1.4 的新特征)是一种新的 API,用于内存映射的 I/O、非封锁的 I/O 和文件锁。
- java.text 用于按自己喜欢的方式和国家惯例来格式化正文、日期、数字和消息。
- java.util.regex(JDK 1.4 的新特征)用于字符串的模式匹配或正则表达式匹配。
- java.util.zip 用于读写 ZIP 文件。
- java.util.logging(JDK 1.4 的新特征)用于记录和处理系统或应用的框架结构,有助于之后的问题诊断和排除。
- java.util.jar 用于读写 Jar 文件。
- Javax.xml.parsers(JDK 1.4 的新特征)是用于读入和扫描 XML 树的 API。
- Javax.imageio(JDK 1.4 的新特征)是用于图像文件(JPEG 和 GIF 等)I/O 处理的 API,使得能够按通常的操作方式处理它们。如缩微处理格式转换以及彩色模型调整等。
- Javax.print(JDK 1.4 的新特征)第 3 次尝试提供适应于企业级的打印服务。
- Javax.comm 支持访问串行口(RS-232)和并行口(IEEE-1284)设备。不属于基本 JDK 的一部分。
- Javax.sound.midi(JDK 1.3 的新特征)提供接口和类,支持 MIDI(Musical Instrument Digital Interface,音乐设备数字接口)数据的 I/O、定序与合成。
- Javax.speech 包含语音识别和输出 API,正处于开发阶段。现在可用的是第三方实现的同类 API。这些 API 库对 J2ME(Java 2 Micro Edition)的电话应用有很大的影响。

本节将重点讲述 java.io 包中的常用输入输出类。java.io 包中有关文件处理的类有 File、FileInputStream、FileOutputStream、RandomAccessFile、FileDescriptor、FileReader、FileWriter 等;接口有 FilenameFilter,如图 8-1 所示。

8.1.1   File 类

File 类提供了一种与机器无关的方式来描述一个文件对象的属性。下面我们介绍 File 类中提供的各种方法。

File 类的构造方法同时也是其用于文件或目录的生成的方法:

```
public File(String path); /*如果 path 是实际存在的路径, 则该 File 对象表示的是目
录; 如果 path 是文件名, 则该 File 对象表示的是文件*/
public File(String path, String name);   //path 是路径名, name 是文件名
public File(File dir, String name);       //dir 是路径名, name 是文件名
```

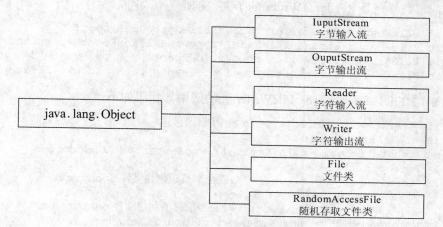

图 8-1　java.io 包中的文件处理类

　　File 对象的一个最简单的构造方法需要一个(完整的)文件名。如果不提供一个路径
名, Java 会使用当前目录(执行虚拟机处理程序的目录。如果是从命令行运行虚拟机, 这
个目录就是开始 Java 运行的目录)。如果文件名不存在, 则对构造方法的调用也不会创建
使用这个名字的新文件。实际上, 用一个 File 对象创建文件时, 需要使用一个流类的构造
方法或者使用 File 类提供的 createNewFile 方法。只有当前不存在指定名字的文件时,
createNewFile 方法才会创建文件, 而且返回 boolean 值用以表明是否创建成功。

　　Java 中用定义的 I/O 体系从文件中进行数据读写。然而, 文件管理的内容比文件的读
写要多得多, 在 File 类中封装了对用户机器的文件系统进行操作的功能。

　　File 类中用于文件名处理的方法如下:

```
String getName();                    //得到一个文件的名称(不包括路径)
String getPath();                    //得到一个文件的路径名
String getAbsolutePath();            //得到一个文件的绝对路径名
String getParent();                  //得到一个文件的上一级目录名
String renameTo(File newName);       //将当前文件名更名为给定文件的完整路径
```

　　File 类中用于文件属性测试的方法如下:

```
boolean exists();          //测试当前 File 对象所指示的文件是否存在
boolean canWrite();        //测试当前文件是否可写
boolean canRead();         //测试当前文件是否可读
boolean isFile();          //测试当前文件是否是文件(不是目录)
boolean isDirectory();     //测试当前文件是否是目录
```

　　File 类中的其他相关方法如下:

```
long lastModified();       //得到文件最近一次修改的时间
long length();             //得到文件的长度, 以字节为单位
boolean delete();          //删除当前文件
boolean mkdir();           //根据当前对象生成一个由该对象指定的路径
String list();             //列出当前目录下的文件
```

8.1.2 FileReader、FileWriter 类

FileReader、FileWriter 类与后面的文件数据流类 FileInputSream、FileOutputSream 的功能相似，它们分别是 Reader、Writer 的子类，构造方法如下：

```
public FileReader(File file) throws FileNotFoundException
public FileReader(String fileName) throws FileNotFoundException
public FileWriter(File file) throws IOException
public FileWriter(String fileName, boolean append) throws IOException
```

【例 8-1】File、FileReader、FileWriter 类的应用。代码如下：

```
import java.io.*;  //引入 java.io 包中所有的类
public class FileCopy {
    public static void main(String[] args) throws IOException {
        File inputFile =
          new File("input.txt"); //在当前目录创建文件 input.txt
        File outputFile =
          new File("output.txt"); //在当前目录创建文件 output.txt
        FileReader fr = new FileReader(inputFile);
        FileWriter fw = new FileWriter(outputFile);
        int c;
        while ((c=fr.read()) != -1)   // 从 input.txt 文件中读
            fw.write(c);              // 向 output.txt 文件中写
        fr.close();          //文件关闭
        fw.close();
    }
}
```

【例 8-2】File 类的应用。代码如下：

```
import java.io.*;   //引入 java.io 包中所有的类
public class FileTest {
    public static void main(String args[]) {
        File fileDir = new File(
          "E://projects//SourceForBook//src"); //用 File 对象生成一个目录
        Filter filter = new Filter("java");  //生成一个名为 java 的过滤器
        System.out.println(fileDir + "目录下的文件列表 ");
        String files[] = fileDir.list(filter);
        //列出目录 fileDir 下文件后缀名为 java 的所有文件
        for(int i=0; i<files.length; i++) {
            File f = new File(fileDir, files[i]);
            //为目录 fileDir 下的文件或目录创建一个 File 对象
            if(f.isFile()) { //如果该对象为后缀为 java 的文件，打印文件名
                System.out.println("file: " + f);
            }
            else {
                System.out.println("file: " + f);
            }
        }
    }
}
class Filter implements FilenameFilter {
    String extent;
    Filter(String extent) {
        this.extent = extent;
```

```
    }
    public boolean accept(File dir, String name) {
        return name.endsWith("." + extent); //返回文件的后缀名
    }
}
```

8.1.3　randomAccessFile 类

randomAccessFile 类是用来访问那些保存数据记录的文件的，对等长格式的记录的访问有很大的优势。

基本上，randomAccessFile 的工作方式是，把 DataInputStream 和 DataOutputStream 粘合起来，再加上它自己的一些方法，比如定位用的 getFilePointer()，在文件里移动用的 seek()，以及判断文件大小的 length()。

该类有两种构造方法：

```
randomAccessFile(file, "rw")    // 可读写
randomAccessFile(file, "r")     // 只读
```

【例 8-3】randomAccessFile 类的应用。代码如下：

```
//学生信息类
public class Student {
    public String name = null;
    public int age = 0;
    public static final int LEN = 8;
    public Student(String name, int age)
    {
        if(name.length() > LEN) {
            name = name.substring(0, LEN);
        } else {
            while (name.length() < LEN) {
                name += "/u0000";
            }
        }
        this.name = name;
        this.age = age;
    }
}

import java.io.IOException;
import java.io.RandomAccessFile;
/**学生信息读写*/
public class randomFileTest {
    public static void main(String[] args) throws IOException {
        Student  s1 = new Student("张三", 18);
        Student  s2 = new Student("李四", 19);
        Student  s3 = new Student("王五", 20);
        RandomAccessFile raw = new RandomAccessFile("student.txt", "rw");
        raw.writeChars(s1.name); //调用 writeChars 写入
        raw.writeInt(s1.age);
        raw.writeChars(s2.name);
        raw.writeInt(s2.age);
        raw.writeChars(e3.name);
```

```
        raw.writeInt(e3.age);
        raw.close(); //关闭
        String strName = "";
        RandomAccessFile rar = new RandomAccessFile("student.txt", "r");
        rar.skipBytes(Student.LEN*2+4); //skipBytes(N)跳转 N 位
        for(int i=0; i<Student.LEN; i++) {
            strName += raf.readChar(); //读取单个字节，所以循环
        }
        System.out.println(
          strName.trim() + ":" + rar.readInt()); //读取整数个字节
        strName = "";
        rar.seek(0);  //定位到某处
        for(int i=0; i<Employee.LEN; i++) {
            strName += raf.readChar();
        }
        System.out.println(strName.trim() + ":" + rar.readInt());
    }
}
```

8.2　流

File 类更多关注的是文件在磁盘上的存储，而流类关注的是文件内容的操作。

8.2.1　数据流的基本概念

1. 数据流

数据流(Stream)是指一组有顺序的、有起点和终点的字节集合，是对输入输出的总称(或抽象)。数据流完成从键盘接收数据、读写文件以及打印等数据传输操作。输入/输出处理是程序设计中非常重要的一部分，比如从键盘读取数据、从文件中读取数据或向文件中写数据等。Java 把这些不同类型的输入、输出源抽象为流(Stream)，用统一接口来表示，从而使程序简单明了。

流(Stream)的概念源于 Unix 中管道(Pipe)的概念。在 Unix 中，管道是一条不间断的字节流，用来实现程序或进程间的通信，或读写外围设备、外部文件等。

一个流，必有源端和目的端，它们可以是计算机内存的某些区域，也可以是磁盘文件，甚至可以是 Internet 上的某个 URL。

流的方向是重要的，根据流的方向，流可分为两类：输入流和输出流。用户可以从输入流中读取信息，但不能写它。相反，对输出流，只能往输入流写，而不能读它。

在 Java 中，流分为 3 类，即字节流、字符流、对象流。

2. Java 的标准数据流

标准输入输出指在字符方式下程序与系统进行交互的方式，分为 3 种：
- 标准输入 stdin，对象是键盘。
- 标准输出 stdout，对象是屏幕。
- 标准错误输出 stderr，对象也是屏幕。

Java 通过系统类 System 实现标准输入输出的功能。

System 是 Object 的子类，在 java.lang 包中被声明为一个 final 类，因此 System 类不能被用来创建对象，而是直接使用。

其中有 3 个 public、final、static 的属性成员：in、out 和 err 分别表示标准输入、标准输出和标准错误输出。定义如下：

```
public final static InputStream in;
public final static PrintStream out;
public final static PrintStream err;
```

(1) 标准输入 System.in

System.in 是字节输入流类 InputStream 的对象实现标准输入的基础，InputStream 中有 read()方法，用来从键盘接收数据：

```
public int read() throws IOException          //返回读入的一个字节
public int read(byte[] b) throws IOException   //读入的多个字节返回缓冲区 b 中
```

(2) 标准输出 System.out

System.out 用来为 PrintStream 类的对象实现标准输出。其中有 print()和 println()两个方法，这两个方法支持 Java 的任意基本类型作为参数：

```
public void print(long l)
public void println()
```

例如：

```
System.out.print("Hello World! ");
System.out.println("Hello World! ");
```

(3) 标准错误输出 System.err

System.err 与 System.out 相同，以 PrintStream 类的对象实现标准错误输出。

【例 8-4】System.in 的用法。System.in.read(buffer)从键盘输入一行字符，存储在缓冲区 buffer 中，System.in.read()的返回值为读入的字节个数。之后分别以整数和字符两种方式输出 buffer 中的值。程序如下：

```
public class SysIn
{
    public static void main(String args[]) throws IOException
    {
        int n;
        byte buffer[] = new byte[256];       //定义输入缓冲区
        System.out.println("输入数据: ");
        n = System.in.read(buffer);          //读标准输入流
        System.out.println("输出数据: ");
        for (int i=0; i<n; i++)
            System.out.print(
              " " + buffer[i]);   //输出 buffer 中元素的 ASCII 码值
        System.out.println();
        for (int i=0; i<n; i++)
            System.out.print(
              " " + (int)buffer[i]); //以整数方式输出 buffer 中的元素值
        System.out.println();
```

```
        for (int i=0; i<n; i++)        //以字符方式输出 buffer 中的元素值
            System.out.print(", " + (char)buffer[i]);
        System.out.println("数据长度 = " + n); //输出 buffer 的实际长度
    }
}
```

程序运行时，从键盘输入 6 个字符"12asdf"及回车(两个字符)，保存在缓冲区 buffer 中的实际元素个数 count 为 8，元素值是对应输入字符的 ASCII 码值。

程序运行结果：

```
输入数据:
12asdf
输出数据:
49 50 97 115 100 102 13 10
49 50 97 115 100 102 13 10
, 1, 2, a, s, d, f,
,
数据长度 = 8
```

上述程序之所以在输出中出现：

```
, 1, 2, a, s, d, f,
,
```

是因为在以字符方式输出时，"回车符"也被输出出来。

注意(int)buffer[i]对应的是 buffer 中各元素的 ASCII 码值。

8.2.2　字节流

从 InputStream 和 OutputStream 派生出来的一系列类。这类流以字节(byte)为基本处理单位。即字节流是以字节为导向的 Stream，表示以字节为单位从 Stream 中读取或往 Stream 中写入信息。Java 中处理字节流的类都是从 InputStream 和 OutputStream 派生出来的一系列类。字节流分为输入流(InputStream)和输出流(OutputStream)两大类。输入流只能读不能写，而输出流只能写不能读。

两者为所有面向字节的输入流和输出流的超类。它们声明为 java.io 中的抽象类：

```
public abstract class InputStream extends Object
public abstract class OutputStream extends Object
```

InputStream 类中声明了用于字节输入的多个方法，包括读取数据、标记位置、获取数据量、关闭数据流等。

图 8-2 显示了 InputStream 类及子类的层次结构。

关于这些类的说明如下。

● FileInputStream：把一个文件作为 InputStream，实现对文件的读取操作。

● ByteArrayInputStream：把内存中的一个缓冲区作为 InputStream 使用。

● FilterInputStream：包含其他一些输入流，将这些流用作其基本的数据源，可以直接传输数据或提供一些额外的功能。

● ObjectInputStream：对以前使用 ObjectOutputStream 写入的基本数据和对象进行反序列化。

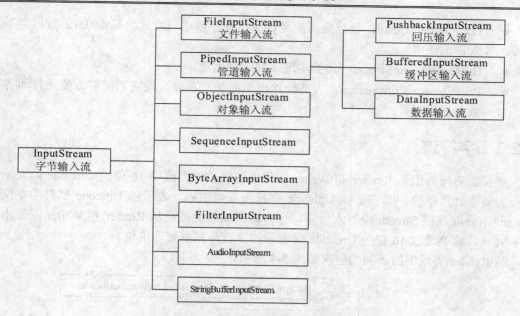

图 8-2　InputStream 类及子类的层次结构

- PipedInputStream：实现了 pipe 的概念，主要在线程中使用。
- SequenceInputStream：把多个 InputStream 合并为一个 InputStream。
- StringBufferInputStream：把一个 String 对象作为 InputStream。
- BufferedInputStream：添加了功能，即缓冲输入和支持 mark/reset 方法的能力。

OutputStream 类中声明了用于字节输出的多个方法，包括写入数据、标记位置、获取数据量、关闭数据流等。图 8-3 显示 OutputStream 类及子类的层次结构。

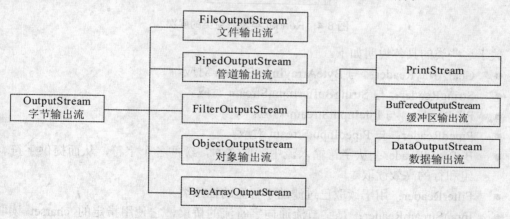

图 8-3　OutputStream 及子类的层次结构

关于这些类的说明如下。

- FileOutputStream：把信息存入文件中。
- ByteArrayOutputStream：把信息存入内存的一个缓冲区中。
- PipedOutputStream：实现了 pipe 的概念，主要在线程中使用。
- ObjectOutputStream：将 Java 对象的基本数据类型和图形写入 OutputStream。

- DataOutputStream：数据输出流允许应用程序以适当方式将基本 Java 数据类型写入输出流中。
- BufferedOutputStream：该类实现缓冲的输出流。
- PrintStream PrintStream：为其他输出流添加了功能，使它们能够方便地打印各种数据表示形式。

8.2.3　字符流

字符流对应一组从 Reader 和 Writer 派生出的类，这类流以 16 位的 Unicode 码表示的字符为基本处理单位。即它是以 Unicode 字符为导向的流，表示以 Unicode 字符为单位从 Stream 中读取或往 Stream 中写入信息。操作这类流的类都是从 Reader 和 Writer 派生出的一系列类，这类流以 16 位的 Unicode 码表示的字符为基本处理单位。

从 Reader 类派生的子类的层次如图 8-4 所示。

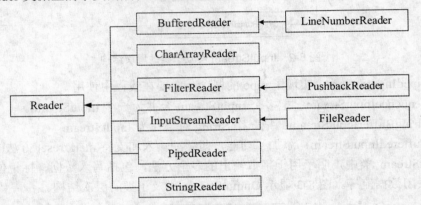

图 8-4　Reader 类及派生类的层次

关于这些类的具体说明如下。

- CharArrayReader：与 ByteArrayInputStream 对应。
- StringReader：与 StringBufferInputStream 对应。
- FileReader：与 FileInputStream 对应。
- PipedReader：与 PipedInputStream 对应。
- BufferedReader：从字符输入流中读取文本，缓冲各个字符，从而提供字符、数组和行的高效读取。
- FilterReader：用于读取已过滤的字符流的抽象类。
- InputStreamReader：是字节流通向字符流的桥梁，它使用指定的 charset 读取字节并将其解码为字符。
- StringReader：起源为一个字符串的字符流。
- FileReader：用来读取字符文件的便捷类。

从 Writer 类派生的子类的层次如图 8-5 所示。其中包含类的具体说明如下。

- CharArrayWriter：与 ByteArrayOutputStream 对应。
- StringWriter：无与之对应的以字节为导向的 Stream。

- FileWriter：与 FileOutputStream 对应。
- PipedWriter：与 PipedOutputStream 对应。
- BufferedWriter：将文本写入字符输出流，缓冲各个字符，从而提供单个字符、数组和字符串的高效写入。
- FilterWriter：用于写入已过滤的字符流的抽象类。
- OutputStreamWriter：是字符流通向字节流的桥梁：使用指定的 charset 将要向其写入的字符编码为字节。
- PrintWriter：向文本输出流打印对象的格式化表示形式。
- StringWriter：一个字符流，可用其回收在字符串缓冲区中的输出来构造字符串。

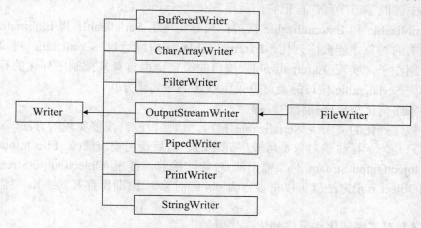

图 8-5　Writer 类及派生类的层次

8.3　序列化与对象克隆

8.3.1　序列化

1. 序列化的定义

所谓对象序列化就是将对象的状态转换成字节流，以后可以通过这些值再生成相同状态的对象。序列化的对象是对象的另外一种存在形式。把 Java 对象转换为字节序列的过程称为对象的序列化。把字节序列恢复为 Java 对象的过程称为对象的反序列化。

通常，对象实例的所有字段都会被序列化，这意味着数据会被表示为实例的序列化数据。对象被序列化后，可以用 java.io 包里的各种字节流类对其进行处理。这样，能够解释该格式的代码有可能能够确定这些数据的值，而不依赖于该成员的可访问性。类似地，反序列化从序列化的表示形式中提取数据，并直接设置对象状态，这也与可访问性规则无关。对于任何可能包含重要的安全性数据的对象，如果可能，应该使该对象不可序列化。

2. 序列化的用途

序列化虽然会破坏对象的访问规则，但从其他方面而言却有其实用价值。它的主要用途表现在：

- 经过序列化可以把对象的字节序列永久地保存到硬盘上。
- 可以将对象序列化后，实现其在网络上的传送。

3. 序列化的实现

(1) JDK 类库中的序列化 API

JDK 类库中的序列化 API 包括下列几种。

- java.io.ObjectOutputStream：对象输出流，它的 writeObject(Object obj)方法可对参数指定的 obj 对象进行序列化，把得到的字节序列写到一个目标输出流中。
- java.io.ObjectInputStream：对象输入流，它的 readObject()方法能够从一个源输入流中读取字节序列，再把它们反序列化为一个对象。
- Serializable 和 Externalizable 接口：只有实现了 Serializable 和 Externalizable 接口的类的对象才能被序列化。Externalizable 接口继承自 Serializable 接口，两者的区别在于，实现 Externalizable 接口的类完全由自身来控制序列化的行为，而仅实现 Serializable 接口的类可以采用默认的序列化方式。

(2) 对象序列化与反序列化的过程

将需要被序列化的类实现 Serializable 接口，该接口没有需要实现的方法，implements Serializable 只是为了标注该对象是可被序列化的，然后使用输出流(如 FileOutputStream)来构造一个 ObjectOutputStream(对象输出流)对象，接着，使用 ObjectOutputStream 对象的 writeObject(Object obj)方法就可以将参数为 obj 的对象写出(即保存其状态)，要恢复的话则用输入流。

【例 8-5】对象序列化和反序列化。代码如下：

```java
import java.io.*;
class Fruit implements Serializable {
    private String name;
    public Fruit(String name) {
        this.name = name;
    }
    public String toString() {
        return "name=" + name ;
    }
}
class ObjectSerialization {
    public static void main(String[] args) throws Exception {
        ObjectOutputStream out = new ObjectOutputStream(
          new FileOutputStream("D://objFile.obj"));
        //序列化
        Fruit apple = new Fruit("苹果");
        out.writeObject(apple);
        out.close();
        //反序列化
        ObjectInputStream in = new ObjectInputStream(
          new FileInputStream("D://objFile.obj"));
        Fruit obj = (Fruit)in.readObject();
        System.out.println("obj =" + obj);
        in.close();
    }
}
```

程序运行后，会在控制台输出"obj=name=苹果"，同时，在目录 D:\下生成一个 objFile.obj 文件，如图 8-6 所示。

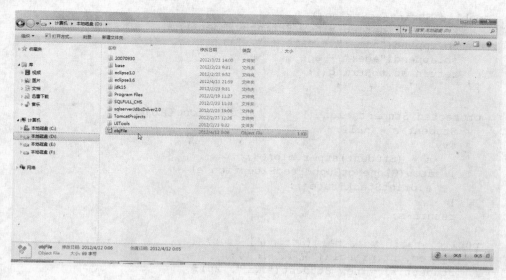

图 8-6　程序运行结果

8.3.2　对象克隆

有时想得到对象的一个复制品，该复制品的实体是原对象实体的克隆。复制品实体的变化不会引起原对象实体发生变化，这样的复制品称为原对象实体的克隆对象或简称克隆。Java 对象克隆包含两种：浅克隆和深克隆。

1. 浅克隆

被复制对象的所有变量都含有与原来的对象相同的值，而所有的对其他对象的引用仍然指向原来的对象。换言之，浅复制仅仅复制所考虑的对象，而不复制它所引用的对象。

2. 深克隆

被复制对象的所有变量都含有与原来的对象相同的值，除去那些引用其他对象的变量。那些引用其他对象的变量将指向被复制过的新对象，而不再是原有的那些被引用的对象。换言之，深复制把要复制的对象所引用的对象都复制了一遍。

【例 8-6】对象克隆。代码如下：

```java
class Student implements Cloneable {
    private String name;
    private int age;
    public Student(String name, int age) {
        this.age = age;
        this.name = name;
    }
    public void setName(String name) {
        this.name = name;
    }
```

```java
    public void setAge(int age) {
        this.age = age;
    }
    public String toString() {
        StringBuilder sb = new StringBuilder();
        sb.append("name:" + name + ", ");
        sb.append("age:" + age + " \n");
        return sb.toString();
    }

    protected Student clone() {        //实现 clone()方法
        Student s = null;
        try {
            s = (Student)super.clone();
        } catch(CloneNotSupportedException e) {
            e.printStackTrace();
        }
        return s;
    }
    public static void main(String[] args) {
        System.out.println("克隆之前: ");
        Student s1 = new Student("张三", 20);
        System.out.println(s1);
        System.out.println("克隆之后: ");
        Student s2 = s1.clone();
        s2.setName("李四");
        s2.setAge(19);
        System.out.print("原对象是: " + s1);
        System.out.print("克隆对象是: " + s2);
    }
}
```

程序运行结果:

```
克隆之前:
name:张三, age:20

克隆之后:
原对象是: name:张三, age:20
克隆对象是: name:李四, age:19
```

8.4 带进度条的输入流

  要想在读取文件的过程中显示进度条, 除了需要利用本章介绍的输入流类以外, 还需要用到后续章节的 Java 界面编程、Java 线程等内容。在此仅给出一个实例。

  【例 8-7】使用带进度条的输入流。代码如下:

```java
import java.io.*;
import javax.swing.*;

public class InProgress {

    public static void main(String[] args) {
```

```
byte b[] = new byte[400];

try {
    File f = new File("G://java code/jackxu/src", "good.txt");
    FileInputStream in = new FileInputStream(f);
    ProgressMonitorInputStream in =
      new ProgressMonitorInputStream(null, "读取文件", in);
    javax.swing.ProgressMonitor p = in.getProgressMonitor();
    while(in.read(b) != -1) {
        String s = new String(b);
        System.out.println(s);
        Thread.sleep(1000);
    }
} catch(Exception e) {
    e.printStackTrace();
}

}

}
```

8.5　课后习题

1. 填空题

(1) FileInputStream 是字节流；BufferedWriter 是字符流；ObjectOutputStream 是_____流。

(2) java.io 包的 File 类是_____。

(3) 如果将类 MyClass 声明为 public，它的文件名必须是_____才能正常编译。

2. 选择题

(1) 实现字符流写操作的类是(　　)，实现字符流读操作的类是(　　)。

A. FileReader 　　　 B. Writer 　　　 C. FileInputStream 　　　 D. FileOutputStream

(2) 要从 file.dat 文件中读出第 10 个字节到变量 c 中，下列哪个方法合适？(　　)

A. FileInputStream in = new FileInputStream("file.dat"); int c = in.read();

B. RandomAccessFile in=new RandomAccessFile("file.dat");in.skip(9);int c=in.read();

C. FileInputStream in=new FileInputStream("file.dat"); in.skip(9); int c=in.read();

D. FileInputStream in=new FileInputStream("file.dat"); in.skip(10); int c=in.read();

(3) 在编写 Java Application 程序时，若需要使用标准输入输出语句，必须在程序开头写上(　　)语句。

A. import java.awt.*; 　　　　　　　 B. import java.applet.Applet;

C. import java.io.*; 　　　　　　　　 D. import java.awt.Graphics;

3. 判断题

(1) 文件缓冲流的作用是提高文件的读/写效率。　　　　　　　　　　　　　(　　)

 (2) 通过 File 类可对文件属性进行修改。   ( )

 (3) Serializable 接口是空接口，是一个表示对象可以序列化的特殊标记。 ( )

4. 操作题

  编写应用程序，使用文件输出流，向文件中分别写入如下类型的数据：int、double 和字符串。

第 9 章

Java 中的集合

在程序对数据进行处理时，为了方便处理，往往需要将多个对象封装进一个统一的对象(容器)中。在前面的章节中，我们讲述的数组就是一种能够实现上述功能的容器之一。在本章，我们将讨论另外一个更为优化的容器——集合，它可以方便地用来检索和操纵数据以及作为参数在方法间进行批量数据的传送。

集合和数组相对比，两者的区别表现为：

- 数组是定长的，数组中的数据元素要求必须具有相同的数据类型。

- 集合的容量能够动态增加，而且部分集合允许存放不同类型的数据元素。

接下来我们针对集合部分的内容进行详细讲述。

9.1   Java 集合的体系结构

Java 平台提供的集合体系结构主要由一组用来操作对象的接口组成。不同接口描述一组不同的数据类型，Java 集合的体系结构如图 9-1 所示。

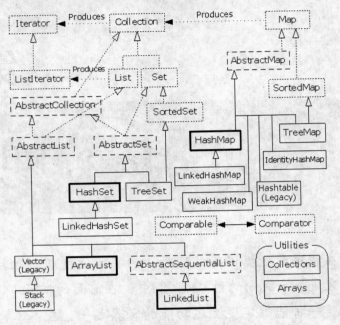

图 9-1   Java 集合的体系结构

上述体系结构中包含如下一些元素。

● 接口：Iterater、Collection、ListIterater、List、Set、SortedSet、Map、SortedMap。

● 抽象类：AbstactCollection、AbstactList、AbstactSet、AbstactMap、AbstactSequentialList。

● 实现类：实现类继承抽象类间接或直接实现接口，在图 9-1 中实线矩形框内的内容就是实现类。

9.2   Java 集合类和接口

在 Java 语言中，集合类和接口具有非常广泛的应用，下面分别针对其中的主要内容进行介绍。

9.2.1   集合接口

在 Java 语言中，常见的集合接口有 List 接口、Set 接口和 Map 接口，如图 9-1 所示，Collection 接口是 List 和 Set 接口的父接口。以下是各常用接口的介绍。

1. Collection 接口

Collection 接口用于表示任何对象或元素组。想要尽可能以常规方式处理一组元素时，就使用这一接口。该接口中提供了集合查询、添加、删除等方法。

- boolean add(Object obj)：将对象添加给集合。
- boolean remove(Object obj)：如果集合中有与 obj 相匹配的对象，则删除 obj。
- int size()：返回当前集合中元素的数量。
- boolean isEmpty()：判断集合是否不包含元素。
- boolean contains(Object obj)：查找集合中是否包含对象 obj。
- Iterator iterator()：返回一个迭代器，用来访问集合中的各个元素。Collection 不提供 get()方法。如果要遍历 Collection 中的元素，就必须用 Iterator。
- boolean containsAll(Collection c)：查找集合中是否含有集合 c 中的所有元素。
- boolean addAll(Collection c)：将集合 c 中的所有元素添加给该集合。
- void clear()：清空集合。
- void removeAll(Collection c)：从集合中删除属于集合 c 的所有元素。
- void retainAll(Collection c)：从集合中删除不属于集合 c 的所有元素。
- Object[] toArray()：以数组的形式返回集合的所有元素。
- Object[] toArray(Object[] a)：以数组的形式返回集合的所有元素，要求返回的 array 和参数 a 的数据类型相同。

AbstractCollection 抽象类提供具体"集合框架"类的基本功能。虽然可以自行实现 Collection 接口的所有方法，但是，除了 iterator()和 size()方法在恰当的子类中实现以外，其他所有方法都由 AbstractCollection 类来提供实现。如果子类不覆盖某些方法，可选的如 add()之类的方法将抛出异常。

2. Iterator 接口

Iterator 是 Collection 的父接口，Collection 接口的 iterator()方法返回一个 Iterator。

Iterator 接口方法能以迭代方式逐个访问集合中的各个元素，并安全地从 Collection 中除去适当的元素。

Iterator 接口中定义的方法如下。

- boolean hasNext()：判断是否存在另一个可访问的元素。
- Object next()：返回要访问的下一个元素。如果到达集合结尾，则抛出 NoSuch-ElementException 异常。
- void remove()：删除上次访问返回的对象。本方法必须紧跟在一个元素的访问后执行。如果上次访问后集合已被修改，方法将抛出 IllegalStateException 异常。

3. List 接口

List 接口继承了 Collection 接口。List 接口的特点是，List 用于定义一个允许出现重复项的有序集合；以元素安插的次序来确定元素的位置，不会重新排列；该接口不仅提供对列表内部分元素的处理，还允许基于元素位置的随机访问操作。

List 接口中定义的方法如下。

- void add(Object element)：向 List 添加元素 element。
- void add(int index, Object element)：在指定位置 index 上添加元素 element。
- boolean addAll(int index, Collection c)：将集合 c 的所有元素添加到指定 index 的位置。
- Object get(int index)：返回 List 中指定位置的元素。
- int indexOf(Object obj)：返回第一个出现元素 obj 的位置，否则返回-1。
- int lastIndexOf(Object obj)：返回最后一个出现元素 obj 的位置，否则返回-1。
- Object remove(int index)：删除指定位置上的元素。
- Object set(int index, Object element)：用元素 element 对 index 上的元素赋值，并且返回 index 位置上的旧值。
- ListIterator listIterator()：返回一个列表迭代器，用来访问列表中的元素。
- ListIterator listIterator(int index)：返回一个列表迭代器，用来从指定位置 index 开始访问列表中的元素。
- List subList(int fromIndex, int toIndex)：返回从指定位置 fromIndex 开始到 toIndex 位置结束(不包括 toIndex)的范围中各个元素的列表。

4. ListIterator 接口

ListIterator 接口继承 Iterator 接口，支持添加或更改底层集合中的元素，同时支持双向访问。ListIterator 不能返回光标确切位置，只能知道其位于调用 previous 和 next 方法返回的值之间。

ListIterator 接口中包含的方法如下。

- void add(Object obj)：将对象 obj 添加到当前位置的前面。
- void set(Object obj)：用对象 obj 替代 next 或 previous 方法访问的上一个元素。如果上次调用后列表结构被修改了，那么将抛出 IllegalStateException 异常。
- boolean hasPrevious()：判断向后迭代时是否有元素可访问。
- Object previous()：返回上一个元素。
- int nextIndex()：返回下次调用 next 方法时将返回的元素的索引。
- int previousIndex()：返回下次调用 previous 方法时将返回的元素的索引。

5. Set 接口

Set 接口继承 Collection 接口，与 List 不同，它不允许集合中存在重复项，每个具体的 Set 实现类依赖添加的对象的 equals()方法来检查独一性。Set 接口没有引入新方法，所以 Set 就是一个 Collection，只不过其行为不同。

6. Comparable 接口和 Comparator 接口

Comparable 接口适用于一个集合类有顺序的时候。假定对象集合是同一类型，该接口允许把集合排序成自然顺序。该接口定义了一个方法：

```
int compareTo(Object obj);
```

该方法的作用是：比较当前实例对象与对象 obj，如果位于对象 obj 之前，返回负值，如果两个对象在排序中位置相同，则返回 0，如果位于对象 obj 后面，则返回正值。

如果某个对象不能实现 Comparable 接口，或者不希望用 Comparable 接口默认的排序方式，则可以实现 Comparator 接口。

Comparator 接口包含如下两个方法。

- int compare(Object o1, Object o2)：对两个对象 o1 和 o2 进行比较，如果 o1 位于 o2 的前面，则返回负值，如果在排序顺序中认为 o1 和 o2 是相同的，返回 0，如果 o1 位于 o2 的后面，则返回正值。
- boolean equals(Object obj)：该方法覆盖 Object 的 equals()方法，判断对象 obj 是否与比较器相等。

7. Map 接口

Map 接口是一组成对的"键-值"对象。Map 中不能有重复的 key。Map 拥有自己的内部排列机制。Map 接口没有继承 Collection 接口。其中定义的方法如下。

- Object remove(Object key)：从映像中删除与 key 相关的映射。
- void putAll(Map t)：将来自特定映像的所有元素添加给该映像。
- void clear()：删除所有映射。
- Object get(Object key)：获得与关键字 key 相关的值，并且返回与关键字 key 相关的对象，如果没有在该映像中找到该关键字，则返回 null。
- boolean containsKey(Object key)：判断映像中是否存在关键字 key。
- boolean containsValue(Object value)：判断映像中是否存在值 value。
- int size()：返回当前映像中映射的数量。
- boolean isEmpty()：判断映像中是否有任何映射。
- Set keySet()：返回映像中所有关键字的视图集。
- Collection values()：返回映像中所有值的视图集。
- Set entrySet()：返回 Map.Entry 对象的视图集，即映像中的"键-值"对。

9.2.2　集合类

前面分别介绍了 Java 集合的各种形式的接口，接下来我们讨论 Java 中实现上述各种接口的集合类及其应用。

1. List 集合类

List 集合类用于具有线性表性质的对象的集合，常用的类包括 ArrayList 和 Linklist。

（1）ArrayList 类

ArrayList 类实现了 List 接口，ArrayList 类使用数组结构实现了线性表的顺序存储数据结构，可以将它理解成一个可增长的数组，它提供根据索引快速访问数据和快速随机访问的能力。

ArrayList 类除了实现了所有其实现接口定义的方法之外，还提供了如下两个方法，用于实现集合容量的动态扩充。

- void ensureCapacity(int increment)：将 ArrayList 对象容量增加 increment。

- void trimToSize(): 整理 ArrayList 对象容量为列表当前大小。程序可使用这个操作减少 ArrayList 对象的存储空间。

下面介绍 ArrayList 类的应用。

【例 9-1】定义一个学生类，用 ArrayList 存放学生对象。代码如下：

```java
import java.util.ArrayList;
class Student {
    String name;
    int age;
    Student(String name, int age) {
        this.name = name;
        this.age = age;
    }
    public String getName() {
        return name;
    }
    public void setName(String name) {
        this.name = name;
    }
    public int getAge() {
        return age;
    }
    public void setAge(int age) {
        this.age = age;
    }
}

public class ArrListDemo {
    public static void main(String args[]) {
        ArrayList sa = new ArrayList();
        Student s1 = new Student("zhangsan", 18);
        sa.add(s1);    //向 sa 中添加 s1 对象
        Student s2 = new Student("李四", 18);
        sa.add(s2);    //向 sa 中添加 s2 对象
        sa.add(s1);     //再次向 sa 中添加 s1 对象
        for(int i=0; i<sa.size(); i++) {
            System.out.print(sa.get(i) + ": "); //输出 ArrayList 中的对象信息
            Student s = (Student)sa.get(i);    //取出 ArrayList 中的对象
            System.out.println("name=" + s.name + ", age=" + s.age);
        }
        sa.remove(s1);    //删除 s1 对象
        System.out.println("删除节点后: ");
        for(int i=0; i<sa.size(); i++) {
            System.out.print(sa.get(i) + ": "); //输出 ArrayList 中的对象信息
            Student s = (Student)sa.get(i);    //取出 ArrayList 中的对象
            System.out.println("name=" + s.name + ", age=" + s.age);
        }
    }
}
```

程序的运行结果：

```
nine.Student@c17164: name=zhangsan, age=18
nine.Student@1fb8ee3: name=李四, age=18
nine.Student@c17164: name=zhangsan, age=1
```

删除节点后：
```
nine.Student@1fb8ee3: name=李四, age=18
nine.Student@c17164: name=zhangsan, age=1
```

程序的解释说明：ArrayList 允许重复存放对象，所以根据输出结构，验证了这一点。

(2) LinkedList 类

LinkedList 类采用链表结构实现了线性表的数据结构，并且 LinkedList 中的元素之间是双链接的，插入数据时，只需修改相关插入结点的几个地址，所以插入速度较快，当需要快速插入和删除时，LinkedList 成为 List 中的最佳选择。

关于 LinkedList 类的应用实例我们不予例举了，读者参照 LinkedList 类的 API 可以非常快速地构建关于它的应用。

2. Set 集合类

Set 关心唯一性，它不允许其中所包含的元素重复。Set 集合类主要包括 HashSet、LinkedHashSet 和 TreeSet。本节主要介绍 Set 集合类的相关内容。

(1) HashSet 类

HashSet 类实现了 Set 接口，有哈希表支持，当不希望集合中有重复值，并且不关心元素之间的顺序时可以使用此类。Hash 表是一种数据结构，用来查找对象。Hash 表为每个对象计算出一个整数，称为 Hash Code。

【例 9-2】HashSet 类的应用。代码如下：

```java
import java.util.HashSet;
public class HashSetDemo {
    public static void main(String strs[]) {
        HashSet hs = new HashSet();
        hs.add("I am First one.");   //加入字符串
        hs.add("I am Second one.");
        hs.add("I am Second one."); //加入相同元素
        hs.add(1);    //加入整数
        System.out.println("删除前哈希数组中的内容：");
        for(Object o : hs) {  //使用 foreach 语句遍历
            System.out.println(o);
        }
        hs.remove("I am Second one.");  //删除
        System.out.println("删除后哈希数组中的内容：");
        for(Object o : hs) {
            System.out.println(o);
        }
    }
}
```

程序运行结果：

```
删除前哈希数组中的内容：
1
I am Second one.
I am First one.
删除后哈希数组中的内容：
1
I am First one.
```

从程序的运行结果我们可以得到以下结论：

- HashSet 中的数据节点不是按顺序存放的。
- HashSet 中不允许出现重复值，所以 "hs.add("I am Second one.");" 这条语句没能使 "I am Second one." 再次被插入，程序执行至此会抛出异常，读者可以自己用 try{}catch{}语句捕获出来验证一下。

(2) LinkedHashset 类

LinkedHashSet 扩展了 HashSet。

如果想跟踪添加给 HashSet 的元素的顺序，用 LinkedHashSet 实现会是理想的选择。

LinkedHashSet 的迭代器按照元素的插入顺序来访问各个元素。哈希表中的各个元素是通过双重链接式列表链接在一起的，它提供了一个可以快速访问各个元素的有序集合。

该类的构造方法如下。

- LinkedHashSet()：构建一个空的哈希链。
- LinkedHashSet(Collection c)：构建一个哈希链，并且添加集合 c 中所有的元素。
- LinkedHashSet(int initialCapacity)：构建一个拥有特定容量的空哈希链。
- LinkedHashSet(int initialCapacity, float loadFactor)：构建一个拥有特定容量和加载因子的空哈希链。

【例 9-3】TreeSet 类的应用。代码如下：

```
import java.util.LinkedHashSet;
public class LinkedHashSetDemo {
    public static void main(String args[]) {
        LinkedHashSet ts = new LinkedHashSet();
        ts.add("学生");
        ts.add("信息");
        ts.add("数据");
        for(Object o : ts) {
            System.out.print(o.toString());
        }
    }
}
```

程序运行结果：

学生信息数据

(3) TreeSet 类

TreeSet 类同时实现了 Set 和 comparable 接口，它按一定的规则对其中的元素进行排序。根据使用的构造方法不同，其中的元素可以按照自然顺序进行排列，或者按照创建时的比较器进行排序。

【例 9-4】TreeSet 类的应用。代码如下：

```
import java.util.TreeSet;
public class TreeSetDemo {
    public static void main(String args[]) {
        TreeSet ts = new TreeSet();
        ts.add("学生");
        ts.add("信息");
        ts.add("数据");
```

```
    for(Object o : ts) {
        System.out.print(o.toString());
    }
    System.out.println();
    ts.first();
    System.out.println((ts.first()).toString());  //输出第一个元素
    System.out.println((ts.last()).toString());   //输出最后一个元素
    }
}
```

程序输出结果：

信息学生数据

3. Map 集合类

Map 集合是实现 Map 接口的集合，这类集合提供了更通用的元素存储方式，继承了 List 集合和 Set 集合的优势，是一种"键-值"型集合。

Map 集合主要包括 HashMap、LinkedHashMap 和 TreeMap。同前面的 List 集合类以及 Set 集合类相对应，Map 集合的 3 个类区别如下。

- HashMap：当需要键值对表示，又不关心顺序时可采用。
- LinkedHashMap：当需要键值对，并且关心插入顺序时可采用。
- TreeMap：当需要键值对，并关心元素的自然排序时可采用。

下面通过实例具体介绍 HashMap 的应用。

HashMap 是基于 Hash 表的 Map 接口的实现，允许 null 值和 null 键，通过 get(Object key)方法进行 value 的获取，通过 put(K key, V value)实现集合元素的插入。

【例 9-5】HashMap 类的应用。代码如下：

```
import java.util.HashMap;
public class HashMapDemo {
    public static void main(String srgs[]) {
        HashMap hm = new HashMap();
        Student s = new Student("张三", 18);
        Student s1 = new Student("李四", 18);
        hm.put(1, s);      // 把对象 s 放入 hm 中，并分配其 key=1
        Student so = (Student)hm.get(1); // 在 hm 中取出 key=1 的节点的值对象
        System.out.println(so.name + "," + so.age);
        hm.put(2, s);      // 把相同的对象 s 放入 hm 中，并分配其 key=2
        so = (Student)hm.get(2); // 在 hm 中取出 key=2 的节点的值对象
        System.out.println(so.name + "," + so.age);
        hm.put("20100101020112", s); // 把相同的对象 s 放入 hm 中并分配其 key=2
        Student so = (Student)hm.get(2);
        // 在 hm 中取出 key="20100101020112"的节点的值对象
        System.out.println(so.name + "," + so.age);
    }
}
```

程序运行结果：

张三,18
张三,18
李四,18

程序结果分析后得到如下结论：

- HashMap 中可经相同对象对应不同的键值进行重复存储。
- 同一个 HashMap 中 Key 的数据类型可以不同。
- HashMap 根据 key 值定位节点对象。

9.3 课后习题

1. 填空题

(1) Collection 的主要接口包括_____。

(2) Map 集合包括_____、_____和_____三个类。

(3) Comparator 接口包含两个方法，分别是_____和_____。

2. 选择题

(1) 可实现有序对象的操作有哪些？（　　）

     A. HashMap   B. HashSet   C. TreeMap   D. LinkedList

(2) 要使整个类的某成员方法成为属于整个类的“类方法”，应使用(　　)修饰符。

     A. final   B. public   C. class   D. static

(3) Java 的 API 结构中，不属于类库主要包含的核心包的是(　　)。

     A. java 包   B. javax 包   C. javadoc 包   D. Dorg 扩展包

3. 判断题

(1) abstract class 是抽象类而 interface 是接口，前者只能被单一 extents，后者可被多重 implements。   (　　)

(2) String 的长度一旦给定就不可变，当多个字符串联合时，要先转换为 StringBuffer 再联合。   (　　)

4. 简答题

(1) 基本的几何接口有哪些？

(2) 映射、集合和列表的含义是什么？

(3) ArrayList 类和 LinkedList 类有何区别？

第 10 章

Java 泛型

泛型是 Java SE 1.5 中引入的一项特征。泛型是对 Java 语言数据类型的一种扩充，本章主要介绍 Java 语言的泛型及其用法。

10.1　Java 泛型的由来

Java 语言引出泛型主要有两个原因，分别是数据类型转换问题和子类对父类对象引用问题。

10.1.1　引出泛型的原因

1. 数据类型转换问题

我们知道，Java 提供两类数据类型，分别是值类型和引用类型，同时每个值类型都提供了各自对应的一个封装类，如表 10-1 所示。

表 10-1　简单类型及其封装类

值类型	byte	short	int	long	float	double	char	boolean
封装类	Byte	Short	Integer	Long	Float	Double	Character	Boolean

如果要进行上述值类型数据间的类型转化，在没有泛型的情况的下，需要通过对类型 Object 的引用来实现。这种类型转换方式带来的缺点是要做显式的强制类型转换，而这种转换是要求开发者对实际参数类型可以预知的情况下进行的。对于强制类型转换错误的情况，编译器可能不提示错误，在运行的时候才出现异常，这是一个安全隐患。

例如：

```
String sr = "as";
i = Integer.parseInt(sr);
```

这样的类型转化是可以通过编译的，但是在执行时会抛出如下异常：

```
Exception in thread "main". java.lang.NumberFormatException: For input
string: "as".
```

说明无法将 String 类型转化为 int 型。

2. 父对象对子类对象赋值问题

另外，在 Java 语言中父类的引用可以直接指向子类的对象，而子类的引用却无法指向父类的对象。例如：

```
class A {
    public String s;
    public int i;
    A(String s, int i) {
        this.s = s;
        this.i = i;

    }
}
class B extends A {
    B(String s, int i) {
```

```
            super(s, i)
        }
        public static void main(String args[]) {
            B b = null;   //先对子类对象 b 赋空
            A a = new B("hello", 1);   //通过子类实例化父类的对象 a
            b = a;     //该语句是无法通过编译的，即使子类对父类没有进行任何成员扩展
        }
    }
```

10.1.2　初识泛型

泛型是 Java 语言数据类型系统的一种扩展，其好处在于，在程序编译的时候检查类型安全，以及能够消除强制类型转换，从而提高编程的效率。

泛型的本质是参数化类型，也就是说所操作的数据类型被指定为一个参数。可以把类型参数看作是使用参数化类型时指定的类型的一个占位符，就像方法的形式参数是运行时传递的值的占位符一样。这种参数类型可以用在类、接口和方法的创建中，分别称为泛型类、泛型接口、泛型方法。

我们先通过例 10-1 和例 10-2 两个实例比较使用和不使用泛型有何区别。

【例 10-1】不使用泛型的例子。代码如下：

```
public class NoUseT {
    private Object obj; //定义一个通用类型的成员变量
    public NoUseT(Object obj) {
        this.obj = obj;
    }
    public Object getObj() {
        return this.obj;
    }
    public void setObj(Object obj) {
        this.obj = obj;
    }
    public void show() {
        System.out.println(
            "Object 的实际类型为: " + obj.getClass().getName());
    }
}
public class NoUseTDemo {
    public static void main(String[] args) {
        //用 Integer 的对象实例化 NoUseT
        System.out.println("TestCase1: ");
        Integer i = new Integer(0);
        NoUseT intObj = new NoUseT(i);
        intObj.show ();
        int j = (Integer)intObj.getObj();     //必须进行强制类型转换
        System.out.println("对象的值为:  " + j);

        //用 String 的对象实例化 NoUseT
        System.out.println("TestCase2: ");
        NoUseT strObj = new NoUseT ("Hello World!");
        strObj.show();
        String s = (String)strObj.getObj();   //必须进行强制类型转换
        System.out.println("对象的值为:  " + s);
```

```
        //用 NoUseT 类自身的对象实例化 NoUseT
        System.out.println("TestCase3: ");
        NoUseT comObj = new NoUseT (strObj);
        comObj.show();
        NoUseT o = (NoUseT)comObj.getObj();  //必须进行强制类型转换
        System.out.println("对象的值为: " + o);
    }
}
```

程序运行结果：

```
TestCase1:
Object 的实际类型为: java.lang.Integer
对象的值为: 0
TestCase2:
Object 的实际类型为: java.lang.String
对象的值为: Hello World!
TestCase3:
Object 的实际类型为: NoUseT
对象的值为: NoUseT@c17164
```

【例 10-2】 使用泛型改写例 10-1。代码如下：

```
public class UseT<T> {
    private T obj; //定义一个泛型成员变量
    public NoUseT(T obj) {
        this.obj = obj;
    }
    public T getObj() {
        return this.obj;
    }
    public void setObj(T obj) {
        this.obj = obj;
    }
    public void show() {
        System.out.println("T 的实际类型为: " + obj.getClass().getName());
    }
}


public class UseTDemo {
    public static void main(String[] args) {
        //用 Integer 作为参数实例化 UseT 泛型类
        System.out.println("TestCase1: ");
        UseT<Integer> intObj = new UseT<Integer>(0);
        intObj.show();
        int j = intObj.getObj();        //无需强制类型转换
        System.out.println("对象的值为: " + j);

        //用 String 作为参数实例化 UseT 泛型类
        System.out.println("TestCase2: ");
        UseT<String> strObj = new UseT<String>("Hello World!");
        strObj.show();
        String s = strObj.getObj();        //无需强制类型转换
        System.out.println("对象的值为: " + s);
```

```
//用 NoUseT 类自身作为参数实例化 UseT 泛型类
System.out.println("TestCase3: ");
UseT<UseT> comObj = new UseT <UseT>(strObj);
comObj.show();
UseT o = comObj.getObj();    //无需强制类型转换
System.out.println("对象的值为: " + o);
    }
}
```

当然，例 10-2 的运行结果与例 10-1 的完全相同。对比以上两种实现可以看出，使用泛型的实现方式简化了好多对细节的处理。

10.1.3　使用泛型的好处

使用泛型的 Java 程序中主要包含以下优点。

(1)　类型安全

泛型的主要目标是提高 Java 程序的类型安全。通过知道使用泛型定义的变量的类型限制，编译器可以在一个高得多的程度上验证类型假设。没有泛型，这些假设就只存在于程序员的头脑中。

(2)　消除了强制类型转换

通过使用泛型，消除源代码中的许多强制类型转换。这使得代码更加可读，并且减少了出错机会。

(3)　类型检查从执行时提前到了编译时

通过使用泛型，被执行程序的类型检查从执行时提前到了编译时，这会提高程序的可靠性并加快开发速度。

10.2　泛　型　定　义

10.2.1　泛型类

Java 的泛型类就是一个用类型作为参数的类，即带有参数化类型的类。就像我们定义类的成员方法一样。大家很熟悉 Java 的成员方法形式是 method(String str, int i)，方法中参数 str、i 的值是可变的。而泛型也是一样的：class 泛型类类名<K, V>，这里的 K 和 V 就像方法中的参数 str 和 i，也是可变的。

1. 泛型类的定义和实例化

泛型类的定义形式为：

```
class 类名<T> {
    ...
}
```

使用<T>来声明一个类型持有者名称，就可以把 T 当作一个表示类型的形式参数来声明泛型类的成员、成员方法的参数和返回值类型，它的实际类型由实际对象的类型确定。T 仅仅是个符号名称，我们可以用其他符号代替，如<M>。

例如：

```
class UseT<T> {
    private T x;
    public SetX(T x) {
        x = x;
    }
}
```

上述语句声明了一个泛型类，这个 T 没有任何限制，实际上相当于 class UseT<T extends Object>。

使用泛型所定义的类在声明和构造实例的时候，可以使用"<实际类型>"来一并指定泛型类型持有者的真实类型。例如：

```
UseT<String> strObj = new UseT<String>("Hello World!");
UseT<UseT> comObj = new UseT<UseT>(strObj);
```

当然，也可以在构造对象的时候不使用尖括号指定泛型类型的真实类型，但是你在使用该对象的时候，就需要强制转换了。比如：

```
UseT strObj = new UseT("Hello World!");
```

实际上，当构造对象时不指定类型信息的时候，默认会使用 Object 类型，这也是要强制转换的原因。

2. 有界泛型类的定义和实例化

当 class 类名后的<>内出现<T extends 类名或接口名>形式的定义时，说明定义了一个有界泛型类。这里的限定使用关键字 extends，后面可以是类，也可以是接口，通过这种方法对 T 的范围进行限制。需要说明的是，这里的 extends 已经不是继承的含义了，应该理解为 T 类型是实现 XX 接口的类型，或者 T 是继承了 XX 类的类型。

例如：

```
class BoundedGeneric<T extends Collection>
```

有界泛型类的实例化必须确保 T 被赋予的实际类必须是 extends 后的类或该类的子类，若 extends 后是接口，则实例化时传入的必须是该接口的实现类(但不能是接口本身)。接下来通过两个具体的例子来说明用类和接口作为界限定义的泛型类的实例化。

【例 10-3】有界泛型类的实例化实例一，本实例说明的是 extends 后是类的情况。代码如下：

```
class A { //定义父类
    //A 的成员定义
}
class A1 extends A { //定义 A 的子类
    //A1 的成员定义
}
class B<T extends A> { //定义基于 A 有界的泛型类
    private T x;
    public B(T x) {
        this.x = x;
    }
```

```
}
class C { //定义测试类
    public static void main(String args[]) {
        B<A1> listFoo = new B<A1>(new A1());
        //用 A 的子类 A1 作为类型参数实例化有界泛型类 B
        B<A> listFoo = new B<A>(new A());
        //用 A 自身作为类型参数实例化有界泛型类 B
    }
}
```

【例 10-4】有界泛型类的实例化实例二，本实例说明的是 extends 后是接口的情况。
代码如下：

```
public class InGen<T extends Collection> {
    private T t;
    public InGen (T t) {
        this.t = t;
    }
}
public class InGenDemo {
    public static void main(String args[]) {
        InGen <ArrayList> obj = new InGen <ArrayList>(new ArrayList());
        //用 Collection 接口的实现类 ArrayList 实例化有界泛型类
    }
}
```

3. 通配符泛型类的定义和实例化

在 Java 语言中，为了解决类型被限制死了不能动态根据实例来确定的缺点，引入了
"通配符泛型"。

<? extends 父类或接口>：定义通配符泛型，其中的 "?" 代表未知类型，可通过同一
泛型类的引用来指向不同的泛型。此时泛型的范围是从父类到子类。

<? super 子类>：定义带下界的通配符泛型，此时泛型的范围为从子类到父类。

关于通配符泛型的几点说明：

- 如果只指定了<?>而没有 extends，则默认是允许 Object 及其下的任何 Java 类
  了。也就是任意类。
- <? extends 父类或接口>通配符泛型实现从父类/接口到子类/实现类的向下限制。
  <? super 子类>表示类型只能接受子类及其上层父类类型。
- 泛型类定义可以有多个泛型参数，中间用逗号隔开。

10.2.2　泛型接口

类似于泛型类，Java 的泛型接口就是一个用类型作为参数的接口，即带有参数化类型
的类接口，泛型接口的定义形式为：

```
interface 接口名<T> {
    public 方法返回值类型 method1(方法参数列表)；  //声明方法 1
    ...
    public 方法返回值类型 methodn(方法参数列表)；  //声明方法 n
}
```

在上述定义形式中，T 必须在 method1(方法参数列表)至 methodn(方法参数列表)的 n 个方法声明的返回值类型或者参数列表中至少出现一次，泛型类相同 T 的类型是任意的。

自从 JDK 1.5 引入泛型以后，其集合类都支持了泛型操作。Java 中许多优秀的泛型应用来自于 Java 集合框架。下面我们以其 java.util 包里的 List 接口 Iterator 接口和 Map 接口定义的代码片段为例，给大家进行介绍。

```
//List 接口的定义的一部分
public interface List<T> {
    void add(T x);                //向 List 中添加 T 所代表类型的元素
    void add(int indext, T x);    //向 List 中指定位置 index 添加 T 所代表类型的元素
    T get(int index);             //获取 List 中位于 i 位置的 T 所代表类型的元素
    Iterator<T> iterator();       //返回类型 T 所代表类型的迭代器
}

//Iterator 接口定义的一部分
public interface Iterator<T> {
    boolean hasNext();            //判断是否存在下一个
    T next();                     //取出下一个元素，T 代表元素类型
}

//Map 接口的定义的一部分
public interface Map<K, V> {
    public void put(K key, V value);
    public V get(K key);
}
```

注意 Map 接口的两个类型参数 K 和 V 是类级别的规格说明，表示在声明一个 Map 类型的变量时指定的类型的占位符。在其方法中使用的是 K 和 V。要在实例化 Map 类型的变量时为 K 和 V 提供具体的值，例如：

```
Map<int, String> m = new HashMap<int, String>();
m.put(1, "张三");
String s = m.get(1);
```

当使用 Map 的泛型化版本时，不再需要将 Map.get()的结果强制转换为 String 类型，因为编译器知道 get()将返回一个 String 类型的数据。

10.2.3   泛型方法

我们刚刚介绍过，通过在类或接口的定义中添加一个形式类型参数列表，可以将类或接口泛型化。方法也可以被泛型化，不管它们定义在其中的类是不是泛型化的。

与泛型类要在使用时给类的成员方法之间声明一个类型约束类似，之所以声明泛型方法，一般是因为想要在该方法的多个参数之间宣称一个类型约束。是否拥有泛型方法，与其所在的类是否泛型没有关系。要定义泛型方法，只需将泛型参数列表置于返回值前即可。即：

[访问修饰符] [static] <T[,<V>[,...]]> 返回值类型 方法名(方法参数列表)

使用泛型方法时，不必指明参数类型，编译器会自己找出具体的类型。泛型方法除了定义不同，调用就像普通方法一样。

【例 10-5】简单介绍泛型方法的定义和使用。代码如下：

```
class GenMothod {
    //定义静态泛型方法
    public static <T> void sm(T x) {
        System.out.println(x.getClass().getName());
    }
    //定义实例泛型方法
    public <T> void m1(T x) {
        System.out.println(x.getClass().getName());
    }
    //定义含有多个类型参数的实例泛型方法
    public <T, S> void m2(T x, S y) {
        System.out.println(x.getClass().getName());
        System.out.println(y.getClass().getName());
    }
}
class GenMethodDemo {
    public static void main(String args[]) {
        GenMothod.sm(true);             //类泛型方法引用
        GenMothod g = new GenMothod();
        g.m1("hello");                  //实例泛型方法引用
        g.m2(1.2f, new Double(0));      //实例泛型方法引用
    }
}
```

程序的输出结果：

```
java.lang.Boolean
java.lang.String
java.lang.Float
java.lang.Double
```

与泛型类及泛型接口一样，泛型方法也包含有界泛型和通配符泛型的实现。例如：

```
// 定义有界泛型方法
public <T extends List> void method1(T x)
{
    //方法体
}
// 定义通配符泛型方法
public <?extends List>void method1(? x)
{
    //方法体
}
//定义通配符泛型方法，该方法实现所有 List 父类型的数据元素输出功能
void printList(List<?>l) {  //List<?>表示任何泛型 List 的父类型
    for (Object o : l)
        System.out.println(o);
}
```

10.2.4　泛型使用规则

泛型在使用中有一些规则和限制：

● 　泛型的类型参数只能是类类型(包括自定义类)，不能是简单类型。

- 因为参数类型是不确定的，所以同一种泛型可以对应多个版本，不同版本的泛型类实例是不兼容的。
- 泛型的类型参数可以有多个。
- 泛型的参数类型可以使用 extends 语句，例如<T extends superclass>。
- 泛型的参数类型还可以是通配符类型。

例如：

```
Class<?> classType = Class.forName(java.lang.String);
```

10.3　泛　型　应　用

10.3.1　类型作为参数传递的应用实例

泛型的本质是参数化数据类型，也就是说所操作的数据类型被指定为一个参数，实际执行时根据参数赋予的类型确定实际类型。

作为参数化数据类型的泛型，在应用时必须注意以下两点：

- 被赋予的实际类型必须是类，而不能是简单数据类型。
- 泛型类型同样可以作为被赋予泛型类型参数的实际参数类型。

下面是关于泛型应用的一个具体例子，同时也是泛型数组应用的一个具体实例。

【例 10-6】泛型类综合应用实例。代码如下：

```java
import java.util.ArrayList;
class Student {
    String name;
    int age;
    Student(String name, int age) {
        this.name = name;
        this.age = age;
    }
    public String getName() {
        return name;
    }
    public void setName(String name) {
        this.name = name;
    }
    public int getAge() {
        return age;
    }
    public void setAge(int age) {
        this.age = age;
    }
}

//创建带一个类型参数的泛型类
class GenClass<T> {
    private T data;
    public GenClass(T data) { //GenClass 的构造方法
        this.data = data;
```

```
        }
    public T getData() {
        return data;
    }
    public void setData(T data) {
        this.data = data;
    }
}


//创建带两个类型参数的泛型类
class GenClass2<K, V> {
    private K data1;
    private V data2;
    public GenClass2(K k, V v) {
        this.data1 = k;
        this.data2 = v;
    }
    public K getData1() {
        return data1;
    }
    public void setData1(K data) {
        this.data1 = data;
    }
    public V getData2() {
        return data2;
    }
    public void setData2(V data2) {
        this.data2 = data2;
    }
}

public class GenArrList {
    public static void main(String args[]) {
        ArrayList<Student> sa = new ArrayList<Student>();
        //用显式泛型方式实例化 ArrayList 对象
        Student s1 = new Student("zhangsan", 18);
        sa.add(s1);    //向 sa 中添加 s1 对象
        Student s2 = new Student("李四", 18);
        sa.add(s2);    //向 sa 中添加 s2 对象
        sa.add(s1);
        GenClass<ArrayList<Student>> g1 =
          new GenClass<ArrayList<Student>>(sa);
          //用 ArrayList 作为实际类型参数实例化泛型类 GenClass

        for(int i=0; i<g1.getData().size(); i++) {
            //g1.getData()返回的数据类型为 ArrayList，无需强制类型转换
            System.out.print(g1.getData().get(i) + ": ");
            //输出 ArrayList 中的对象信息
            Student s = g1.getData().get(i);
            //取出 ArrayList 中的对象
            System.out.println("name=" + s.name + ", age=" + s.age);
        }
        System.out.println("-------------");
        ArrayList<GenClass2<String,Integer>> g2 =
          new ArrayList<GenClass2<String, Integer>>();
```

```
//用泛型类型作为实际参数类型定义 ArrayList 对象

g2.add(new GenClass2("李明", 19));
  //向泛型类 ArrayList 的对象中添加元素
g2.add(new GenClass2("赵伟",17));
  //向泛型类 ArrayList 的对象中添加元素
for(int j=0; j<g2.size(); j++) {
   System.out.println("name=" + g2.get(j).getData1()
   + ", age=" + g2.get(j).getData2());
      //从 ArrayList 中取出泛型类 GenClass2<String,Integer>的对象,
      //并引用对象的 getData1 和 getData2 方法实现信息输出
   }
  }
}
```

程序的运行结果:

```
ten.Student@1fb8ee3: name=zhangsan, age=18
ten.Student@61de33: name=李四, age=18
ten.Student@1fb8ee3: name=zhangsan, age=18
-------------
name=李明, age=19
name=赵伟, age=17
```

主要代码解释:

- ArrayList<Student> sa = new ArrayList<Student>()语句为用显式泛型方式实例化 ArrayList 对象,若改为 ArrayListsa = new ArrayList()则表示用 Object 类作为类型参数对泛型类 ArrayList 进行隐式实例化。
- GenClass<ArrayList<Student>> g1 = new GenClass<ArrayList<Student>>(sa); 这条语句意在展示用泛型类型作为泛型参数使用的具体情况。
- ArrayList<GenClass2<String,Integer>>g2=new ArrayList<GenClass2<String,Integer>>(); 说明泛型参数必须是类类型,而不能是简单数据类型,如果用下面的写法是错误的: ArrayList<GenClass2<String,int>> g2 = new ArrayList<GenClass2<String,int>>();。

10.3.2 有界泛型应用实例

【例 10-7】关于有界泛型应用的例子。代码如下:

```java
class Gen<T> {
    private T var;     // 定义泛型变量
    public void setVar(T var) {
       this.var = var;
    }
    public T getVar() {
       return this.var;
    }
    public String toString() {   // 直接打印
       return this.var.toString();
    }
}
public class GenDemo7 {
    public static void main(String args[]) {
```

```
        Gen<Integer> a = new Gen<Integer>();    // 声明 Integer 的泛型对象
        Gen<Double> b = new Gen<Double>();      // 声明 Double 的泛型对象
        a.setVar(100);
        b.setVar(1.09);
        m1(a);
        m1(b);
        System.out.println();
        Gen<Object> c = new Gen<Object>();      // 声明 Object 的泛型对象
        Gen<String> d = new Gen<String>();      // 声明 String 的泛型对象
        c.setVar(new Object());
        d.setVar("Hello");
        m2(c);
        m2(d);
    }
    public static void m1(Gen<? extends Number> in)
    { //只能接收 Number 及其 Number 的子类
        System.out.print(in + "、") ;
    }
    public static void m2(Gen<? super String> in)
    { //只能接收 String 或 Object 类型
        System.out.print(in + "、") ;
    }
}
```

程序运行结果：

```
100、1.09、
java.lang.Object@c17164、Hello、
```

10.3.3　泛型综合应用实例

下面的实例是九宫格数独游戏的核心算法实现类，其中多处用到了泛型。

【例 10-8】九宫格数独游戏的核心算法实现。代码如下：

```
import java.util.*;
import java.util.HashSet;
import java.util.Iterator;
import java.util.Set;
import nz.ac.massey.cs.sudoku.Cell;
import nz.ac.massey.cs.sudoku.Location;
import nz.ac.massey.cs.sudoku.Snapshot;
import nz.ac.massey.cs.sudoku.Solver;
import nz.ac.massey.cs.sudoku.SudokuException;

public class MySudokuSolver implements Solver
{
    Deque<Snapshot> stack = new LinkedList<Snapshot>();

    public Snapshot getNext(Snapshot current)
    {
        //克隆当前数独盘状态
        Snapshot next = current.clone();
        //将当前数独盘状态作为要尝试的数独盘对象的属性
        stack.push(current);
        //从当前要尝试的数独盘获取没有填写的 Cell 列表
```

```java
Iterator<Cell> t1 = next.unsolvedCells();

//对未解决的 Cell 列表循环
while (t1.hasNext())
{
    //计算出每一个没有填充 Cell 的可能的值组，作为对应未填 Cell 的 A 标记属性
    setCellPossibleValues(next, (Cell)t1.next());
}
//找到当前整个数独盘中可能填充的数数量最少的 Cell
Cell cell = m3(next);

//如果此 Cell 不存在则问题已经搞定
if (cell == null)
{
    System.out.println("Game is finished!");
}
else
{
    //获取当前整个数独盘中可能填充的数数量最少的 Cell 的可能填的值的列表
    Collection values = (Collection)cell.getProperty("VALUE_LIST");
    //如果没有可能填的值
    if (values.size() == 0)
    {
        //回溯到上一步
        Snapshot t2 = m1(current);
        //获取当前可尝试数独盘的 B 属性
        Cell activeCell = (Cell)t2.getProperty("CURR_CELL");
        //获取当前应该继续尝试的 Cell 的可能值列表
        Collection possibleValues =
          (Collection)activeCell.getProperty("VALUE_LIST");
        //获取可能值列表中的下一个值
        int v =
          ((Integer)possibleValues.iterator().next()).intValue();
        //将当前 Cell 的值设置成此值
        activeCell.setValue(v);
        //从可能值列表中删除此值
        possibleValues.remove(Integer.valueOf(v));
        //返回此次尝试的数独盘
        return t2;
    }
    //如果可能的值只有一种
    if (values.size() == 1)
    {
        //取出此可能的值
        int v = ((Integer)values.iterator().next()).intValue();
        //将当前 Cell 的值设置成此值
        cell.setValue(v);
        //返回此次尝试的数独盘
        return next;
    }

    //如果不止一种可能
    //获取可能值列表中的下一个值
    int v = ((Integer)values.iterator().next()).intValue();
    //将当前 Cell 的值设置成此值
```

```
            cell.setValue(v);
            //从可能值列表中删除此值
            values.remove(Integer.valueOf(v));
            //当前数独盘的尝试 Cell 记录为 B 属性
            next.setProperty("CURR_CELL", cell);
            return next;
        }
        return next;
    }


    //入口参数为当前未尝试的数独盘，回溯
    private Snapshot m1(Snapshot current)
    {
        //获取当前数独盘的上一步情况数独盘
        Snapshot previous = stack.pop();
        //若上一步数独盘不为空
        if (previous != null)
        {
            //获取上一步数独盘的 B 属性 Cell
            Cell cell = (Cell)previous.getProperty("CURR_CELL");
            //若 B 属性 Cell 为空
            if (cell == null)
            {
                //则递归 m1 方法
                return m1(previous);
            }

            //若 B 属性 Cell 不为空，则获取此 Cell 的可能值列表
            Collection<Integer> possibleValues =
                (Collection<Integer>)cell.getProperty("VALUE_LIST");
            //若可能的值列表长度大于 0
            if (possibleValues.size() > 0)
            {
                //则返回此步数独盘
                return previous;
            }
            //若没有可能的值，则递归 m1 方法
            return m1(previous);
        }
        //如果上一步数独盘为空，则返回 null
        return null;
    }


    //计算出每一个没有填充 Cell 的可能的值组，作为对应未填 Cell 的 A 标记属性
    private void setCellPossibleValues(Snapshot snapshot, Cell cell)
    {
        //创建一个集合
        Set<Integer> values = new HashSet<Integer>();
        //在集合里面存上 0~9
        for (int i=1; i<10; i++) values.add(Integer.valueOf(i));

        //获取当前要考察的 Cell 的同一列的 Cell 列表，并送入 m5 方法，
        //从 0~9 列表中剔除不应该有的数
        Iterator<Cell> cells = snapshot.cellsByColumn(cell.getCol());
        while (cells.hasNext())
```

```
{
    Cell tempCell = (Cell)cells.next();
    values.remove(Integer.valueOf(tempCell.getValue()));
}
//获取当前要考察的 Cell 的同一祖的 Cell 列表，并送入 m5 方法，
//从 0~9 列表中剔除不应该有的数
cells = snapshot.cellsByGroup(
  getGroupNumber(cell.getCol()), getGroupNumber(cell.getRow()));
while (cells.hasNext())
{
    Cell tempCell = (Cell)cells.next();
    values.remove(Integer.valueOf(tempCell.getValue()));
}
//获取当前要考察的 Cell 的同一行的 Cell 列表，并送入 m5 方法，
//从 0~9 列表中剔除不应该有的数
cells = snapshot.cellsByRow(cell.getRow());
while (cells.hasNext())
{
    Cell tempCell = (Cell)cells.next();
    values.remove(Integer.valueOf(tempCell.getValue()));
}
//将剩下可能的数的集合作为此需要考察的 Cell 的属性，标记为 A
cell.setProperty("VALUE_LIST", values);
}

//入口参数为已经挂接了可能值组 Cell 的当前数独盘
//返回值为找出的可能填充值数量最少的 Cell
private Cell m3(Snapshot snapshot)
{
    //一个 Cell 最多有 10 种可能
    int value = 10;
    Cell cell = null;
    //遍历考察当前数独盘中未填充的 Cell
    for (Iterator iter=snapshot.unsolvedCells(); iter.hasNext(); )
    {
        //获取一个未填充的 Cell
        Cell cell2 = (Cell)iter.next();
        //获取此 Cell 下可能数的数量
        int s = ((Collection)cell2.getProperty("VALUE_LIST")).size();
        //如果可能的数量小于 value 则记录此 Cell 并更新 value
        if (s < value)
        {
            cell = cell2;
            value = s;
        }
    }
    return cell;
}

//根据行列号返回对应方的组行列号
private int getGroupNumber(int k)
{
    return (int)Math.ceil(k/3.0);
}
```

```java
@Override
public void checkConsistency(Snapshot snapshot)
  throws SudokuException
{
    //检查当前行是否满足条件
    for (int i=1; i<10; i++)
    {
        m6(snapshot.cellsByRow(i), Location.row, 0, i);
    }
    for (int i=1; i<10; i++) {
        m6(snapshot.cellsByColumn(i), Location.column, i, 0);
    }
    for (int i=1; i<4; i++)
        for (int j=1; j<4; j++)
            m6(snapshot.cellsByGroup(i, j), Location.group, i, j);
}


private void m6(
    Iterator<Cell> cells,      //要检测的当前行、列或组
    Location l,                //行、列、组枚举标志
    int col,           //列
    int row                //行
) throws SudokuException
{
    //创建一个集合
    Set set = new HashSet();
    //空计数器归 0
    int emptyCounter = 0;
    //对当前行、列或组循环遍历里面的 Cell
    while (cells.hasNext())
    {
        //取出一个 Cell
        Cell cell = (Cell)cells.next();
        //获取此 Cell 的值
        int v = cell.getValue();
        //若值大于 0 则添加进列表
        if (v > 0) set.add(Integer.valueOf(v));
        //若值不为 0 则继续下一次循环
        if (v != 0) continue;
        //若值为 0 则空计数器加 1
        emptyCounter++;
    }
    //若空值与已有值的总和不等于 9，则抛出异常报错
    if (emptyCounter + set.size() != 9)
        throw new SudokuException("Error", col, row, l);
}


//判断有没有结束的方法
public boolean isComplete(Snapshot snapshot) {
    Iterator iter = snapshot.cells();
    while (iter.hasNext()) {
        if (((Cell)iter.next()).getValue() == 0) {
            return false;
        }
    }
```

```
        return true;
    }
}
```

10.4　课 后 习 题

1. 填空题

（1）<? extends 父类或接口>: 定义通配符泛型，其中的"?"代表_____类型，可通过同一泛型类的引用来指向不同的泛型。

（2）泛型的本质是_____类型，也就是说所操作的数据类型被指定为一个_____。

（3）使用泛型所定义的类在声明和构造实例的时候，可以使用"<_____ >"来一并指定泛型类型持有者的真实类型。

（4）Java 提供两类数据类型，分别是_____类型和_____类型，同时每个值类型都提供了各自对应的一个封装类。

2. 选择题

（1）有如下程序：

```java
import java.util.*;
public class PQ {
    public static void main(String[] args) {
        PriorityQueue<String> pq = new PriorityQueue<String>();
        pq.add("carrot");
        pq.add("apple");
        pq.add("banana");
        System.out.println(pq.poll() + ":" + pq.peek());
    }
}
```

则程序运行结果是(　　)。

A. apple:apple　　　　B. carrot:apple　　　　C. apple:banana　　　　D. banana:apple

（2）有如下程序：

```java
1  public static int sum(List intList) {
2  int sum = 0;
3  for(Iterator iter = intList.iterator(); iter.hasNext(); ) {
4  int i = ((Integer)iter.next()).intValue();
5  sum += i;
6  }
7  return sum;
8  }
```

若 sum 方法要使用泛型，要修改哪 3 行代码? (　　)

A. 删除第 4 行

B. 把第 4 行改为 int i = iter.next();

C. 把第 3 行改为 for(int i: intList) {

D. 把第 3 行改为 for(Iterator iter: intList)

E. 把方法声明改为 sum(List<int> intList)

F. 把方法声明改为 sum(List<Integer> intList)

3. 判断题

(1) 泛型是 Java 语言数据类型系统的一种扩展，其好处在于在程序编译的时候检查类型安全，能够消除强制类型转换，从而提高编程的效率。　　　　　　　　　　（　　　）

(2) 当使用 Map 的泛型化版本时，不再需要将 Map.get()的结果强制转换为 String 类型，因为编译器知道 get()将返回一个 String 类型的数据。　　　　　　　　　　（　　　）

第 11 章

Java 注解与反射

本章详细介绍 Java 注解、Java 反射、Java 的类反射机制。

11.1　Java 注解

JDK5 中引入了源代码中的注解(Annotation)这一机制。Java 注解已经在很多框架中得到了广泛的使用，用来简化程序中的配置。

11.1.1　什么是 Java 注解

Java 注解使得 Java 源代码中不但可以包含功能性的实现代码，还可以添加元数据。通过这些元数据，可以生成 Javadoc 文档，或者对代码进行分析以及编译器利用它们实现基本的编译检查等。

注解的功能类似于代码中的注释，所不同的是注解不是提供代码功能的说明，而是程序功能的重要组成部分。简单地说，注释是给人看的，Annotations 注解是给机器看的。

例如，如果想要重写父类的 method1()方法的话，可以在该方法前加上@Override，也就是：

```
@Override
public void method1() {...}
```

那么编译器会帮助检查用于实现覆盖的子类方法中的某些错误。例如：

```
@Override
public void Method1() {...}
```

很显然，因为 Java 语言区分大小写，所以"Method1"不是"method1"，如果不加@Override，Java 编译器会认为你新定义了一个方法而不会报错。

💡 **注意：**　注解虽然是让机器"执行"，但其中不含有逻辑处理功能。

11.1.2　Java 注解分类

Java 注解分为内置注解和自定义直接两大类。

1. Java 内置注解

Java 内置了 3 种注解，定义在 java.lang 包中。它们分别是@Override、@Deprecated 和@SuppressWarnings。

- @Override：表示当前方法是覆盖父类的方法。
- @Deprecated：表示当前元素是不赞成使用的。
- @SuppressWarnings：表示关闭一些不当的编译器警告信息。

下面分别介绍这 3 种 Java 内置注解。

(1) @Override 注解

@Override 注解只能用于方法，不能用于类，包括声明或者其他结构。它的作用是保证编译时 Override 函数声明的正确性。

用法举例如下：

```
@Override
public void Method1() {...}
```

(2)　@Deprecated 注解

用@Deprecated 注解的程序元素，是指不鼓励程序员使用这样的元素。通常为方法和类进行注解，通常是因为被注解对象很危险或存在更好的选择。在使用不被赞成的程序元素或在不被赞成的代码中执行重写时，编译器会发出警告，并不影响程序的编译。例如它可用于 JDK 过时 API 注解。如果作用于 Javadoc，会对应生成被描述对象已过时，不赞成使用等信息。

举个例子来说，您可能定义一个 MyObject 类别，并在其中定义有 getObj()方法，而在一段时间之后，您不建议使用这个方法了，并要将这个方法标示为 deprectated，具体的做法是：

```
public class MyObject {
    @Deprecated
    public String getObj() {
        return obj;
    }
}
```

如果有人试图在继承这个类别后重新定义 getObj()，或是在程序中调用 getObj()方法，则进行编译时，就会出现下面这个警告：

```
Note: SubMyObject.java uses or overrides a deprecated API.
Note: Recompile with -Xlint:deprecation for details.
```

(3)　@SuppressWarnings 注解

@SuppressWarnings 注解表示关闭一些不当的编译器警告信息，它通过参数说明被关闭编译警告的范围。表 11-1 是 SuppressWarnings 的一些参数。

表 11-1　@SuppressWarnings 的参数

参　　数	警告内容
deprecation	使用了不赞成使用的类或方法时的警告
unchecked	执行了未检查的转换时的警告
fallthrough	当使用 switch 操作时 case 后未加入 break 操作，而导致程序继续执行其他 case 语句时出现的警告
path	当设置一个错误的类路径、源文件路径时出现的警告
serial	当在可序列化的类上缺少 serialVersionUID 定义时的警告
finally	任何 finally 子句不能正常完成时警告
all	关于以上所有情况的警告

如上述的参数说明所示，@SuppressWarning("deprecation")的作用就是抑制过时 API 的警告，这可以放在调用过时的 API 的方法外部，或者调用方法之前，那么在编译的时候 javac 遇到这个标识后，即使知道 API 过时，也不会输出过时 API 的提示。

下面我们通过一个综合的案例来说明 Java 内置注解的使用。

【例 11-1】Java 内置注解的使用。代码如下：

```java
//定义父类
public class TestClass {
    @Deprecated    //用@Deprecated 注解 show()方法
    public void show()
    {
        System.out.println("super class");
    }
}
//定义子类
public class AnnotationTest extends TestClass
{
    @SuppressWarnings("deprecation")    //关闭 deprecation 警告
    public static void main(String []args)
    {
        AnnotationTest t = new AnnotationTest();
        t.show();
    }
    @Override        // 覆盖父类 TestClass 的 show()方法
    public void show()
    {
        System.out.println("super class");
    }
    @Deprecated       // 对 sayHello 方法的 Deprecated 注解
    public static void sayHello()
    {
        System.out.println("hello, world!");
    }
}
```

2. 自定义注解

注解的强大之处是它不仅可以使 Java 程序变成自描述的，而且允许程序员自定义注解。注解的定义和接口差不多，只是在 interface 前面多了一个@。要实现一个自定义接口，必须通过@interface 关键字进行定义，并且在@interface 之前需要通过元注解来描述该注解的使用范围(@Target)和生命周期(@Retention)。

@Target 的取值如下。

- ElemenetType.CONSTRUCTOR：构造器声明。
- ElemenetType.FIELD：域声明(包括 enum 实例)。
- ElemenetType.LOCAL_VARIABLE：局部变量声明。
- ElemenetType.METHOD：方法声明。
- ElemenetType.PACKAGE：包声明。
- ElemenetType.PARAMETER：参数声明。
- ElemenetType.TYPE：类、接口(包括注解类型)或 enum 声明。

@Retention 的取值如下。

- RetentionPolicy.SOURCE：注解将被编译器丢弃。
- RetentionPolicy.CLASS：注解在 class 文件中可用，但会被 VM 丢弃。

- RetentionPolicy.RUNTIME：VM 将在运行期也保留注释，因此可以通过反射机制读取注解的信息。

语法格式为：

```
@Retention()
@Target()
public @interface MyAnnotation
{
    ...
}
```

【例 11-2】自定义注解及应用实例。

(1)　自定义注解的实例：

```
import java.lang.annotation.Annotation;
import java.lang.reflect.Method;
import java.lang.annotation.Documented;
import java.lang.annotation.Inherited;
import java.lang.annotation.Retention;
import java.lang.annotation.Target;
import java.lang.annotation.ElementType;
import java.lang.annotation.RetentionPolicy;

@Retention(RetentionPolicy.RUNTIME)
@Target(ElementType.TYPE)
/*
* 定义注解 MyNotation
* 注解中含有 3 个元素：id、value1、value2
* id 和 value2 元素有各自的默认值：null 和 0
*/
public @interface MyNotation {
    String id()  default "null";
    int value1();
    double value2() default 0;
}
```

(2)　使用上述自定义注解和解析注解的实例：

```
class Test_MyNotation {

    @MyNotation(id="01",value1=0,value2=0.12)
    public void method_1() {}
    @MyNotation(id="02",value1=1,value2=1.12)
    public void method_2() {}
    @MyNotation(id="03",value1=2,value2=2.12)
    public void method_3() {}
    public static void main(String[] args) {
        try {
            Method[] me =
              Class.forName("eleven.Test_MyNotation").getMethods();
            for(Method m : me) {
                Annotation[] anns = m.getAnnotations();
                for(Annotation ann:anns) {
                    System.out.println(((MyNotation)ann).id());
                    System.out.println(((MyNotation)ann).value1());
```

```
                System.out.println(((MyNotation)ann).value2());
            }
        } catch (SecurityException e) {
            e.printStackTrace();
        } catch (ClassNotFoundException e) {
            e.printStackTrace();
        }
    }
}
```

Test_MyNotation 的运行结果：

```
01
0
0.12
02
1
1.12
03
2
2.12
```

11.2　Java 反射

11.2.1　反射的概念

反射的概念是由 Smith 在 1982 年首次提出的，主要是指程序可以访问、检测和修改它本身状态或行为的一种能力。这一概念的提出很快引发了计算机科学领域关于应用反射性的研究。它首先被程序语言的设计领域所采用，并在 Lisp 和面向对象方面取得了成绩。其中 LEAD/LEAD++、OpenC++、MetaXa 和 OpenJava 等就是基于反射机制的语言。最近，反射机制也被应用到了视窗系统、操作系统和文件系统中。

11.2.2　Java 中的反射

Java 中的反射(Reflection)主要是指 Java 程序可以访问、检测和修改它本身状态或行为的一种能力，是 Java 程序开发语言的特征之一，它允许运行中的 Java 程序对自身进行检查，动态获取自身类的信息，并能直接操作程序的内部属性和方法。Java 的这一能力在实际应用中用得不是很多，但是在其他的程序设计语言中根本就不存在这一特性。例如，Pascal、C 或者 C++中就没有办法在程序中获得函数定义相关的信息。

Reflection 是 Java 被视为动态(或准动态)语言的关键，允许程序于执行期 Reflection APIs 取得任何已知名称的类的内部信息，包括 package、type parameters、superclass、implemented interfaces、inner classes、outer class、fields、constructors、methods、modifiers，并可于执行期生成对象、变更属性内容或调用方法。Java 的反射机制是 Java 构建框架技术的基础所在。灵活掌握 Java 反射机制，对于学习框架技术有很大的帮助。

11.3　Java 的类反射机制

Java 反射机制主要提供了以下功能：

- 在运行时判断任意一个对象所属的类。
- 在运行时构造任意一个类的对象。
- 在运行时判断任意一个类所具有的成员变量和方法。
- 在运行时调用任意一个对象的方法。
- 生成动态代理。

11.3.1　Java 类反射的实现中所必需的类

Java 类反射所需要的类并不多，位于 java.lang.reflect 包中，分别是 Field、Method、Class、Constructor、Array，下面将对这些类做一个简单的说明。

（1）Field 类

提供有关类或接口的属性的信息，以及对它的动态访问权限。反射的字段可能是一个类(静态)属性或实例属性，简单的理解可以把它看成一个封装反射类的属性的类。

（2）Method 类

提供关于类或接口上单独某个方法的信息。所反映的方法可能是类方法或实例方法(包括抽象方法)。它是用来封装反射类方法的一个类。

（3）Class 类

Class 的实例表示正在运行的 Java 应用程序中的类和接口。枚举是一种类，注释是一种接口。每个数组属于被映射为 Class 对象的一个类，所有具有相同元素类型和维数的数组都共享该 Class 对象。

（4）Constructor 类

提供关于类的单个构造方法的信息以及对它的访问权限。这个类与 Field 类不同，Field 类封装了反射类的属性，而 Constructor 类则封装了反射类的构造方法。

（5）Array 类

该类提供动态创建和访问数组的静态方法。

11.3.2　Java 类反射的实例

下面我们用一系列简单的例子来说明上述反射类的应用。首先我们来写一个类，代码如下：

```
interface MyInf {
    public void in_m1(int a, int b);
}
class ReflectedObject extends Object implements MyInf {
    private int id = 0;
    public String name = new String("");
    public ReflectedObject() {}
    public ReflectedObject(int id, String name) {
```

```
        this.id = id;
        this.name = name;
    }
    public int method1(String name) {
        return 0;
    }
    public void method2(float e) {}
    private void method3() {}
    protected boolean method4() {
        return false;
    }
    static void method5() {}
    @Override
    public void in_m1(int a, int b) {
        // TODO Auto-generated method stub
    }
}
```

上面这个类是用来测试的，我们需要知道它继承了 Object 类，实现了一个接口：ActionListener，拥有两个属性 int no 和 String name，两个构造方法和两个方法。

下面我们把 ReflectedObject 这个类作为一个反射类，来获取 ReflectedObject 类中的一些信息。

【例 11-3】获取反射类中的属性和属性值。代码如下：

```
import java.lang.reflect.*;
class ArrRefTest {
    public static void main(String args[]) {
        ReflectedObject ro = new ReflectedObject();
        getRrrRef(ro);
    }
    public static void getRrrRef(ReflectedObject obj) {
        Class rc = obj.getClass();    //实例化反射类
        try {
            System.out.println("反射类中所有public的属性：");
            Field[] fs = rc.getFields();    //获取所有public属性
            for(int j=0; j<fs.length; j++) {
                Class ca = fs[j].getType();
                System.out.println("第 " + (j+1) + " 个public属性：" + ca);
            }
            System.out.println("反射类中所有的属性：");
            Field[] fa = rc.getDeclaredFields();  //获取所有属性
            for(int j=0; j<fa.length; j++) {
                Class ca = fa[j].getType();
                System.out.println("第 " + (j+1) + " 个public属性：" + ca);
            }
            System.out.println("反射类中私有属性的值：");
            Field f = rc.getDeclaredField("id"); //获取名为id的private属性
            f.setAccessible(true);
            Integer i = (Integer)f.get(r);
            System.out.println("id = " + i);
        } catch(Exception e) {
            e.printStackTrace();
        }
    }
}
```

```
}
```

程序运行结果：

```
反射类中所有public的属性：
第 1 个public属性: class java.lang.String
反射类中所有的属性：
第 1 个public属性: int
第 2 个public属性: class java.lang.String
反射类中私有属性的值：
id = 0
```

本例用到了两个方法：getFields()、getDeclaredFields()，它们分别是用来获取反射类中所有公有属性和反射类中所有的属性的方法。

另外还有 getField(String)和 getDeclaredField(String)方法，都是用来获取反射类中指定的属性的方法。

要注意的是 getField 方法只能取得反射类中公有的属性，而 getDeclaredField 方法都能取得。

这里还用到了 Field 类的 setAccessible 方法，它用来设置是否有权限访问反射类中的私有属性，只有设置为 true 时才可以访问，默认为 false。

【例 11-4】获取反射类的方法。代码如下：

```java
import java.lang.reflect.*;
public class RefMethod {
    public static void main(String[] args) {
        ReflectedObject ro = new ReflectedObject();
        getMethods(ro);
    }
    public static void getMethods(Object obj) {
        Class c = obj.getClass();
        String className = c.getName();
        Method[] m = c.getMethods();
        for(int i=0; i<m.length; i++) {
            //输出方法的返回类型
            System.out.print(m[i].getReturnType().getName());
            //输出方法名
            System.out.print(" " + m[i].getName() + "(");
            //获取方法的参数
            Class[] parameters = m[i].getParameterTypes();
            for(int j=0; j<parameters.length; j++) {
                System.out.print(parameters[j].getName());
                if(parameters.length > j+1) {
                    System.out.print(", ");
                }
            }
            System.out.println(")");
        }
    }
}
```

程序输出结果：

```
int method1(java.lang.String)
void method2(float)
```

```
void in_m1(int, int)
void wait()
void wait(long, int)
void wait(long)
int hashCode()
java.lang.Class getClass()
boolean equals(java.lang.Object)
java.lang.String toString()
void notify()
void notifyAll()
```

本例获得了反射类的所有 public 方法，包括继承自父类的方法以及这些方法的返回类型、方法名和方法参数。因为 method3、method4、method5 为非 public 的，所以不再被输出行列。

【例 11-5】获取反射类中的构造方法。代码如下：

```
import java.lang.reflect.*;
public class RefConstructor {
    public static void main(String[] args) {
        ReflectedObject ro = new ReflectedObject();
        getConstructors(ro);
    }

    public static void getConstructors(ReflectedObject obj) {
        Class c = obj.getClass();
        //获取指定类的类名
        String className = c.getName();
        try {
            //获取指定类的构造方法
            Constructor[] constructors = c.getConstructors();
            for(int i=0; i< constructors.length; i++) {
                //获取指定构造方法的参数的集合
                Class[] parameters = constructors[i].getParameterTypes();
                System.out.print(className + "(");
                for(int j=0; j<parameters.length; j++)
                    System.out.print(parameters[j].getName() + " ");
                System.out.println(")");
            }
        } catch(Exception e) {
            e.printStackTrace();
        }
    }
}
```

程序运行结果：

```
eleven.ReflectedObject(int java.lang.String)
eleven.ReflectedObject()
```

本例用 getConstructors()方法获取了反射类的构造方法的集合，并用 Constructor 类的 getParameterTypes()获取该构造方法的参数。

【例 11-6】获取反射类的父类(超类)和接口。代码如下：

```
import java.io.*;
import java.lang.reflect.*;
```

```java
public class RefInterface {
    public static void main(String[] args) throws Exception {
        ReflectedObject raf = new ReflectedObject();
        getInterfaceNames(raf);
    }
    public static void getInterfaceNames(Object obj) {
        Class c = obj.getClass();
        //获取反射类的接口
        Class[] interfaces = c.getInterfaces();
        System.out.println("实现的接口有: ");
        for(int i=0; i<interfaces.length; i++)
            System.out.println(interfaces[i].getName());
        //获取反射类的父类(超类)
        Class father = c.getSuperclass();
        System.out.println("父类: \n" + father.getName());
    }
}
```

程序运行结果:

```
实现的接口有:
eleven.MyInf
父类:
java.lang.Object
```

在这个例子中，**getInterfaces()**方法获取反射类的所有接口，由于接口可以有多个，所以它返回一个 Class 数组。用 **getSuperclass()**方法来获取反射类的父类(超类)，由于一个类只能继承自一个类，所以它返回一个 Class 对象。

11.4　课　后　习　题

1. 填空题

(1) Java 内置了 3 种注解，定义在 java.lang 包中。分别是_____、_____和_____。

(2) Java 允许程序员自定义注解，注解的定义和接口差不多，只是在 interface 前面多了一个_____。

(3) 若想要重写父类的 method1()方法，可以在该方法前加上_____。

2. 选择题

(1) reflection 的一个用处就是改变对象数据字段的值。reflection 可以从正在运行的程序中根据名称找到对象的字段并改变它，下面的例子可以说明这一点:

```java
import java.lang.reflect.*;
public class field2 {
    public double d;
    public static void main(String args[]) {
        try {
            Class cls = Class.forName("field2");
            Field fld = cls.getField("d");
            field2 f2obj = new field2();
```

```
            System.out.println("d = " + f2obj.d);
            fld.setDouble(f2obj, 12.34);
            System.out.println("d = " + f2obj.d);
        } catch (Throwable e) {
            System.err.println(e);
        }
    }
}
```

这个例子中，字段 d 被变为了(   )。

A. 12.34   B. + f2obj.d   C. + f2obj.d   D. f2obj

(2) Java 反射机制主要提供了以下哪些功能？(   )

A. 在运行时判断任意一个对象所属的类

B. 在运行时构造任意一个类的对象

C. 在运行时判断任意一个类所具有的成员变量和方法

D. 在运行时调用任意一个对象的方法

(3) 程序运行时，允许改变程序结构或变量类型，这种语言称为动态语言。从这个观点看，下面哪个不是动态语言？(   )

A. Perl   B. Python   C. Ruby   D. C++，Java，C#

3. 判断题

(1) Java 中的反射(Reflection)主要是指 Java 程序可以访问、检测和修改它本身状态或行为的一种能力，是 Java 程序开发语言的特征之一。   (   )

(2) Java 中的反射(Reflection)允许运行中的 Java 程序对自身进行检查，动态获取自身类的信息，并能直接操作程序的内部属性和方法，在 Pascal、C 或者 C++中，可以在程序中获得函数定义相关的信息。   (   )

第 12 章

Java 程序打包

Java 应用程序编写并编译运行后，需要对其进行打包发布。本章介绍 Java 应用程序打包发布的流程，并针对其中的一些常见问题做出解答。

12.1　将应用程序压缩为 JAR 文件

12.1.1　JAR 文件简介

JAR(Java Archive，Java 归档文件)是与平台无关的文件格式，它允许将许多文件组合成一个压缩文件。为 J2EE 应用程序创建的 JAR 文件是 EAR 文件(企业 JAR 文件)。

JAR 文件格式以流行的 ZIP 文件格式为基础。与 ZIP 文件不同的是，JAR 文件不仅用于压缩和发布，而且还用于部署和封装库、组件和插件程序，并可被像编译器和 JVM 这样的工具直接使用。在 JAR 中包含特殊的文件，如 manifests 和部署描述符，用来指示工具如何处理特定的 JAR。

JAR 文件是一个简单的 ZIP 文件，它包含类文件、程序需要的其他文件以及描述存档特性的清单文件(manifest)。清单文件被命名为 MANIFEST.MF，它在 JAR 文件的一个特殊 META-INF 子目录下面。JAR 文件与 ZIP 文件唯一的区别就是在 JAR 文件的内容中，包含了一个 META-INF/MANIFEST.MF 文件，这个文件是在生成 JAR 文件的时候自动创建的。举个例子，如果我们具有如下目录结构的一些文件：

```
上级目录
 |-- javaApp
   |-- Test.class
```

把它压缩成 ZIP 文件 javaApp.zip，则这个 ZIP 文件的内部目录结构为：

```
javaApp.zip
 |-- javaApp
   |-- Test.class
```

如果我们使用 JDK 的 jar 命令把它打成 JAR 文件包 javaApp.jar，则这个 JAR 文件的内部目录结构为：

```
javaApp.jar
|-- META-INF
 |-- MANIFEST.MF
|-- javaApp
 |--Test.class
```

💡 **注意：**　该例中显示的只是最简单的清单文件，复杂的清单文件可以包含更多条目。

12.1.2　创建可执行的 JAR 文件包

制作一个可执行的 JAR 文件包来发布你的程序是 JAR 文件包最典型的用法。Java 程序是由若干个.class 文件组成的。这些.class 文件必须根据它们所属的包不同而分级分目录存放；运行前需要把所有用到的包的根目录指定给 CLASSPATH 环境变量或者 java 命令的-cp 参数；运行时还要到控制台下去使用 java 命令来运行，如果需要直接双击运行，必须写 Windows 的批处理文件(.bat)或者 Linux 的 Shell 程序。因此，对于程序的使用者而言要想实现上述操作是很麻烦的。如果开发者能够制作一个可执行的 JAR 文件包交给用户，那么用户使用起来就方便了。在 Windows 下安装 JRE(Java Runtime Environment)的时候，安装文件会将.jar 文件映射给 javaw.exe 打开。那么，对于一个可执行的 JAR 文件包，用户只需要双击它就可以运行程序了。那么，现在的关键，就是如何来创建这个可执行的 JAR 文件包。

要创建可执行的 JAR 文件包，需要使用带 cvfm 参数的 jar 命令。

以上述 javaApp 目录为例，命令如下：

```
jar cvfm javaApp.jar manifest.mf javaApp
```

这里 javaApp.jar 和 manifest.mf 两个文件分别对应的参数是 f 和 m，其重点在于 manifest.mf。因为要创建可执行的 JAR 文件包，光靠指定一个 manifest.mf 文件是不够的，因为 MANIFEST 是 JAR 文件包的特征，可执行的 JAR 文件包和不可执行的 JAR 文件包都包含 MANIFEST。关键在于可执行 JAR 文件包的 MANIFEST 文件中包含了很重要的一项——Main-Class，书写格式如下：

```
Main-Class: 可执行主类全名(包含包名)
```

例如，假设上例中的 Test.class 是属于 javaApp 包的，而且是包含 main()方法的可执行 Java Application 类，那么这个 manifest.mf 可以编辑如下：

```
Main-Class: javaApp.Test <回车>
```

这个 manifest.mf 可以放在任何位置，也可以是其他的文件名，只需要有 Main-Class: javaApp.Test 一行，且该行以一个回车符结束即可。创建了 manifest.mf 文件之后，我们的目录结构变为如下形式：

```
上级目录
  |-- javaApp
    |-- Test.class
    |-- manifest.mf
```

这时候，需要到 javaApp 目录的上级目录中去使用 jar 命令来创建 JAR 文件包。具体命令如下：

```
jar cvfm javaApp.jar manifest.mf javaApp
```

之后在 "上级目录" 的子目录中创建了 javaApp.jar，这个 javaApp.jar 就是执行的 JAR 文件包。运行时只需要使用 java -jar javaApp.jar 命令即可。

💡 注意：　创建的 JAR 文件包中需要包含完整的、与 Java 程序的包结构对应的目录结构，就像上例一样。而 Main-Class 指定的类，也必须是完整的、包含包路径的类名。

12.2　JAR 文件包应用技巧

本小节介绍一些 JAR 文件包及相关应用技巧，方便我们平时应用的开发。

12.2.1　使用解压缩工具解压 JAR 文件

在介绍 JAR 文件的时候就已经说过了，JAR 文件实际上就是 ZIP 文件，所以可以使用常见的一些解压 ZIP 文件的工具来解压 JAR 文件，如 Windows 下的 WinZip、WinRAR 等和 Linux 下的 unzip 等。使用 WinZip 和 WinRAR 等来解压是因为它们解压比较直观、方便。

在解压一个 JAR 文件的时候，是不能使用 jar 的-C 参数来指定解压的目标的，因为这个-C 参数只在创建或者更新包的时候可用。那么需要将文件解压到某个指定目录下的时候，如果使用 Windows 下的 WinZip、WinRAR，需要先将这个 JAR 文件复制到目标目录下，再进行解压；如果使用 unzip，只需要指定一个-d 参数即可。例如：

```
unzip test.jar -d dest/
```

12.2.2　使用 WinZip 或者 WinRAR 等工具创建 JAR 文件

上面提到 JAR 文件就是包含了 META-INF/MANIFEST 的 ZIP 文件，所以，只需要使用 WinZip、WinRAR 等工具创建所需要 ZIP 压缩包，再往这个 ZIP 压缩包中添加一个包含 MANIFEST 文件的 META-INF 目录即可。对于使用 jar 命令的-m 参数指定清单文件的情况，只需要将这个 MANIFEST 按需要修改即可。

12.2.3　使用 jar 命令创建 ZIP 文件

有些 Linux 下提供了 unzip 命令，但没有 zip 命令，所以只能对 ZIP 文件进行解压。这种情况下，如要创建一个 ZIP 文件，使用带-M 参数的 jar 命令就可以实现目标，因为这个-M 参数表示制作 JAR 包的时候不添加 MANIFEST 清单，那么只需要在指定目标 JAR 文件的地方将.jar 扩展名改为.zip 扩展名，创建的就是一个 ZIP 文件了，例如：

```
jar cvfM test.zip test
```

12.3　课 后 习 题

简答题

(1)　JAR 文件包和 ZIP 文件包有何异同？

(2)　如何将 Java 应用程序打包成可执行程序？

第13章

Java GUI 编程

    Java 中提供了人机交互的功能，程序在运行过程中接收用户的输入，然后对数据进行相应的处理，将得到的结果告诉用户。Java 的 GUI 编程(Graphic User Interface，图形用户接口)是在它的抽象窗口工具箱(Abstract Window Toolkit，AWT)上实现的，java.awt 是 AWT 的工具类库，其中包括了丰富的图形、用户界面元件和布局管理器的支持。

13.1　Java 窗口

在 AWT 的概念中，窗口系统中所显示的各种对象都可以称为组件(Component)。组件可以分为容器组件和非容器组件。

容器组件自身也是组件，但是容器组件中可以包含其他的组件，容器又分为顶层容器和非顶层容器。顶层容器是可以独立的窗口，是窗口类(即 Window 类)，这些窗口大多是可以具有标题、边框，可以进行移动、放大、缩小、关闭等功能较强的容器。非顶层容器则不是独立的窗口，它必须位于窗口之内，非顶层容器包括 Panel 和 ScrollPanel 类等。

Java 的抽象窗口工具包(AWT，Abstract Window Toolkit)中包含了许多类来支持图形用户界面(GUI，Graphics User Interface)的设计，其中一个重要的类是 Component 类。

13.1.1　认识 Component 类

在图形化界面中，首先要有容纳其他组件的组件，它存放了其他可视组件，如面板、标签、按钮和文本区等。类 java.awt.Component 是许多组件类的父类，经常会用到 Frame 类、Button 类、Label 类、TextField 类和 Choice 类等。在 java.awt 包中列出了一些组件类的继承关系，如图 13.1 所示。

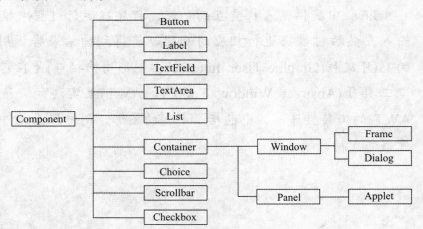

图 13.1　部分组件类的继承关系

Component 类中封装了组件通用的方法和属性，如图形的组件对象、大小、显示位置、前景色和背景色、边界、可见性等，因此许多组件类也就继承了 Component 类的成员方法和成员变量，在此介绍该类的一些方法，这些方法可直接继承到子类中使用。

- setSize(int width, int height)：调整组件的大小，使其宽为 width，高为 height。
- setVisible(boolean b)：根据参数 b 的值显示或隐藏此组件。
- getForeground()：获得组件的前景色。
- setForeground(Color r)：设置组件的前景色。
- getBackground()：获得组件的背景色。

- setFont(Font f)：设置组件的字体。
- getFont()：获得组件的字体。
- getHeight()：返回组件的当前高度。
- invalidate()：使此组件无效。
- getBounds()：以 Rectangle 对象的形式获得组件的边界。
- setLocation(int x, int y)：设置组件的显示位置。

13.1.2　框架类(Frame)

框架(Frame)同样是一个容器，我们可以在这个容器中放入其他的一些可视化的图形用户界面组件，比如说面板、文本区、按钮、菜单等，从而能够组成一个功能完善的程序。框架类是一种带标题条并且可以改变大小的窗口，该类为容器类。框架类的许多方法是从它的父类 Window 或更上层的类继承过来的。

(1)　框架类的构造方法如下。
- public Frame()：创建一个不带标题信息的框架。
- public Frame(String title)：创建一个标题信息是 title 的框架。
- public void add(Component comp)：在框架中添加组件。

(2)　框架类的实例方法如下。
- public void setLayout(LayoutManager mgr)：设置布局方式。
- public void setTitle(String title)：设置框架的标题。
- public String getTitle(String title)：获取框架的标题。

下面来编写一个简单程序，该程序运行时在桌面上弹出一个窗口。由于在程序中使用了 java.awt 包中的类，因此在程序的顶部加入了语句行 "import java.awt.*;"。

【例 13-1】建立一个带标题框架，程序如下：

```java
import java.awt.*;
public class myFrame
{
    public static void main(String args[])
    {
        Frame f1 = new Frame("登录窗口");    //实例化 Frame 对象
        f1.setSize(220, 140);               //设置 Frame 对象的属性
        f1.setLocation(500, 500);
        f1.setBackground(Color.red);
        f1.setVisible(true);                //Frame 可见性为真，才可显示
    }
}
```

通常情况下生成一个窗口，要用 Window 的子类 Frame 来进行实例化，而并不是直接用到 Window 类。

Frame 的外观就像我们平常在 Windows 系统下所见到的窗口，具有标题、菜单、大小、边框等，每个 Frame 的对象实例化以后，必须调用 setSize() 来设置大小，调用 setVisible(true) 来设置该窗口为可见的，否则是没有大小和不可见的。

13.1.3　面板类(Panel)

Panel 也是容器类，它和框架类的父类都是 Container 类。面板中也可以存放标签、单选按钮等，但与 Frame 类的区别是，面板是一种没有标题条的容器，在应用时只能把该类实例化的对象通过 Container 类的 add 方法加载到 Window 对象中。

该类的构造方法如下。

● public Panel()：创建一个面板对象。

● public Panel(LayoutManager mgr)：创建一个面板对象且约定添加到该面板中组件的布局样式。

面板的用法比较简单，与框架的用法大致相同，在后面的例子中会反复涉及，在这里就不再举例介绍了。

13.2　Java 窗口组件

13.2.1　标签(Label)

标签类(Label)的功能是能够显示静态文本，但是不能够动态地编辑文本，通常用于提示信息。例如"请输入口令"这个提示就可以用标签。

(1) 该类的构造方法如下。

● public Label()：通过该构造方法创建标签时，标签没有提示信息。

● public Label(String s)：通过该构造方法创建标签时，标签上显示的提示信息为 s。

● public Label(String s, int align)：通过该构造方法创建标签时，标签上的提示信息为 s，并设定标签文本对齐方式，分别为 Label.LEFT(左对齐)、Label.RIGHT(右对齐)、Label.CENTER(居中对齐)，居中对齐是默认的对齐方式。

(2) 该类的常用方法如下。

● public void setText(String s)：通过该方法，把标签上的提示信息设为 s。

● public String getLabel()：通过该方法，获取标签上的提示信息。

13.2.2　按钮(Button)

按钮类(Button)是 AWT 中最常见的一种组件，用户可以通过单击该组件来实现相应的操作。当然，如果希望按钮响应用户的单击操作，就需要针对鼠标单击事件编写相应的功能。

(1) 该类的构造方法如下。

● public Button()：通过该构造方法创建按钮时，按钮上没有说明信息。

● public Button(String s)：通过该构造方法创建按钮时，按钮上的说明信息为 s。

(2) 该类的常用方法如下。

● public void setLabel(String s)：通过该方法，把按钮上的说明信息设为 s。

● public String getLabel()：通过该方法，获取按钮上的说明信息。

13.2.3　文本行(TextField)

文本框是用来输入单行文本信息的一个区域。通常文本框用于接受用户信息或者其他的文本信息的输入。

(1)　该类的构造方法如下。

- public TextField()：创建一个内容为空的文本行。
- public TextField(String s)：创建一个内容为 s 的文本行。
- public TextField(int x)：创建一个能显示 x 个字符的文本行。
- public TextField(String s, int x)：创建一个内容为 s 的文本行，且文本行长度为 x。

(2)　该类的常用方法如下。

- public void setText(String s)：设置文本行中的内容为 s。
- public String getText()：获取文本行中的内容。
- public void setEchoChar(char c)：设置文本行的回显字符。常用于口令输入。
- public void setEditable(boolean b)：设置文本的可编辑性。当参数值为 false 时，只能显示，不能修改。

【例 13-2】设计一个登录界面，程序如下：

```java
import java.awt.*;
public class LoginFrame1
{
    Frame f;
    Label la1, la2;
    TextField t1, t2;
    Button b1, b2;

    public LoginFrame1()
    {
        f = new Frame("登录窗口");
        la1 = new Label("用户名:", Label.RIGHT);
        la2 = new Label("口  令:", Label.RIGHT);
        t1 = new TextField(20);
        t2 = new TextField(6);
        b1 = new Button("确定");
        b2 = new Button("取消");

        f.setLayout(new GridLayout(3, 2, 15, 15));
        f.add(la1);  f.add(t1);
        f.add(la2);  f.add(t2);
        f.add(b1);
        f.add(b2);
        f.setSize(200, 400);
        f.setVisible(true);
    }
    public static void main(String arg[])
    {
        new LoginFrame1();
    }
}
```

结果如图 13-2 所示。

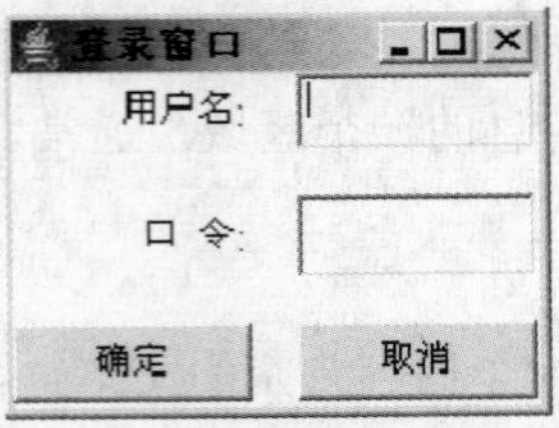

图 13-2   运行结果

13.2.4   文本区(TextArea)

文本区(TextArea)与 TextField 一样能接受文本信息的输入和显示。但是与 TextField 组件不同的是，TextArea 对象可以进行多行输入与显示，解决了 TextField 的单行的限制。但是，如果文本信息的行数超过文本区限定的行数，超出的文本信息不能显示。为了解决这个问题，可以借助 ScrollPane 滚动窗格组件。将文本区放置到滚动窗格中，就可以实现超出文本信息的滚动输出。

(1) 文本区类的构造方法如下。

- public TextArea()：创建一个内容为空的文本区对象。
- public TextArea(String s)：创建一个内容为 s 的文本区对象。
- public TextArea(int x, int y)：该构造方法创建一个内容为空且行数为 x、列数为 y 的文本区对象。
- public TextArea(String s, int x, int y)：创建一个内容为 s 且行数为 x、列数为 y 的文本区对象。
- public TextArea(String s, int x, int y, int scollbar)：创建一个内容为 s、行数为 x、列为 y、滚动条样式为指定样式的文本区对象。scollbar 取值如下：

```
TextArea.SCOLLBARS_BOTH
TextArea.SCOLLBARS_VERTICAL_ONLY
TextArea.SCOLLBARS_HORIZONTAL_ONLY
TextArea.SCOLLBARS_NONE
```

(2) 文本区类的常用方法如下。

- public void append(String s)：在文本区尾部追加文本内容 s。
- public void insert(String s, int position)：在文本区位置 position 处插入文本 s。
- public void setText(String s)：设置文本区中的内容为文本 s。
- public String getText()：获取文本区的内容。
- public String getSelectedText()：获取文本区中选中的内容。
- public void replaceRange(String s, int start, int end)：把文本区中从 start 位置开始到 end 位置之间的文本用 s 替换。
- public void setCaretPosition(int position)：设置文本区中光标的位置。
- public int getCaretPosition()：获得文本区中光标的位置。
- public void setSelectionStart(int position)：设置要选中文本的起始位置。

- public void setSelectionEnd(int position)：设置要选中文本的终止位置。
- public int getSelectionStart()：获取选中文本的起始位置。
- public int getSelectionEnd()：获取选中文本的终止位置。
- public void selectAll()：选中文本区的全部文本。

13.2.5　选择框(Checkbox)

选择框可以分成复选框与单选按钮两种，在一组复选框中可选多项，但在一组单选按钮中却只能允许选择其中的一项。它们对应的类同为 Checkbox。

(1) 选择框的构造方法如下。
- public Checkbox()：创建没有名称且没有选中的复选框。
- public Checkbox(String s)：创建一个名称是 s 的没有选中的复选框，名称出现在复选框右侧。
- public Checkbox(String s, boolean b)：创建一个名称是 s 的复选框，名称出现在复选框右侧，选中状态由参数 b 设定；若 b 取值为 true，则复选框为选中状态，若 b 取值为 false，则复选框为未选中状态。
- public Checkbox(String s, boolean b, CheckboxGroup g)：g 是 CheckboxGroup 类的对象，相当于一个逻辑分组。当用 Checkbox 类创建对象，且对象属于一个逻辑分组时，创建的对象为单选按钮。

(2) 选择框的常用方法如下。
- public boolean getState()：获取选择框的选中状态。
- public void setState(boolean b)：设置选择框的选中状态。
- public String getLabel()：获取选择框显示在右侧的名称。
- public void setLabel(String s)：设置选择框的显示在右侧的名称。

13.2.6　选项框(Choice)

选项框类(Choice)也是常用的组件之一。用户可以在下拉列表中见到第一个选项，在选项右侧有一个下拉箭头，当用户单击下拉箭头时，则选项列表会打开，用户可选择其中的选项。

(1) 选项框类的构造方法如下。
- public Choice()：该方法创建一个选项框。

(2) 选项框类的实例方法如下。
- public void add(String name)：将 name 项加入到选项框中。
- public String getItem(int index)：获取位置索引编号为 index 的选项名称。
- public int getItemCount()：获取选项框中选项的数目。
- public int getSelectedIndex()：获取选项框中选中项的位置索引编号。
- public String getSelectedItem()：获取选项框中选中项的名称。
- public void insert(String item, int index)：将选择项插入到指定位置索引编号处。Item 代表要插入的项，index 代表插入的位置索引编号。

- public void remove(int position)：从选项框中移除指定位置的一个项。position 表示位置号。
- public void remove(String item)：移除选项框中第一个出现的 item。
- public void removeAll()：从选项框中移除所有的项。
- public void select(int pos)：将位置索引编号为 pos 的选项设定为选中的项。
- public void select(String str)：将此选项框中名称等于指定字符串 str 的项设为选中项。当选项框中有多个选项名称相同时，仅把索引编号最小的选项设为选中状态。

13.2.7　列表框(List)

　　列表框与选项框都是从所提供的选项中进行选取，但是其显示形式不同，初始时选项框却只看见一项选项，但列表框初始时可以看见多个选项。当列表框不足以显示出所有列表项时，会自动地在右侧添加相应的滚动条。选项框只允许用户选取一个选项，但列表框可供用户选多项。在此把列表框与选项框中一些不同的方法列出来。

　　(1) 列表框类的构造方法如下。
- public List()：创建一个有默认可见行的列表框。
- public List(int n)：创建一个能显示 n 行选项的列表框。
- public List(int n, boolean b)：创建一个能显示 n 行选项，且设定了是否允许多选的列表框；当参数 b 值为 true 时，该列表框允许用户多项选择。当参数 b 值为 false 时，该列表框不允许用户多项选择。

　　(2) 列表框类的实例方法如下。
- public String[] getSelectedItems()：获取列表框中选中的多项名称。返回值是字符串数组。
- public int[] getSelectedIndexes()：获取列表框中选中的多项位置索引编号。返回值是整型数组。

【例 13-3】综合利用以上组件设计出如图 13-3 所示的界面。

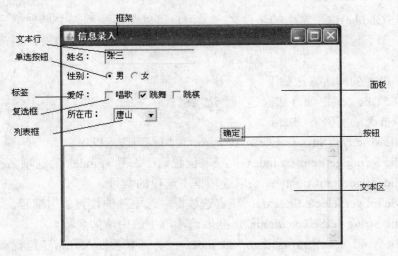

图 13-3　设计界面

程序代码如下:

```
import java.awt.*;
import java.awt.event.*;
class DataInput implements ActionListener
{
    Frame f1;
    Label la1, la2, la3, la4;
    TextField t;
    Checkbox r1, r2;
    CheckboxGroup g;
    Checkbox c1, c2, c3;
    Choice h;
    Button b;
    TextArea ta;
    Panel p1, p2, p3, p4, p5;
    int i = 0;
    public InputData()
    {
        F1 = new Frame("信息录入"); //创建框架
        la1 = new Label("姓名: "); //创建 4 个标签
        la2 = new Label("性别: ");
        la3 = new Label("爱好: ");
        la4 = new Label("所在市: ");
        t = new TextField(15); //创建文本行
        h = new Choice(); //创建选项框
        c1 = new Checkbox("唱歌"); //创建 3 个复选框
        c2 = new Checkbox("跳舞");
        c3 = new Checkbox("跳棋");
        g = new CheckboxGroup();
        r1 = new Checkbox("男", true, g); //创建 2 个单选按钮
        r2 = new Checkbox("女", false, g);
        h.add("唐山");
        h.add("石家庄");
        h.add("秦皇岛");
        h.add("张家口");
        b = new Button("确定");
        ta = new TextArea(); //创建文本区
        p1 = new Panel();
        p1.setLayout(new FlowLayout(FlowLayout.LEFT));
        p2 = new Panel();
        p2.setLayout(new FlowLayout(FlowLayout.LEFT));
        p3 = new Panel();
        p3.setLayout(new FlowLayout(FlowLayout.LEFT));
        p4 = new Panel();
        p4.setLayout(new FlowLayout(FlowLayout.LEFT));
        p5 = new Panel();
        p1.add(la1); p1.add(t);
        p2.add(la2); p2.add(r1); p2.add(r2);
        p3.add(la3); p3.add(c1); p3.add(c2); p3.add(c3);
        p4.add(la4); p4.add(h);
        p5.add(b);
        Panel p = new Panel();
        p.setLayout(new GridLayout(5, 1));
        p.add(p1); p.add(p2); p.add(p3); p.add(p4); p.add(p5);
```

```
        f1.setLayout(new GridLayout(2, 1));
        f1.add("North", p);
        f1.add("South", ta);
        f1.setSize(600, 600);
        f1.setLocation(200, 200);
        f1.setVisible(true);
    }

    public static void main(String args[])
    {
        new DataInput();
    }
}
```

13.2.8　菜单设计

许多软件都为用户提供菜单以方便操作，Java 语言同样也提供了对菜单功能的支持。

在 Java 语言中，菜单组件是特殊的组件群，菜单并不是依托其他容器组件存在，菜单要放置在菜单条上，而菜单条又要依赖于相应的容器上，也就是必须放置到容器组件中才能显示。所以菜单系统由菜单条、菜单、菜单项组成。

要创建一个菜单系统，首先要有一个框架，在框架上添加菜单条，然后在菜单条中添加若干个菜单，每个菜单再添加若干菜单项。

1. 菜单条(MenuBar)

菜单条是一个放置菜单的容器。

(1) 该类的构造方法如下。

public MenuBar()：创建一个菜单条。

(2) 该类的常用方法如下。

public Menu add(Menu m)：将菜单加入到菜单条中。

在设计菜单时，通过使用 Frame 类的 setMenuBar()方法将菜单条加入到框架中标题条的下方。

2. 菜单(Menu)

菜单是一个放置菜单项或下一级菜单的容器。菜单对象放在菜单条对象里。

(1) 菜单的构造方法如下。

● public Menu(String s)：创建一个标题信息为 s 的菜单。

(2) 菜单的常用方法如下。

● public void add(MenuItem it)：向菜单中加入菜单。

● public void add(MenuItem it, MenuShortCut ms)：向菜单中加入菜单项 it。菜单项带有快捷键。

● public void addSeperator()：向菜单中加入分隔线。

● public void insert(MenuItem it, int n)：向菜单的指定位置加入菜单项。

● public void insert(String s, int n)：向菜单中加入名称为 s 的菜单项。

● public void remove(int n)：删除指定位置的菜单项。

3. 菜单项

(1) 该类的构造方法如下。

MenuItem(String s)：创建一个标题信息为 s 的菜单项。

(2) 该类的常用方法如下。

setEnable(boolean b)：设置菜单项的显示状态。当值为 true 时，菜单项显示，当值为 false 时，菜单项不显示。

💡 **注意：** 当菜单设计好后，要为菜单项注册事件监听器，无须为菜单条与菜单注册事件监听器，只要用户单击菜单，则自动弹出下级菜单。

4. 快捷菜单

快捷菜单也称为弹出式菜单，附着在某个组件上，当在附有快捷菜单的组件上单击鼠标右键时，即显示快捷菜单。

PopupMenu 类用于创建快捷菜单，其构造方法为：

```
public PopupMenu()
```

创建快捷菜单通常要进行如下几个步骤。

(1) 把快捷菜单加入到依附的组件。方法为：

```
组件.add(PopupMenu popmenu)
```

(2) 给依附的组件注册鼠标事件监听器。方法为：

```
组件.addMouseListener(listener)
```

(3) 实现鼠标事件接口中的方法。一般是在 mouseClicked()或 mouseRealease()方法中执行 popmenu.show(组件, int x, int y)语句。其中"组件"是指弹出菜单所依附的组件，x、y 用于设定弹出菜单的显示位置。

13.2.9　Swing 组件

Swing 是 Java 基础类中的一部分，定义了具有可插入观感(Look-and-Feel)的组件。Swing 是纯 Java 语言实现的，是基于 JDK 1.1 的轻量级用户界面框架，并不依赖本地的工作平台。

在以往的 AWT 库中，对应于框架的类是 Frame，而在 Swing 库中，对应的类是 JFrame。JFrame 类扩展了 Frame 类。大部分 AWT 组件在 Swing 中都有等价的组件，它们在表示形式上差一个"J"字母。

(1) Swing 和 AWT 的关系列举如下：

- Swing 构件都是 AWT 的 Container 类的直接或间接子类。
- Swing 是对 AWT 的扩展，AWT 是 Swing 的基础。
- Swing 和 AWT 构件的基本使用方法相同，在事件处理机制上也相同。

(2) 在使用时，应注意以下几点：

- 大多数情况下，在名称方面，在 AWT 组件前加一个 J 即为 Swing 组件。组件基本都包含在 javax.swing 包中。

- Swing 组件使用的事件模型与 AWT 相同，但有时除了使用 java.awt.event 包外，还要用到 javax.swing.event 包。
- 若类的属性被命名为 Jxxx，则一些相应的方法应改为 getJxxx()、setJxxx()等。

13.3　布　　局

Java 为了实现跨平台的特性并且获得更好的动态布局效果，把在程序的窗口中加入多个组件的任务安排给一个"布局管理器"来负责，当程序窗口移动或调整大小后，组件如何变化等功能都是授权给对应的容器布局管理器来管理的，布局管理器使用不同算法和策略，容器可以通过选择不同的布局管理器来决定布局。

Java.awt 包提供了多种布局管理器，每种布局管理器对应一种布局策略，在这只介绍一下边界式布局(BorderLayout 类)、流式布局(FlowLayout 类)、卡片式布局(CardLayout 类)、网格式布局(GridLayout 类)。

13.3.1　边界式布局(BorderLayout)

BorderLayout 是 Window、Frame 和 Dialog 的默认布局管理器。BorderLayout 布局管理器把容器分成 5 个区域：North、South、East、West 和 Center，每个区域只能放置一个组件。

其构造函数如下：

- public BorderLayout()：构建一个新的边缘布局，对象之间没有间隔。
- public BorderLayout(int hgap, int vgap)：构建一个新的边缘布局，对象之间的水平间隔为 hgap，垂直间隔为 vgap，单位是像素，默认值为 0。

要对容器组件中添加的组件设置容器的布局样式时，可以用下面两种方法进行创建：

```
Frame w = new Frame();
BorderLayout b = new BorderLayout();
w.setLayout(b);
```

上述也可简化为：

```
Frame w = new Frame();
w.setLayout(new BorderLayout());
```

若要向容器中加入组件，可以通过以下两种形式来实现。

- add(String s, Component comp)：其中 s 代表位置，位置用字符串 South、North、East、West、Center 来表示。
- add(Component comp, int x)：其中的 x 常量值分别是 BorderLayout.SOUTH、BorderLayout.NORTH、BorderLayout.EAST、BorderLayout.WEST、BorderLay-out.CENTER，代表位置。

在使用边界布局时，应该注意以下情况：

- 在边界布局中，若向框架加入组件，如果不指定位置，则默认把组件加到了

"中"的区域。

- 若某个位置未被使用，则该位置将被其他组件占用。

【例 13-4】用边界布局放置 5 个按钮，效果如图 13-4 所示。

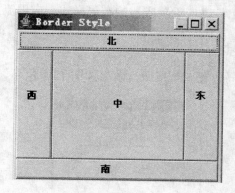

图 13-4　运行效果

代码如下：

```java
import java.awt.*;
public class BorderLayoutExample
{
    public static void main(String arg[])
    {
        Frame f = new Frame("Border Style");
        Button b1 = new Button("北");    //建立 4 个按钮
        Button b2 = new Button("东");
        Button b3 = new Button("西");
        Button b4 = new Button("南");
        Button b5 = new Button("中");
        f.setLayout(new BorderLayout()); //边界布局的创建
        f.add("North",b1); f.add("East",b2);
        f.add("West",b3); f.add("South",b4);
        f.add("Center",b5);
        f.setVisible(true); f.setSize(300,600);
    }
}
```

13.3.2　流式布局(FlowLayout)

FlowLayout 是 Panel、Applet 的默认布局管理器。该布局按从左至右、从上至下的方式将组件加入到容器中，如果容器足够宽，第一个组件先添加到容器中第一行的最左边，后续的组件依次添加到上一个组件的右边，如果当前行已放置不下该组件，则放置到下一行的最左边。

其构造函数如下。

- public FlowLayout()：创建一个流布局类对象。
- public FlowLayout(int align)：创建一个流布局类对象，其中 align 表示对齐方式，其值为 FlowLayout.LEFT、FlowLayout.RIGHT、FlowLayout.CENTER，默认

为 FlowLayout.CENTER。

- public FlowLayout(int align, int hgap, int vgap)：其中 align 表示对齐方式；hgap 和 vgap 指定组件的水平和垂直间距，单位是像素，默认值为 5。

要在容器组件中添加组件，应设置容器的布局样式。应用流式布局如下：

```
Frame f = new Frame();
f.setLayout(new FlowLayout());
```

【例 13-5】用流式布局放置 5 个按钮，效果如图 13-5 所示。

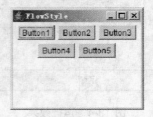

图 13-5   运行效果

代码如下：

```
import java.awt.*;
class FlowLayoutExample {
    Frame f;
    Button b1;
    Button b2;
    Button b3;
    Button b4;
    Button b5;
    public static void main(String arg[]) {
        f = new Frame("GridStyle"); //流式布局的创建
        b1 = new Button("Button1");
        b2 = new Button("Button2");
        b3 = new Button("Button3");
        b4 = new Button("Button4");
        b5 = new Button("Button5");
        f.setLayout(new GridLayout(2,3));
        f.add(b1); f.add(b2); f.add(b3); f.add(b4); f.add(b5);
        f.setSize(300,200);
        f.setVisible(true);
    }
}
```

13.3.3   卡片式布局(CardLayout)

CardLayout 布局管理器能够帮助用户处理两个或者更多的成员共享同一显示空间的问题，它把容器分成许多个层，每个层的显示空间占据整个容器的大小，但是每个层只允许放置一个组件，当然，如果在每个层上要实现复杂的用户界面，则可以利用 Panel 来实现。使用卡片式布局样式来布局容器中的组件时，组件就会像卡片一样排放在容器之中，只有最上面的卡片是可见的。

（1）　CardLayout 类的构造方法如下。

public CardLayout()：创建一个卡片对象。

（2）　其常用的实例方法如下。

- public void add(String name, Component c)：添加组件 c，并指定组件的名称为 name。
- public void first(Container parent)：显示第一张卡片。
- public void last(Container parent)：显示最后一张卡片。
- public void next(Container parent)：显示下一张卡片。
- public void previous(Container parent)：显示前一张卡片。
- public void show(Container parent, String name)：显示指定名称的卡片。

应用卡片式布局的代码如下：

```
Frame f = new Frame();
f.setLayout(new CardLayout());
```

【例 13-6】用卡片布局放置 3 个按钮。代码如下：

```
import java.awt.*;
class CardLayoutExample {
    Frame w;
    Button b1, b2, b3, b4;
    Panel p1, p2, p3;
    public static void main(String ar[]) throws Exception {
        w = new Frame();
        p1 = new Panel();
        p2 = new Panel();
        p3 = new Panel();
        b1 = new Button("第一个按钮");
        b2 = new Button("第二个按钮");
        b3 = new Button("第三个按钮");
        p1.add(b1);
        p2.add(b2);
        p3.add(b3);
        CardLayout card = new CardLayout();
        w.setLayout(card);  //卡片布局的创建
        w.add(p1,"one");
        w.add(p2,"two");
        w.add(p3,"three");
        w.setSize(500,500);
        w.setVisible(true);
        Thread.sleep(2000);   //程序暂停 2 秒后再往下执行
        card.next(w);
        Thread.sleep(2000);
        card.next(w);
        Thread.sleep(2000);
        card.first(w);
    }
}
```

程序运行时，先显示"第一个按钮"，隔 2 秒后再显示"第二个按钮"，隔 2 秒后再显示"第三个按钮"，最后仍显示"第一个按钮"，以此类推。

13.3.4　网格式布局(GridLayout)

网格式布局(GridLayout 类)将容器划分成规则的行列网格样式，逐行将组件加入到网格中，每个组件大小一致。但当容器中放置的组件数超过网格数时，行数不变，而网格列数则自动增加。

网格布局类为 GridLayout，该类的构造方法如下。

- public GridLayout(int rows, int cols)：rows 表示网格行数，cols 表示网格列数。
- public GridLayout(int rows, int cols, int hgap, int vgap)：rows 表示网格行数，cols 表示网格列数；hgap 和 vgap 指定组件的水平和垂直间距，单位是像素。

应用网格式布局的代码如下：

```
Frame f = new Frame();
f.setLayout(new GridLayout());
```

【例 13-7】用网格布局放置 6 个按钮，效果如图 13-6 所示。

图 13-6　运行效果

代码如下：

```
import java.awt.*;
class GridLayoutExample {
    Frame w;
    Button b1, b2, b3, b4, b5, b6;
    public static void main(String arg[]) {
        b1 = new Button("按钮 1");
        b2 = new Button("按钮 2");
        b3 = new Button("按钮 3");
        b4 = new Button("按钮 4");
        b5 = new Button("按钮 5");
        b6 = new Button("按钮 6");
        w = new Frame("GridStyle");
        w.setLayout(new GridLayout(2,3)); //网格布局的创建
        w.add(b1);
        w.add(b2);
        w.add(b3);
        w.add(b4);
        w.add(b5);
        w.add(b6);
        w.setSize(360,360);
        w.setVisible(true);
    }
}
```

13.4　画　　布

Canvas(画布)是图形操作的容器，但它不能包含其他 GUI 组件，只能为图形操作提供容器平台，进而在其上自由地进行图形操作。

Canvas 组件表示屏幕上一个空白矩形区域，应用程序可以在该区域内绘图，或者可以从该区域捕获用户的输入事件。应用程序必须为 Canvas 类创建子类，以获得有用的功能(如创建自定义组件)。必须重写 paint 方法，以便在 Canvas 上执行自定义图形。

为什么要使用画布呢？如果想画出各类图形，可以调用 Graphics 的图形方法，但这种直接画在窗口区的图形，很容易被其他的组件覆盖掉。如果把图形画在画布上，那么这个覆盖问题就被解决了。画布提供了一块专门的图形区域，通过设定自己的边界而与其他组件区分开，以保护画面不被覆盖。即使画面被破坏，也会自动恢复，即通过自己的 paint 方法重画出来。

(1) Canvas 类的构造方法如下。

- Canvas()：构造一个新的 Canvas。
- Canvas(GraphicsConfiguration config)：构造一个给定了 GraphicsConfiguration 对象的 Canvas。

(2) Canvas 类的常用方法如下。

- public void addNotify()：创建画布的通知器。该通知器允许在不改变画布功能的情况下改变其用户接口。
- public void update(Graphics g)：更新此画布。
- public void paint(Graphics g)：调用该方法来重新绘制该画布。为实现一些有用的操作，大多数从 Canvas 继承来的应用应覆盖该方法。

Canvas 提供的 paint 方法用背景色重画该画布的矩形区域。该画板的左上角是图形上下文的原点(0, 0)。它的剪切区域是上下文的区域。

如何创建一个画布，并把它加入到程序中呢？下面是一个 Applet 例子。

【例 13-8】创建一个画布的简单程序。代码如下：

```
import java.applet.applet;
import java.awt.*;
public class CanvasExample extends Applet {
    public void init() {
        MyCanvasExample c1 = new MyCanvasExample);
        c1.setBackground(Color.red);
        c1.setSize(600, 600);
        add(c1);
    }
}
class MyCanvasExample extends Canvas {
    public void paint(Graphics g) {
        g.filloval(50,30.60,60);
    }
}
```

画布对象在创建时没有默认的大小，必须用 setSize()方法设定画布大小，否则在界面上将看不到画布。程序中的自定义类 MyCanvasExample 是 Canvas 的子类，重载了 Canvas 的 Paint()方法，该方法默认时没有任何功能。

【例 13-9】用 Canvas 构建绘图程序，绘制出不同的图形。代码如下：

```java
import javax.microedition.midlet.*;
import javax.microedition.lcdui.*;
import java.io.IOException;
public class CanvasExample extends MIDlet implements CommandListener {
    private Command backC =
      new Command("返回", Command.BACK, 3); //返回命令
    private Command exitC =
      new Command("退出", Command.EXIT, 1); //退出命令
    private Display d;  // 设备的显示器
    private List menuList;  //图片名的主菜单列表
    private Drawing c;  //显示绘制的图形

    String[] item = {"直线", "矩形", "文字" };     //显示列表名称
    public CanvasExample() {
        d = Display.getDisplay(this); //取得设备的显示器
    }

    // 重载抽象类 MIDlet 的抽象方法 startApp()
    protected void startApp() {
        c = new Drawing();  // 创建 Drawing 对象 c
        c.addCommand(exitC); // 为 c 加上退出命令
        c.addCommand(backC); // 为 c 加上返回命令
        c.setCommandListener(this); // 为 c 设置命令监听者
        int num = item.length;  // 菜单项个数
        Image[] imageArray = new Image[num]; // 列表的图标数组
        try {
            Image icon = Image.createImage("/Icon.png"); // 创建列表的图标
            for(int i=0; i<num; i++) { imageArray[i] =icon; }
        } catch (java.io.IOException err) { }
        menuList =
          new List("Canvas 绘图程序", Choice.IMPLICIT, item, imageArray);
        menuList.addCommand(exitC); // 为主菜单列表加上退出命令
        menuList.setCommandListener(this); // 为主菜单列表设置命令监听器
        d.setCurrent(menuList);  // 显示主菜单列表
    }

    // 重载抽象类 MIDlet 的方法 pauseApp()
    protected void pauseApp() { }

    // 重载抽象类 MIDlet 的方法 destroyApp()
    protected void destroyApp(boolean unconditional) { }

    // 实现接口 CommandListener 的方法
    public void commandAction(Command c, Displayable d) {
        if (d.equals(menuList)) {
            if (c == List.SELECT_COMMAND) {
                int select =
                  ((List)d).getSelectedIndex(); //得到选中的菜单项
                switch(select) {
```

```
                case 0:
                    c.line();  // 绘制直线
                    d.setCurrent(c);
                    break;
                case 1:
                    c.rect();  // 绘制矩形
                    d.setCurrent(c);
                    break;
                case 2:
                    c.text();  // 绘制文字
                    d.setCurrent(c);
                }
            }
        }
        if (c == backC) {
            d.setCurrent(menuList);
        }
        else
            if (c == exitC) {
                destroyApp(false);  // 销毁程序
                notifyDestroyed();
            }
    }
}

// 绘制图形的画布
public class Drawing extends Canvas {
    int w = getWidth();  // 画布的宽度
    int h = getHeight();  // 画布的高度
    Image buffer = Image.createImage(w, h);  // 用于绘图的缓冲图像
    Graphics gc = buffer.getGraphics();  // 获取缓冲图像的图形环境

    // 清除画布
    public void clear() {
        gc.setColor(255,255,255);  // 设置绘图颜色为白色
        gc.fillRect(0,0,w,h);  // 把缓冲图像填充为白色
        gc.setColor(255,0,0);  // 设置绘图颜色为红色
    }

    // 绘制直线
    public void line() {
        setTitle("直线");  // 设置画布的标题
        clear();  // 清除画布
        gc.drawLine(20,20,w-20,h-20);  // 绘制黑色直线
        gc.setColor(0,0,255);  // 设置绘图颜色为蓝色
        gc.drawLine(10,h/2,w-10,h/2);  // 绘制蓝色直线
    }

    // 绘制矩形
    public void rect() {
        setTitle("矩形和填充矩形");
        clear();
        gc.drawRect(26,26,w/2-30,h/2-30);  // 绘制矩形
        gc.fillRect(w/2+25,25,w/2-30,h/2-30);  // 绘制填充矩形
    }
```

```
// 绘制文字
public void text() {
    setTitle("文字"); //设置标题
    clear();
    gc.setFont(Font.getFont(
      Font.FACE_SYSTEM,Font.STYLE_BOLD,Font.SIZE_SMALL)); // 设置字体
    gc.drawString(
      "How are you!",0,0,gc.TOP|gc.LEFT); // 使用当前字体绘制文字
    gc.setFont(Font.getFont(Font.FACE_SYSTEM,
      Font.STYLE_BOLD|Font.STYLE_UNDERLINED,Font.SIZE_LARGE));
    gc.drawString("How are you!",0,h/3,gc.TOP|gc.LEFT);
}
public void paint(Graphics g) {
    g.drawImage(buffer, 0, 0, 0); // 把缓冲区图像的内容绘制到画布上
}
}
```

13.5　窗 口 事 件

13.5.1　Java 事件处理概述

在容器中放置各种组件，使用布局管理器进行布局，程序运行后还是不能响应用户的任何操作，如果让其响应用户操作，就必须给各个组件加上事件处理机制。在事件处理的过程中，主要涉及如下 3 类对象。

- 事件(Event)：用户界面操作在 Java 语言上的描述，以类的形式出现，例如键盘操作对应的事件类是 KeyEvent。
- 事件源(Event Source)：事件发生的场所，通常就是各个组件，例如按钮 Button。
- 事件处理者(Event Handler)：接收事件对象并对其进行处理的对象。

由于同一个事件源上可能发生多种事件，因此 Java 采取了"事件源-事件监听者"模型，事件源可以把在其自身所有可能发生的事件分别授权给不同的事件处理者来处理。比如在文本框对象上既可能发生鼠标事件，也可能发生键盘事件，该对象就可以授权给事件处理者 1 来处理鼠标事件，同时授权给事件处理者 2 来处理键盘事件。有时也将事件处理者称为监听器，主要原因也在于监听器时刻监听着事件源上所有发生的事件类型，一旦该事件类型与自己所负责处理的事件类型一致，就马上进行处理。"事件源-事件监听者"模型把事件的处理委托给外部的处理实体进行处理，实现了将事件源和监听器分开的机制。事件处理者(监听器)通常是一个类，该类如果要能够处理某种类型的事件，就必须实现与该事件类型相对的接口。

引入事件处理机制后的编程基本方法如下。

(1) 在 java.awt 中，组件实现事件处理必须使用 java.awt.event 包，所以在程序开始处应加入 import java.awt.event.*语句。

(2) 用如下语句设置事件监听者：

事件源.addXxxListener(事件监听者)

(3) 事件监听者所对应的类实现事件所对应的接口 XxxListener，并重写接口中的全

部方法。

这样就能处理图形用户界面中的对应事件。要删除事件监听者，可以使用语句：

```
事件源.removeXxxLitener();
```

13.5.2　事件的接口

常用的事件类、处理该事件的接口以及相应接口中的方法如表 13-1 所示。

表 13-1　对常用的事件类、接口汇总

事件类/接口名称	接口方法与说明
ActionEvent 动作事件类 ActionListener 接口	actionPerformed(ActionEvent e) //单击按钮、选择菜单项或在文本行中按 Enter 键时

ComponentEvent 调整事件类
ComponentListener 接口
	componentMoved(ComponentEvent e) //组件移动时
	componentHidden(ComponentEvent e) //组件隐藏时
	componentResized(ComponentEvent e) //组件缩放时
	componentShown(ComponentEvent e) //组件显示时

FocusEvent 焦点事件类
FocusListener 接口
	focusGained(FocusEvent e) //组件获得焦点时
	focusLost(FocusEvent e) //组件失去焦点时

ItemEvent 选择事件类 ItemListener 接口	itemStateChanged(ItemEvent e) //选择复选框、单选按钮、单击列表框、选中带复选框菜单时

KeyEvent 键盘事件类
KeyListener 接口
	keyPressed(KeyEvent e) //按下键
	keyReleased(KeyEvent e) //释放键
	keyTyped(KeyEvent e) //击键

MouseEvent 鼠标事件类
MouseListener 接口
	MouseClicked(MouseEvent e) //单击鼠标
	MouseEntered(MouseEvent e) //鼠标进入
	MouseExited(MouseEvent e) //鼠标离开
	MousePressed(MouseEvent e) //鼠标按下
	MouseReleased(MouseEvent e) //鼠标释放

MouseEvent 鼠标事件类
MouseMotionListener 接口
	MouseDragged(MouseEvent e) //鼠标拖动
	MouseMoved(MouseEvent e) //鼠标移动

WindowEvent 窗口事件类
WindowListener 接口
	windowOpened(WindowEvent e) //窗口打开后
	windowClosed(WindowEvent e) //窗口关闭后
	windowClosing(WindowEvent e) //窗口关闭时
	windowActivated(WindowEvent e) //窗口激活时
	windowDeactivated(WindowEvent e) //窗口失去焦点时
	windowIconified(WindowEvent e) //窗口最小化时
	windowDeiconified(WindowEvent e) //最小化窗口还原时

AdjustmentEvent 调整事件类 AdjustmentListener 接口	adjustmentValueChanged(AdjustmentEvent e) //改变滚动条滑块位置

每个事件类都提供下列常用的方法。

- public int getID()：返回事件的类型。
- public Object getSource()：当多个事件源触发的事件由一个共同的监听器处理时，通过该方法判断当前的事件源属于哪一个组件。

13.5.3　事件适配器

为那些声明了多个方法的 Listener 正确接口，Java 提供了一个对应的适配器(Adapter)类，在该类中实现了对应接口的所有方法，只是方法体为空。

例如，窗口事件适配器的定义如下：

```
public abstract class WindowAdapter extends Object
    implements WindowListener {
        public void windowOpened(WindowEvent e) {}
        public void windowClosed(WindowEvent e) {}
        public void windowClosing(WindowEvent e) {}
        public void windowActivated(WindowEvent e) {}
        public void windowDeactivated(WindowEvent e) {}
        public void windowIconified(WindowEvent e) {}
        public void windowDeiconified(WindowEvent e) {}
}
```

由于接口对应的适配器类中实现了接口的所有方法，因此创建新类时，可以不实现接口，而只继承某个适当的适配器，并仅覆盖所关心的事件处理方法，如表 13-2 所示。

表 13-2　常用的适配器汇总

接口名称	适配器名称	接口名称	适配器名称
ComponentListener	MouseListener	ComponentAdapter	MouseAdapter
FocusListener	MouseMotionListener	FocusAdapter	MouseMotionAdapter
ItemListener	WindowListener	ItemAdapter	WindowAdapter
KeyListener	KeyAdapter		

应该注意以下事项：

- 可以声明多个接口，接口之间用逗号隔开。如 implements MouseMotionListener, MouseListener, WindowListener。
- 可以由同一个对象监听一个事件源上发生的多种事件，例如：

  w.addMouseMotionListener(this);

  w.addMouseListener(this);

  w.addWindowListener(this);

  则对象 w 上发生的多个事件都将被同一个监听器接收和处理。
- 事件处理者和事件源处在同一个类中。
- 可以通过事件对象获得详细资料，比如下面这段代码中就通过事件对象获得了鼠标发生时的坐标值。

```
public void mouseDragged(MouseEvent e) {
```

```
        String s = "Mouse dragging: X=" + e.getX() + "Y=" + e.getY();
        tf.setText(s);
    }
```

Java 语言类的层次非常分明，只支持单继承，为了实现多重继承的能力，Java 用接口来实现，一个类可以实现多个接口，这种机制比多重继承具有更简单、灵活和更强的功能。在 AWT 中就经常用到声明和实现多个接口。记住无论实现了几个接口，接口中已定义的方法必须一一实现，如果对某事件不感兴趣，可以不具体实现其方法，用空的方法体来代替。

13.5.4　窗口事件

当窗口关闭后、关闭时、打开后、点击窗体最小化按钮时、点击最小化窗口还原时、窗口激活时、窗口非激活时，将会引发的窗口事件通过窗口监听接口 iava.awt.event. WindowListener 中的以下 7 个方法来处理。

- public void windowClosing(WindowEvent e)：窗口关闭时调用。
- public void windowOpened(WindowEvent e)：窗口打开后调用。
- public void windowIconified(WindowEvent e)：窗口最小化时调用。
- public void windowDeiconified(WindowEvent e)：最小化窗口还原时调用。
- public void windowClosed(WindowEvent e)：窗口关闭后调用。
- public void windowActivated(WindowEvent e)：窗口激活时调用。
- public void windowDeactivated(WindowEvent e)：窗口非激活时调用。

为了简化编程，Java 中提供了相应的窗口适配器类 java.awt.event.WindowAdapter，适配器类对接口中的所有抽象方法增加空的方法体。因此，通过匿名类或内部类编写窗体事件处理程序时，只实现所需的响应窗体事件的方法即可，不必像实现接口一样实现所有的抽象方法。

对比一下这两种方法，用适配器要比接口简单一些。

【例 13-10】窗口的关闭事件实例。

(1) 用 WindowListener 接口来完成窗体的关闭事件：

```
import java.awt.*;
import java .awt.event.*;
public class FrameExample1 implements WindowListener {
    Frame win;
    public FrameExample1() {
        win = new Frame("登入窗口");
        win.setLayout(new GridLayout(3,2,15,15));
        win.addWindowListener(this);
        win.setSize(400,300);
        win.setVisible(true);
    }
    public void windowClosing(WindowEvent e) {
        System.exit(0);
    }
    public void windowOpened(WindowEvent e) {}
    public void windowClosed(WindowEvent e) {}
    public void windowActivated(WindowEvent e) {}
```

```
        public void windowDeactivated(WindowEvent e) {}
        public void windowIconified(WindowEvent e) {}
        public void windowDeiconified(WindowEvent e) {}

        public static void main(String arg[]) {
            new FrameExample2();
        }
    }
```

(2) 用 WindowAdapter 适配器来完成窗体的关闭事件：

```
import java.awt.*;
import java.awt.event.*;
public class FrameExample2 extends WindowAdapter {
    Frame win;
    public FrameExample2() {
        win = new Frame("登入窗口");
        win.setLayout(new GridLayout(3,2,15,15));
        win.addWindowListener(this);
        win.setSize(400,300);
        win.setVisible(true);
    }
    public void windowClosing(WindowEvent e) {
        System.exit(0);
    }

    public static void main(String arg[]) {
        new FrameExample2();
    }
}
```

13.6　鼠　标　事　件

13.6.1　鼠标事件和鼠标移动事件处理

当鼠标键压下、单击、释放、鼠标进入界面、鼠标离开界面，或鼠标移动、按下鼠标键拖动时，都会引发鼠标事件(java.awt.event.MouseEvent)。

以下是 MouseEvent 类的常用方法。

● public int getX()：得到鼠标事件发生时鼠标的 x 坐标。

● public int getY()：得到鼠标事件发生时鼠标的 y 坐标。

● public Point getPoint()：得到鼠标事件发生时鼠标点对象，可以使用点类。
java.awt.Point 中的方法 getX()和 getY()可得到坐标点的 x、y 值。

● public int get Button()：得到代表鼠标左、中、右 3 个键的整型值，将该方法的返回值与以下几个 MouseEvent 类的静态常量比较，可判断是否为左、中、右键(根据系统设置不同会有差别)：

MouseEvent.BUTTON1——鼠标左键。

MouseEvent.BUTTON2——鼠标中间键。

MouseEvent.BUTTON3——鼠标右键。

例如，if(event.getButton()==MouseEvent.BUTTON1)条件成立，表明是左键。

- publicbooleanisPopupTrigger()：该方法用于判断鼠标按下或释放引发的鼠标事件是否是弹出菜单的触发事件。

13.6.2　鼠标监听接口和鼠标适配器类

当鼠标键按下、释放、单击或鼠标进入界面、离开界面时所引发的鼠标事件通过鼠标监听接口 iava.awt.event.MouseListener 中的以下 5 个方法来处理。

- public void mousePressed(MouseEvent e)：按下鼠标键时执行。
- public void mouseClicked(MouseEvent e)：单击(按下并释放)鼠标键时执行。
- public void mouseReleased(MouseEvent e)：释放鼠标键时执行。
- public void mouseEntered(MouseEvent e)：鼠标进入当前窗口时执行。
- public void mouseExited(MouseEvent e)：鼠标离开当前窗口时执行。

这 5 个方法不管鼠标键是左、中、右键的动作都将执行，如果要根据左、中、右键的按下做出不同的处理，则需用到上面说明的 MouseEvent 类的 getButton()方法。

为了简化编程，像窗体事件一样，Java 中也提供了相应的鼠标适配器类 java.awt.event.MouseAdapter，适配器类对接口中的所有抽象方法增加空的方法体。因此，通过匿名类或内部类编写鼠标事件处理程序时，只实现所需要的响应鼠标事件的方法即可，不必像实现接口一样实现所有的抽象方法。

13.6.3　鼠标移动监听接口和鼠标适配器类

当鼠标移动(即不按下鼠标键)、鼠标拖动(即按下鼠标键)时引发的鼠标事件在鼠标移动监听接口 java.awt.event.MouseMotionListener 中提供了两种方法。

- publicvoidmouseDragged(MouseEvente)：按下鼠标键拖动时执行。
- publicvoidmouseMoved(MouseEvente)：不按下鼠标键移动鼠标时执行。

还可以使用组件类的方法 setCursor()设置不同的鼠标形状，例如，把鼠标光标形状设置为手形：

```
setCursor(Cursor.getPredefinedCursor(Cursor.HAND_CURSOR));
```

再如，把鼠标光标形状设置为十字形：

```
setCursor(Cursor.getPredefinedCursor(Cursor.CROSSHAIR_CURSOR));
```

同样为了简化编程，Java 中也提供了相应的鼠标移动适配器类 java.awt.event.MouseMotionAdapter。

13.7　焦　点　事　件

如果某个组件能够接收用户按键操作，那么该组件就获得的焦点。具有焦点的组件在显示形式上与其他组件有一些差别，比如文本域内会显示光标；按钮四周会显示一个由虚线组成的矩形框。当组件获得焦点和失去焦点时会触发焦点事件(iava.awt.event.

FocusEvent)，将会通过 java.awt.event.FocusListener 接口中的以下 3 个方法来处理。

- public void focusGained(FocusEvent e)：组件获得焦点时。
- public void focusLost(FocusEvent e)：组件失去焦点时。
- public void requestFocus(FocusEvent e)：把焦点重新移回到该组件上。

可以捕获丢失的焦点事件来进行输入的合法性检查。如果输入不合法，通过调用 requestFocus 方法把焦点重新移回到该文本域，提示用户重新输入。实现上述功能的代码段如下所示：

```java
public void focusLost(FocusEvent event) {
    //passText 为需要进行合法性检查的文本域
    if(event.getComponent()==passText && !event.isTemporary()) {
        // isFormatValid 为自定义方法，用户检查合法性
        if(!isFormatValid(passText.getText()))
            passText.requestFocus();
    }
}
```

为简化编程，Java 中也同样提供了相应的焦点适配器类 java.awt.event.FocusAdapter，适配器类对接口中的所有抽象方法增加空的方法体。因此，通过匿名类或内部类编写焦点事件处理程序时，只实现所需要的响应焦点事件的方法即可，不必像实现接口一样实现所有的抽象方法。

13.8　键　盘　事　件

13.8.1　KeyEvent 类

Java 对于用户按键的处理过程：当前键盘状态为小写状态，要输入一个大写字母 A，我们的操作过程是先按住 Shift 键不放，再按下 A 键，然后松开。键盘事件类 KeyEvent 提供了多个静态常量，表示键的编码值，例如 KeyEvent.VK_F 是 F 键的编码值，KeyEvem.VK_S 是 S 键的编码值等。查阅 Java API 文档可了解 KeyEvent 类中的更多方法和键的常量表示。

再比如，整个过程 Java 会产生如下 5 个事件。

- 按下 Shift 键：为 VK_SHIFT 调用 keyPressed 方法。
- 按下 A 键：为 VK_A 调用 keyPressed 方法。
- 键入字符 A：为字符 A 调用 keyTyped 方法。
- 松开 A 键：为 VK_A 调用 keyReleased 方法。
- 松开 Shift 键：为 VK_SHIFT 调用 keyReleased 方法。

当键盘键按下、释放、点击时将会引发键盘事件(iava.awt.event.KeyEvent)。常用 KeyEvent 类的以下方法：

Public intger KeyCode()：得到键按下时键的编码值。

编写键盘事件响应的程序时，使用条件语句 if(e.getKeyCode()==KeyEvent.VK_F)可判断是否按下了字母 F 键，并做出相应的处理。

13.8.2 键盘监听接口和键盘适配器类

当键盘键按下、释放、点击时引发的键盘事件通过 java.awt.event.KeyListener 接口中的以下 3 个方法来处理。

- public voi dkeyReleased(KeyEvent e)：释放键时执行。
- public voidkeyPressed(KeyEvent e)：按下键时执行。
- public void keyTyped(KeyEvent e)：点击(按下并释放)键的执行。

为便于编写程序，Java 中提供了相应的键盘适配器类，iava.awt.event.KeyAdapter，适.配器类对接口中的 3 个抽象方法增加了空的方法体。因此，通过匿名内部类或内部类编写键盘事件处理程序，只要覆盖所需要的响应键盘事件的方法即可，不必像实现接口一样实现所有的抽象方法。

【例 13-11】键盘的击键事件实例。代码如下：

```java
import java.awt.*;
import java .awt.event.*;
public class  Frame extends WindowAdapter {
    Frame f;
    Label la1;
    Label la2;

    TextField t;
    public Frame1()
    {
        f = new Frame("登入窗口");
        la1 = new Label("输入口令");
        la2 = new Label("");
        t = new TextField();
        f.setLayout(new GridLayout(3,2,15,15));
        t.add KeyListener(this);
        f.addWindowListener(this);
        f.setSize(400,300);
        f.setVisible(true);
    }
    public void keyTyped(KeyEvent e) {
        if(e.getKeyCode() == KeyEvent.VK_ENTER) //当按下 Enter 键时
            if((s1.equals("123456"))    //校验密码
                La2.setText("成功！");
            else
                La2.setText("失败！");
    }
}
    public static void main(String arg[])
    {
        new Frame();
    }
}
```

这里触发了键盘事件中的击键方法。当在文本中输入口令后按 Enter 键时，如果口令正确，则界面上显示"成功"，否则显示"失败"。

13.9　使用剪贴板

Clipboard 类实现一种使用剪切/复制/粘贴操作传输数据的机制。

在 Java 中使用 java.awt.datatransfer.Clipboard 类来描述剪切板，并把剪切板分为两种类型——本地的和系统的。

本地剪贴板只在当前虚拟机中有效。Java 允许多个本地剪贴板同时存在，可以方便地通过剪贴板的名称来进行存取访问，本地剪切板使用如下语句来构造：

```
Clipborad cp = new Clipboard("clip1");
```

系统剪贴板与同等操作系统直接关联，允许应用程序与运行在该操作系统下的其他程序之间进行信息交换，系统剪切板通过如下语句来构造：

```
Clipboard sysc = Toolkit.getDefaultToolkit().getSystemClipboard();
```

13.9.1　Clipboard 类

(1) Clipboard 类的构造方法如下。

public Clipboard(String name)：创建剪贴板对象。

(2) Clipboard 类的常用方法如下。

- String getName()：返回剪切板对象的名字。
- setContents(Transferable contents, ClipOwner owner)：将剪切板的内容设置到指定的 Transferable 对象，并将指定的剪切板所有者作为新内容的所有者注册。
- Transferable getContents(null)：返回表示剪贴板当前内容的 transferable 对象。
- DataFlavor[] getAvailableDataFlavors()：返回 DataFlavor 的数组，其中提供了此剪贴板的当前内容。
- boolean isDataFlavorAvailable(DataFlavor flavor)：是否能够以指定的 DataFlavor 形式提供此剪贴板的当前内容。
- Object getData(DataFlavor flavor)：返回一个对象，表示此剪贴板中指定 DataFlavor 类型的当前内容。

13.9.2　Transferable 接口

Transferable 接口定义为传输操作提供数据所使用的类的接口。

(1) Transferable 接口的属性如下。

- stringFlavor：字符串数据。
- imageFlavor：图片数据。

(2) Transferable 接口的方法如下。

- Object getTransferData(DataFlavor flavor)：返回一个对象，该对象表示将要被传输的数据。
- DataFlavorgetTransferDataFlavors()：返回 DataFlavor 对象的数组，指示可用于提

供数据的 flavor。

- boolean isDataFlavorSupported(DataFlavor flavor)：返回此对象是否支持指定的数据 flavor。

13.9.3　文本数据的操作

通过操作系统的剪切板，可以实现在不同的程序中拷贝和粘贴数据。现在来看一下如何在 Java 程序中读写系统剪切板的数据。

(1) 往剪切板里面写文本数据，可通过如下代码来实现：

```
Clipboard clipboard = Toolkit.getDefaultToolkit().getSystemClipboard();
Transferable trandata = new StringSelection("4654654");
clipboard.setContents(trandata, null);
```

(2) 获取剪切板中的内容(文本数据)，可通过如下代码来实现：

```
Clipboard clipboard = Toolkit.getDefaultToolkit().getSystemClipboard();
Transferable clipT =
  clipboard.getContents(null); //获取文本中的 Transferable 对象
if(clipT != null) {
   if(clipT.isDataFlavorSupported(
     DataFlavor.stringFlavor)) //判断内容是否为文本类型 stringFlavor
       return (String)clipT.getTransferData(
               DataFlavor.stringFlavor); //返回指定 flavor 类型的数据
}
```

13.10　打　　印

构造方法类 PrintJob 可以启动并执行打印作业的抽象类。它提供呈现到适当打印设备的打印图形对象的访问权限。

(1) 其构造方法如下：

```
public PrintJob()
```

(2) 常用方法如下。

- abstract void end()：终止打印作业并进行必要的清除操作。
- void finalize()：一旦不再引用此打印作业，即可终止它。
- abstract Graphics getGraphics()：获取将绘制到下一页的 Graphics 对象。移除图形对象时，页面被发送到打印机。此图形对象还将实现 PrintGraphics 接口。
- abstract Dimension getPageDimension()：返回页面的维数，以像素为单位。选择页面的分辨率，使它类似于屏幕分辨率。
- abstract int getPageResolution()：返回页面的分辨率，以每英寸的像素为单位。注意，此分辨率不一定对应于打印机的物理分辨率。
- abstract Boolean lastPageFirst()：如果首先打印最后一页，则返回 true。

13.11 综 合 实 例

【**例 13-12**】创建两个窗口，一个是登录窗口，如图 13-7(a)所示，一个是菜单窗口，如图 13-7(b)所示。程序一运行，首先启动登录窗口，如果用户名和密码正确，则进入菜单界面，否则给出错误提示。

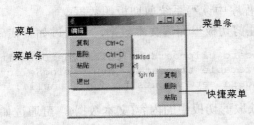

(a) 登录窗口　　　　　　　　　　　　(b) 菜单界面

图 13-7　界面设计

代码如下：

```
import java.awt.*;
import java.awt.event.*;
import javax.swing.*;
//创建登录窗口，如果用户名和密码正确，则进入菜单界面。
class Login1 extends WindowAdapter implements ActionListener {
    Frame win;
    Label la1, la2;
    TextField t1, t2;
    Button b1, b2;
    Login1() {
        f = new Frame("登录");
        la1 = new Label("用户名:");
        la2 = new Label("密码:");
        t1 = new TextField();
        t2 = new TextField();
        b1 = new Button("确定");
        b2 = new Button("取消");
        b1.addActionListener(this);
        b2.addActionListener(this);
        win.addWindowListener(this);
        win.setLayout(new GridLayout(3,2));
        win.add(la1); win.add(t1);
        win.add(la2); win.add(t2);
        win.add(b1); win.add(b2);
        win.setSize(200, 200);
        win.setVisible(true);
    }

    public void actionPerformed(ActionEvent e)
    {
        if(e.getSource() == b1) {
            String s1 = t1.getText();
```

```
                String s2 = t2.getText();
                if((s1.equals("user")) && (s2.equals("123"))) {
                    new menuWindowExample();
                    //f.dispose();
                }
                else
                    JOptionPane.showMessageDialog(null, "输入错误，请重新输入");
        }
        if(e.getSource() == b2)
            System.exit(0);
    }

    public void windowClosing(WindowEvent e) {
        System.exit(0);
    }
    public static void main(String args[]) {
        new Login1();
    }
}

//下面创建菜单界面，也有快捷方式
class menuWindowExample extends Frame implements ActionListener {
    MenuBar menubar;
    Menu menu;
    PopupMenu popmenu;
    MenuItem item1, item2, item3, item4;
    JTextArea  jt;    //此处使用 JTextArea 主要是使用新增功能复制、剪切和粘贴
    public menuWindowExample() {
        menubar = new MenuBar();
        menu = new Menu("编辑");
        setMenuBar(menubar);
        menubar.add(menu);
        jt = new JTextArea();
        add(jt);
        popmenu = new PopupMenu();
        jt.add(popmenu);
        jt.addMouseListener(new MouseAdapter()  //此处使用了匿名类创建对象
        {
            public void mouseClicked(MouseEvent e)
            {
                if(e.getModifiers() == MouseEvent.BUTTON3_MASK)
                    popmenu.show(jt,e.getX(),e.getY());
            }
        });
        MenuShortcut shortcut1 = new MenuShortcut(KeyEvent.VK_C);
        item1 = new MenuItem("复制", shortcut1);
        MenuShortcut shortcut2 = new MenuShortcut(KeyEvent.VK_D);
        item2 = new MenuItem("删除", shortcut2);
        item3 = new MenuItem("粘贴", new MenuShortcut(KeyEvent.VK_P));
        item4 = new MenuItem("退出");
        menu.add(item1);
        menu.add(item2);
        menu.add(item3);
        menu.addSeparator();
        menu.add(item4);
```

```java
        item1.addActionListener(this);  //添加监听者
        item2.addActionListener(this);  //添加监听者
        item3.addActionListener(this);  //添加监听者
        item4.addActionListener(this);  //添加监听者
        setSize(500, 500);
        setVisible(true);
    }
    public void actionPerformed(ActionEvent e) {
        if(e.getSource() == item1)
            jt.copy();
        if(e.getSource() == item2)
            jt.cut();
        if(e.getSource()==item3)
            jt.paste();
        if(e.getSource()==item4)
            System.exit(0);
    }
}
```

13.12　课 后 习 题

1. 填空题

(1) GUI 是＿＿＿＿＿＿＿＿＿的缩写。

(2) Java 图形用户界面通过＿＿＿＿＿＿响应用户和程序的交互，产生事件的组件称为＿＿＿＿＿＿。

(3) 当释放鼠标按键时，将产生＿＿＿＿＿＿＿事件。

(4) Java 中用于单行输入的类是＿＿＿＿＿。

(5) 专用于显示提示信息，提示信息用户不能修改的组件称为＿＿＿＿＿。

2. 选择题

(1) 包含按钮的类的 Java 类库是(　　)。
　　A. AWT　　　　　　B. Swing　　　　　　C. 二者都没有　　　　D. 二者都有

(2) Frame 的默认布局管理器是(　　)。
　　A. FlowLayout　　B. BorderLayout　　C. CardLayout　　　D. GridLayout

(3) addActionListener(this)方法中的 this 参数表示的意思是(　　)。
　　A. this 对象类会处理此事件　　　　　　　B. this 事件优先于其他事件
　　C. 当有事件发生时，应该使用 this 监听器　　D. 只是一种形式

(4) 当窗口关闭时，会触发的事件是(　　)。
　　A. WindowEvent　B. ContainerEvent　　C. ItemEvent　　　　D. MouseEvent

(5) 下面组件不是容器的是(　　)。
　　A. Panel　　　　　B. Window　　　　　C. ScrollBar　　　　D. Frame

3. 操作题

(1) 编写一个将华氏温度转换为摄氏温度的程序。其中一个文本行输入华氏温度，另

一个文本行显示转换后的摄氏温度，一个按钮完成温度的转换。使用下面的公式进行温度转换：摄氏温度=5/9×(华氏温度−32)。

(2)　试编写两数相加的程序，给出结果。

(3)　试编程设计一个下拉式菜单，菜单标题为"设置窗体背景色"。菜单中包含 4 个选项：红色、绿色、蓝色、退出，并在"蓝色"与"退出"选项间加一条分隔线。给菜单项注册事件监听器并实现相应的功能。

(4)　用户每次按下键盘上的某个键，程序将捕获键盘输入，并显示在面板中，内容包括虚拟键码、键的名称和字符。例如，当前键盘状态为小写状态，用户按下 A 键，显示的值依次为 65、A、a。

(5)　利用鼠标进行绘图。点击窗口中的空白处，得到一张笑脸的图像；点击已存在的图像，图像在笑脸和哭脸之间切换；用鼠标可以对图像进行拖动操作；在窗口左上角显示当前鼠标光标的位置。

第 14 章

Java 多线程编程

目前我们所用的 Windows 等操作系统都支持多任务的并发处理机制，即在一个系统中能够同时运行多个程序。例如，在运行 Eclipse 程序编辑调试代码的同时还可以播放 MP3 音乐。

而网络时代的程序设计，更需要有多线程机制，即一个程序运行时可分成几个并行的子任务。例如，在通过网络上传文件的同时，系统还可以完成其他任务，这就是一个典型的多线程应用的例子。

Java 的特点就是内在地支持多线程，它的所有类都是在多线程的思想下定义的。

本章介绍 Java 的多线程机制，包括线程的概念、线程的控制与调度、线程同步、线程联合等问题。

14.1　Java 中的线程

14.1.1　关于程序、进程和多任务

程序(Program)是对数据描述与操作的代码的集合，是应用程序执行的脚本。

进程(Process)是程序的一次执行过程，是系统运行程序的基本单位。程序是静态的，进程是动态的。系统运行一个程序即是一个进程从创建、执行到消亡的过程。

系统可以为一个程序同时创建多个进程。例如，同时打开多个 IE 浏览器。每一个进程都有自己独立的一块内存空间和一组系统资源，即使同类进程之间，也不会共享系统的资源。

多任务(Multi Task)是指在一个系统中可以同时运行多道程序，即有多个独立运行的任务，每一个任务对应一个进程。

由于一个 CPU 在同一时刻只能执行一个程序中的一条指令。因此实际上，多任务的并发机制本质上是使这些任务按照某种规则交替运行，因交替执行的间隔时间非常短，所以从用户角度而言，就好像是多道程序在同时运行。

14.1.2　线程

1. 线程的定义

运行一个进程时，程序内部的代码都是按顺序先后执行的。如果能够将一个进程再进一步划分成更小的运行单位，则单道程序内部的代码就可以同时运行，从而极大地提高程序执行的效率。

线程(Thread)就是比进程更小的运行单位，是程序中单个顺序的流控制。一个进程中可以包含多个线程。

与进程不同的是，同类的多线程(Multithread)是共享一块内存空间和一组系统资源的，而线程本身的数据通常只有处理器的寄存器数据，以及一个系统栈。使得系统创建一个线程，或在线程间切换时，所花费的代价较小，因此线程被称为轻负荷进程(Light-weight Process)。

2. 线程的状态与生命周期

同进程一样，一个线程也有从创建、执行到消亡的过程，称为线程的生命周期。用线程的状态(State)表示线程处在生命周期的哪个阶段。线程有创建、可运行、运行中、阻塞、死亡 5 种基本状态。通过线程的控制与调度可使线程在这 5 种状态间转化，从而达到线程调度的目的。如图 14-1 所示就是线程的状态转换图。

图 14-1 中，一个进程因创建而产生，因获得运行除 CPU 以外的所需全部资源而进入可运行状态，因调度被分配 CPU 而运行，因缺乏某种资源而进入阻塞状态，后又因被撤消而死亡。

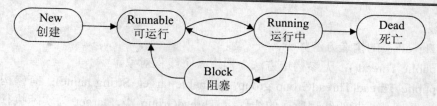

图 14-1　线程的生命周期与线程的状态转换

3. 线程的组成

一个线程被认为是带有自己的程序代码和数据的虚拟处理机的封装，由 3 个主要部分组成：虚拟处理机、CPU 执行的代码和代码操作的数据。

代码可以或不可以由多个线程共享，这与数据是无关的。两个线程如果执行同一个类的实例代码，则它们可以共享相同的代码。

类似地，数据可以或不可以由多个线程共享，这与代码是无关的。两个线程如果共享对一个公共对象的存取，则它们可以共享相同的数据。

在 Java 编程中，虚拟处理机封装在 Thread 类的一个实例里。构造线程时，定义其上下文的代码和数据是由传递给它的构造函数的对象指定的。

14.2　使用 Runnable 接口和 Thread 类创建线程

为使得一个进程在执行时，可以分解成多个线程，程序中必须设计多个线程对象。

本节介绍如何创建线程，以及如何使用构造函数参数来为一个线程提供运行时的数据和代码。

Java 的 java.lang.Thread 类用于创建和控制线程。就像应用程序必须从 main()开始执行一样，一个线程必须从 run()方法开始执行，而 run()方法声明在 java.lang.Runnable 接口中。一个 Thread 类构造函数带有一个参数，它是 Runnable 的一个实例。即一个 Runnable 是由一个实现了 Runnable 接口(即提供了一个 public void run()方法)的类产生的。

14.2.1　Runnable 接口

Runnable 接口中只声明了一个 run 方法：

```
public void run()
```

run 方法是线程执行的起点，即在创建并启动一个线程后，Java 运行系统将会自动地调用 run 方法。

而 Runnable 接口中的 run()方法只是一个未实现的方法。一个线程对象必须实现 run 方法，完成线程的所有活动，已实现的 run()方法称为该对象的线程体。

任何实现 Runnable 接口的对象都可以作为一个线程的目标对象。

14.2.2　Thread 类

Thread 类将 Runnable 接口中的 run 方法实现为空方法，并定义许多用于创建和控制线程的方法。

(1) Thread 类的构造方法如下。

● public Thread(): 无参构造方法，构造一个线程对象。

● public Thread(ThreadGroup group, Runnable target, String name): 有参构造方法。
这里 group 指明线程所属的线程组 ThreadGroup 类，target 为实际执行线程体的
目标对象，它必须实现 Runnable 接口的 run 方法，name 为线程名。

Java 中的每个线程都有自己的名称，可以使用 Thread 类构造方法为线程指定名称。
如果 name 为 null 时，则 Java 自动提供唯一的名称。如果目标 target 为 null，表明由对象
本身来执行线程体。

(2) Thread 类的成员方法及说明见表 14-1。

表 14-1   Thread 类的成员方法

方　　法	作　　用
public void start()	启动已创建的线程对象
public final String getName()	返回线程名
public static int activeCount()	返回当前线程组中活动线程的个数
public static Thread currentThread()	返回当前执行线程的引用对象
public final boolean isAlive()	返回线程是否处于启动的状态
public final void setName(string name)	设置线程的名字为 name
public Sting toString()	返回线程的字符串信息，包括名字、优先级和线程组
public static int enumerate(Thread[] tarray)	将当前线程组中的活动线程拷贝到 tarray 数组中，包括子线程

14.2.3　创建线程

创建线程可以通过继承 Thread 类和实现 Runnable 接口两种方法来实现。下面介绍两
种创建线程的方法。

1. 通过继承 Thread 类创建线程

【例 14-1】通过创建 Thread 的子类创建线程。

本例演示通过继承 Thread 类来创建线程的方法。类 ThreadDemo 声明为 Thread 的子
类，它的构造方法定义线程名和起始参数。

由于 Thread 类中的 run()方法只是空方法，Thread1 类必须覆盖 run()方法。线程体用
循环输出奇数(或偶数)序列。在循环结束后，显示线程名及 "end!" 表示线程结束。

在 main()方法中创建了两个 Thread 类的线程 thread1、thread2，用 start()方法启动这两
个线程后，执行 run()方法中的线程体。程序如下：

```java
public class ThreadDemo extends Thread
{
    int k = 0;
    public ThreadDemo(String name, int k)
```

```
{
        super(name);    //调用父类的构造函数
        this.k = k;
    }
    public void run()                    //覆盖 run 方法，实现特定的线程体
    {
        int i = k;
        System.out.println();
        //输出线程名称
        System.out.print(getName() + ": ");
        while (i < 20)
        {
            System.out.print(i + " ");
            i += 2;
        }
        //输出线程名称
        System.out.println(" " + getName() + " end!");
    }
    public static void main(String args[])
    {
        ThreadDemo thread1 = new ThreadDemo("Thread1", 1);    //创建线程对象
        ThreadDemo thread2 = new ThreadDemo("Thread2", 5);
        thread1.start();    //启动执行线程 thread1
        thread2.start();    //启动执行线程 thread2
        System.out.println("当前活动线程数为: "
          + thread2.activeCount());    //输出活动线程数
    }
}
```

程序说明如下。

(1) 程序中的两个线程是交替运行的。如果多次运行程序，将得到不同的序列输出值，也可能后产生的线程先执行。这说明线程的一个特性：运行结果的不确定性。大家可以比较以下的两次程序运行结果来验证上述特征。

运行结果之一：

当前活动线程数为：3

Thread1: Thread2: 1 3 5 5 7 9 11 13 15 17 19 Thread1 end!
7 9 11 13 15 17 19 Thread2 end!

运行结果之二：

当前活动线程数为：3

Thread1: 1 3 5 7 9 11 13 15 17 19 Thread1 end!

Thread2: 5 7 9 11 13 15 17 19 Thread2 end!

(2) 还有一点需要解释的是为什么程序的输出中有"当前活动线程数为：3"。我们在程序中创建了 thread1 和 thread2 两个线程，为何程序得到的活动线程数是 3 呢。原因其实很简单，因为本例的 main 方法中，在产生和启动两个线程后，输出活动线程个数 activeCount。由运行结果可见，不管 thread1 和 thread2 的先后顺序如何变化，结果中总能先输出 activeCount 的值且 activeCount 的值为 3，这表明 main 本身也是一个线程，并且产

生得比 thread1 和 thread2 都要早，同时由于 main 线程太短，所以先输出了 activeCount 值，然后才执行线程 thread1 和 thread2。

2. 通过实现 Runnable 接口创建线程

【例 14-2】 通过实现 Runnable 接口创建线程。

本例演示通过实现 Runnable 接口来创建线程的方法。程序效果与例 14-1 相同。

RunnableDemo 类声明为实现 Runnable 接口，并实现了 run()方法。RunnableDemo 类与例 14-1 中的 ThreadDemo 类不同。

RunnableDemo 类只是实现 Runnable 接口的一个类，即它只实现了 run()方法，但是它并不是 Thread 的子类。

RunnableDemo 类的对象 r1 虽然是带有 run()方法的线程体，但其中没有 start()方法，所以 r1 不是一个线程对象，而只能作为一个线程对象的带有线程体的目标对象。因此要想让线程执行，还需要用这些对象去实例化 Thread 类，大家知道 Thread 类的 run()方法是空方法，所以 main()方法中，必须以 RunnableDemo 类的对象 r1、r2 作为目标对象，构造 Thread 类的线程 thread1、thread2，之后通过线程对象各自的 start()启动线程，执行 r1 的线程体。程序如下：

```java
public class RunnableDemo implements Runnable {
    int k = 0;
    public RunnableDemo(int k)
    {
        this.k = k;
    }
    public void run()          //实现 Runnable 接口方法
    {
        int i = k;
        System.out.println();
        while (i < 20)
        {
            System.out.print(i + "  ");
            i += 2;
        }
    }
    public static void main(String args[])
    {
        RunnableDemo r1 = new RunnableDemo(1); //创建具有线程体的目标对象
        RunnableDemo r2 = new RunnableDemo(2);
        Thread thread1 = new Thread(r1);           //以目标对象创建线程
        Thread thread2 = new Thread(r2);
        thread1.start();
        thread2.start();
        System.out.println("activeCount=" + thread2.activeCount());
    }
}
```

3. 两种创建线程方法的比较

前两例分别使用了两种方法创建线程，并且效果相同。那么在实际编程中如何选用这两种方法呢？下面我们来比较两者的特点和应用领域。

(1) 直接继承线程 Thread 类

该方法编写简单，可以直接操作线程，适用于单重继承的情况，因而不能再继承其他的类。

(2) 实现 Runnable 接口

当一个线程已继承了另一个类时，就只能用实现 Runnable 接口的方法来创建线程。

总之，线程通过 Thread 对象的一个实例引用。线程从装入的 Runnable 实例的 run()方法开始执行。线程操作的数据从传递给 Thread 构造函数的 Runnable 的特定实例处获得。

14.3 线程的基本控制

14.3.1 线程控制的基本流程

当程序运行时产生并执行线程，程序结束后，线程就消亡了。所以线程是动态的概念，每个线程都存在一个从创建、运行到消亡的生命周期。通过线程的控制与调度可改变线程的状态。

线程有创建、可运行、运行中、阻塞、死亡 5 种状态。一个具有生命的线程，总是处于这 5 种状态之一。图 14-2 表示了一个 Java 线程所具有的 5 种状态及其转化方式。

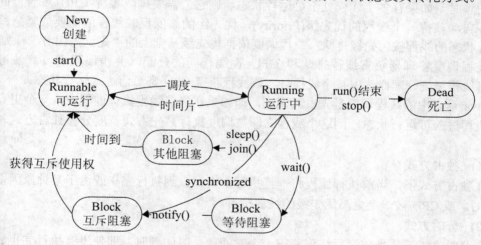

图 14-2 线程状态转化图

图 14-2 中，线程的基本控制流程包含如下几个环节。

使用 new 运算符创建一个线程后，该线程仅仅是一个空对象，系统没有为它分配资源，称该线程处于创建状态(New Thread)。当一个线程创建后，只能在相应的状态进行允许的操作，若操作不当会引起非法状态异常(IllegalThreadStateException)。

控制程序使用 start()方法启动一个线程后，系统为该线程分配了除 CPU 之外的所有所需资源，使该线程处于可运行状态(Runnable)。调度程序在为其分配分配所需资源之后，将具有 Runnable 状态的线程插入线程队列排队，等待运行。

Java 程序运行系统通过调度选中等待队列中的一个 Runnable 的线程，使其占有 CPU 并将其转为运行中状态(Running)。此时，系统真正执行线程的 run()方法。对于一个 CPU

来讲，要在同一时刻运行所有线程是不可能的，所以 Java 运行系统必须实现调度来保证处于 Runnable 的线程能够共享处理器。

当一个正在运行的线程因某种原因不能继续运行时，会进入阻塞状态(Blocked)，也称为不可运行状态(Not Runnable)。处于阻塞状态的线程是不能执行的，即使处理器空闲，也不能被调度执行。只有当引起阻塞的原因被消除，线程转入可运行状态，重新进入线程就绪队列中排队等待后，才有机会被调度执行，且本次执行将从原来中止处继续运行。

线程结束后是死亡状态(Dead)。导致线程死亡有两种情况：自然撤消或被停止。自然撤消指线程的正常退出。当 run()方法结束后，意味着线程完成了它被赋予的使命，该线程就自然撤消；当一个应用程序因故停止运行时，系统将终止该程序正在运行的所有相关线程。

可以用 isAlive()方法测试线程是否已启动。如果 isAlive()返回 false，表示该线程是新创建或是已被终止的；如果返回 true，表示该线程已启动且未被终止，是可运行状态、运行中状态或阻塞状态之一，但不能做进一步的分辨。

14.3.2　线程调度

1. 线程调度模型

同一时刻如果有多个线程处于可运行状态，则它们需要排队等待 CPU 资源。此时每个线程自动获得一个线程的优先级(Priority)，优先级的高低反映线程的重要或紧急程度。可运行状态的线程按优先级排队。线程调度依据优先级基础上的"先到先服务"原则。

线程调度管理器负责线程排队和 CPU 在线程间的分配，并由线程调度算法进行调度。当线程调度管理器选中某个线程时，该线程获得 CPU 资源而进入运行状态。

Java 语言中的线程调度是先占式调度，即如果在当前线程执行过程中，一个更高优先级的线程进入可运行状态，则这个线程立即被调度执行。先占式调度分为独占方式和分时方式。

(1) 独占方式

在独占方式下，当前执行线程将一直执行下去，直到执行完毕或由于某种原因主动放弃 CPU，或 CPU 被一个更高优先级的线程抢占。

(2) 分时方式

在分时方式下，当前运行线程获得一个时间片，时间到时，即使没有执行完也要让出 CPU，进入可运行状态，等待下一个时间片的调度。系统选中其他可运行状态的线程执行。分时方式的系统使每个线程工作若干步，实现多线程同时运行，相对较公平。

2. 优先级

Java 线程的优先级用 1~10 数字表示，1 表示优先级最高，默认值是 5。每个优先级值对应一个 Thread 类的公用静态常量，如 Thread.NORM_PRIORITY(对应 5)、Thread.MIN_PRIORITY(对应 10)、Thread.MAX_PRIORITY(对应 1)。

Thread 类与线程优先级有关的方法有如下两个。

- public final int getPriority()：获得线程的优先级。
- public final void setPriority(int newPriority)：设定线程的优先级。

14.3.3　线程的常用方法

Thread 类中定义了多个方法，用于改变线程的状态。

1. sleep()和 interrupt()

sleep()方法让当前线程睡眠(停止执行)若干毫秒，线程由运行中状态进入不可运行状态，但在此过程中并不会让线程释放它所持有的同步锁，而且在此期间也不会影响其他线程的执行。睡眠时间过后线程再进入可运行状态。

线程休眠函数可以使当前线程睡眠指定的一段时间，在指定时间段内不会有时间片段分配给该线程，直到休眠时间结束线程又重新运行。

interrupt()方法可以将沉睡或阻塞的线程唤醒。具体讲是 interrupt()函数能够将执行了 sleep 操作、wait 操作或者 join 操作的线程唤醒。执行上述 3 种方法的线程必须沉睡指定长度的时间才能被唤醒，但如果对线程执行 interrupt 操作，线程可以提早继续执行。

【例 14-3】运用 sleep()和 interrupt()实现线程休眠和唤醒。

创建一个类，名为 SleepAndInterrupt。实现代码如下：

```java
import java.util.Date;                        //引入类
class OneThread extends Thread {              //继承 java.lang.Thread 类定义线程
    private boolean running = false;          //标记线程是否需要运行
    public void start() {                     //覆盖了父类的 start 方法
        this.running = true;                  //将 running 置为 true，表示线程需要运行
        super.start();
    }
    public void run() {
        int i = 0;
        try {
            while (running) {      //如果 running 为真，说明线程还可以继续运行
                System.out.println("currentThread = " + getName());
                Thread.sleep(200);             //sleep 方法将当前线程休眠
                Thread.interrupted();    //interrupted 方法将当前线程休眠阻塞
            }
        } catch (Exception e) {       //捕获异常

        }
        System.out.println("线程结束 A...");
    }
    public void setRunning(boolean running) {    //设置线程
        this.running = running;
    }
    public void startThreadA() {                //启动 ThreadA 线程
        System.out.println("启动线程 A...");
        this.start();
    }
    public void stopThreadA() {                 //停止 ThreadA 线程
        System.out.println("结束线程 A...");
        this.setRunning(false);
    }
    public void interruptThreadA() {            //中止 ThreadA 线程
        System.out.println("中止线程 A...");
        this.interrupt();
```

```java
    }
}

class TwoThread implements Runnable {    //实现 java.lang.Runnable 接口定义线程
    private Date runDate;                 //线程被运行的时刻
    public void run() {
        System.out.println("线程启动方法...");
        this.runDate = new Date();
        System.out.println("线程方法启动时间: " + runDate);
    }
}

public class ThreadStartOrStop {          //操作线程启动和停止的类
    public void startOne() {
        OneThread threadOne = new OneThread();  //创建实例
        threadOne.startThreadA();           //启动 Thread 线程
        try {
            Thread.sleep(2000);             //让当前线程休眠 2 秒
            Thread.interrupted();
        } catch (InterruptedException e) {
            e.printStackTrace();
        }
        threadOne.interruptThreadA();       //中止 ThreadA 线程
    }
    public void startTwo() {               //开始第二个
        Runnable tb = new TwoThread();      //创建实例
        Thread threadB = new Thread(tb);    //将实例放入线程中
        threadB.start();                    //start 方法启动线程
    }
    public static void main(String[] args) {  //Java 程序主入口处
        ThreadStartOrStop test = new ThreadStartOrStop();  //实例化对象
        test.startOne();                    //调用方法
        test.startTwo();
    }
}
```

程序输出结果:

```
启动线程 A...
currentThread = Thread-0
currentThread = Thread-0
currentThread = Thread-0
currentThread = Thread-0
currentThread = Thread-0
currentThread = Thread-0
currentThread = Thread-0
currentThread = Thread-0
currentThread = Thread-0
currentThread = Thread-0
中止线程 A...
currentThread = Thread-0
线程结束 A...
线程启动方法...
启动时间: Wed Apr 18 10:39:43 CST 2012
```

2. suspend()和 resume()

suspend()方法使线程本身暂停执行(挂起)，要想恢复执行，必须由其他线程调用类 Thread 的 resume()方法来实现(解挂)。

resume()方法用来恢复执行用 suspend()方法暂停执行的其他线程。

3. yield()

该方法引起当前线程暂停执行，以允许其他线程执行。被暂停的线程(仍)处于可运行状态，但此时，可选择其他同优先级线程进入运行中状态执行。若无其他同优先级线程处于可运行状态，则选中当前线程继续执行。

本方法的优点是，它保证有工作时不会让 CPU 闲置。主要用于编写多个合作线程，也适用于强制线程间的合作。

4. join()

join()方法使当前线程暂停执行，等待调用该方法的线程结束后再继续执行本线程。有 3 种调用格式：

```
join()
join(long millis)
join(long millis, int nanos)
```

等待调用该方法的线程结束，或者最多等待 millis 毫秒 + nanos 纳秒后，再继续执行本线程。后面会有实例用到该方法。

5. stop()

stop()方法使线程本身停止运行。被 stop 以后的线程不再具有生命。

6. interrupt()

interrupt()方法中断线程组中所有线程或当前线程。线程在 sleep()之类的方法中被阻塞时，可调用 interrupt()方法退出中断阻塞，并抛出 InterruptedException 异常，然后可以捕获这个异常以处理超时。

7. wait()

让步等待方法。

14.4　GUI 线程

在很多 Java 界面编程应用中，常常会用到多线程。这一节综合 Java GUI 和本章所学内容给大家介绍这方面的例子。

【例 14-4】在这个例子中，综合运用 Java AWT 组件和 Java 线程实现基于界面显示的多线程应用案例。例子中包含了 sleep()、suspend()、resume()、stop()等线程方法的具体应用。

代码如下：

```java
import java.awt.*;
import java.awt.event.*;
import java.awt.Color;
import java.awt.Font;

class GUITreadDemo extends WindowAdapter implements ActionListener
{
    Frame f;
    static GUITreadDemo.GUIThread wt1;
    public void display(GUITreadDemo w)
    {
        f = new Frame("Java GUI 多线程应用实例");
        f.setSize(400,240);
        f.setLocation(200,140);
        f.setBackground(Color.lightGray);
        f.setLayout(new GridLayout(3,1));
        f.addWindowListener(this);
        f.setVisible(true);
        wt1 = w.new GUIThread();
        wt1.start();
    }
    class GUIThread extends Thread
    {
        Panel p1;
        Label t1;
        TextField tf1,tf2;
        Button b1,b2,b3,b4;
        int sleeptime = 50;          //休眠时间 0.05 秒
        public GUIThread()
        {
            String str = "向左擦出";
            String str2 = "向右擦出";
            for(int i=0; i<100; i++) {
                str = str + " ";
                str2 = " " + str2;
            }
            tf1 = new TextField(str);
            tf1.setFont(new Font("黑体 ",1,30));
            f.add(tf1);
            tf2 = new TextField(str2);
            tf2.setFont(new Font("黑体 ",1,30));
            f.add(tf2);
            p1 = new Panel();
            p1.setLayout(new FlowLayout(FlowLayout.LEFT));
            b1 = new Button(" 挂      起   ");
            b2 = new Button(" 解      挂   ");
            b3 = new Button(" 撤      销   ");
            p1.add(b1);
            p1.add(b2);
            p1.add(b3);

            b2.setEnabled(false);
            b1.addActionListener(new GUITreadDemo());//注册按钮的事件监听程序
```

```java
            b2.addActionListener(new GUITreadDemo());
            b3.addActionListener(new GUITreadDemo());
            f.add(p1);
            f.setVisible(true);
        }
        public void run()
        {
            String str1, str2;
            while (true)
                try
                {
                    str1 = tf1.getText();
                    str1 = str1.substring(1)+ str1.substring(0,1);
                    tf1.setText(str1);
                    str2 = tf2.getText();
                    str2 = str2.substring(str2.length()-1)
                      + str2.substring(0,str2.length()-1);
                    System.out.println(str2.length());
                    System.out.println("," + str2 + ",");
                    tf2.setText(str2);
                    this.sleep(sleeptime);                //睡眠
                }
                catch(InterruptedException e)
                { }
        }
    }
    public void windowClosing(WindowEvent e)
    {
        System.exit(0);
    }
    public void actionPerformed(ActionEvent e)
    {                                          //单击按钮时触发
        if(e.getSource() == wt1.b1)
        {
            wt1.suspend();                  //挂起线程
            wt1.b2.setEnabled(true);
            wt1.b1.setEnabled(false);
        }
        if(e.getSource() == wt1.b2)
        {
            wt1.resume();       //线程解挂
            wt1.b2.setEnabled(false);
            wt1.b1.setEnabled(true);
        }
        if(e.getSource() == wt1.b3)
        {
            wt1.stop();           //停止线程执行
        }
    }
    public static void main(String arg[])
    {
        GUITreadDemo w = new GUITreadDemo();
        w.display(w);
    }
}
```

程序运行结果如图 14-3 所示。

图 14-3　执行结果

14.5　线　程　同　步

14.5.1　线程同步概述

线程是一份独立运行的程序，有自己专用的运行栈。前面介绍的线程都是独立的，而且异步执行，也就是说每个线程都包含了运行时所需要的数据或方法，而不需要访问外部的数据或方法，因此不必关心其他线程的状态或行为。但经常有一些同时运行的线程需要与其他线程共享一些资源(如内存、文件、数据库等)。

当多个线程同时读、写同一份共享资源的时候，可能会引起冲突。这时候，我们需要引入线程"同步"机制。

同步这个词是从英文 synchronize(使同时发生)翻译过来的。线程同步的真实意思和字面意思恰好相反。线程同步的真实意思，其实是"排队"：几个线程之间要排队，一个一个对共享资源进行操作，而不是同时进行操作。

关于线程同步，我们必须要注意以下几点：

- 线程同步就是线程排队。同步就是排队。线程同步的目的就是避免线程"同时"执行。
- 只有共享资源的读写访问才需要同步。如果不是共享资源，那么就根本没有同步的必要。
- 只有可变资源才需要同步访问。如果共享的资源是固定不变的，那么就相当于"常量"，线程同时读取常量也不需要同步。只有在至少存在一个线程修改共享资源的情况下，线程之间才需要同步。
- 多个线程访问共享资源的代码有可能是同一份代码，也有可能是不同的代码；无论是否执行同一份代码，只要这些线程的代码访问同一份可变的共享资源，这些线程之间就需要同步。

14.5.2　线程同步的实现方法

1. 互斥锁

线程同步的基本实现思路还是比较容易理解的。我们可以给共享资源加一把锁，这把锁只有一把钥匙。哪个线程获取了这把钥匙，才有权利访问该共享资源。我们把锁加在共享资源上。一些比较完善的共享资源，如文件系统、数据库系统等，自身都提供了比较完善的锁机制。我们不用另外给这些资源加锁，这些资源自己就有锁。但是，大部分情况下，我们在代码中访问的共享资源都是比较简单的共享对象。这些对象里面没有地方让我们加锁。于是，现代的编程语言的设计思路都是把互斥锁加在代码段上。确切地说，是把互斥锁加在"访问共享资源的代码段"上。

互斥锁加在代码段上，就很好地解决了上述的空间浪费问题。但是却增加了模型的复杂度，也增加了我们的理解难度。现在我们就来仔细分析"互斥锁加在代码段上"的线程同步模型。

首先，我们已经解决了同步锁加在哪里的问题。我们已经确定，互斥锁不是加在共享资源上，而是加在访问共享资源的代码段上。

其次，我们要解决的问题是，我们应该在代码段上加什么样的锁。这个问题是重点中的重点。这是我们尤其要注意的问题：访问同一份共享资源的不同代码段，应该加上同一个互斥锁；如果加的是不同的互斥锁，那么根本就起不到互斥的作用，没有任何意义。这就是说，互斥锁本身也一定是多个线程之间的共享对象。如何解决互斥锁本身共享的问题呢？接下来我们进一步讨论。

2. 信号量机制

在确定采用互斥锁解决共享资源读写问题时，我们又遇到的更重要的问题是：如何解决互斥锁本身作为"共享资源"的共享问题，解决该问题的办法是通常还要为互斥锁本身设置一个能否访问的信号量，称为"互斥锁"标志。

例如，当一个线程对共享数据进行写操作时，设置信号量为"不可写"，即获得"互斥锁"标志，则其他欲写的线程就必须等待；当线程写完后，放弃"互斥锁"，信号量改为"可写"，则另一个等待的欲写线程就可以获得写权限。这样在任一时刻只有一个线程可以更改共享数据，从而保证了数据的完整性和一致性。

14.6　使用 wait()、notify()和 notifyAll()方法实现同步

为实现线程间同步控制，通常使用 java.lang.Object 类提供的 wait、notify 和 notifyAll 方法。

(1)　wait()方法

wait()方法使当前线程变为阻塞状态，主动释放互斥锁并进入该互斥锁的等待队列。

(2)　notify()方法

notify()方法唤醒等待队列中的其他线程继续执行，使这些线程变为可运行状态。

(3)　notifyAll()方法

notifyAll()方法唤醒等待队列中的全部线程继续执行。

【例 14-5】用线程同步机制解决"生产者-消费者"问题。

问题描述："生产者-消费者"问题是一个经典的进程同步问题，最早由 Dijkstra 提出，用以演示他提出的信号量机制。在同一个进程地址空间内执行的两个线程。生产者线

程生产物品，然后将物品放置在一个空缓冲区中供消费者线程消费。消费者线程从缓冲区中获得物品，然后释放缓冲区。当生产者线程生产物品时，如果没有空缓冲区可用，那么生产者线程必须等待消费者线程释放出一个空缓冲区。当消费者线程消费物品时，如果没有满的缓冲区，那么消费者线程将被阻塞，直到新的物品被生产出来。

在例子中，开了两个生产者线程和一个消费者进程，因此同步线程执行时生产者需要等待。代码如下：

```java
class ProducerAndConsumer {
    public static void main(String[] args) {
        StackForResource rs = new StackForResource();
        Producer p = new Producer(rs);
        Consumer c = new Consumer(rs);
        new Thread(p).start();
        new Thread(p).start();
        new Thread(c).start();
    }
}
class Resourses {
    int id;
    Resourses(int id) {
        this.id = id;
    }
    public String toString() {
        return "ResourceId = " + id;
    }
}
class StackForResource {               //用栈实现
    int index = 0;
    Resourses[] arrProduct = new Resourses[3];      //相当于装物品的缓冲区
    public synchronized void push(Resourses product) {
        // 生产者循环判断是否具备 push 条件
        while(index == arrProduct.length) {
            //当缓冲区满了线程等待
            try {
                this.wait();
                System.out.println("生产者等待");
                //等待，等待消费者开始
                //消费者，叫醒此线程
            } catch (InterruptedException e) {
                e.printStackTrace();
            }
        }
        this.notifyAll();     //开始生产时，叫醒等待该产品的消费者线程
        arrProduct[index] = product;
        index++;
    }
    public synchronized Resourses pop() {
        //消费者循环判断是否具备 pop 条件
        while(index == 0) {
            //如果缓冲区空了，线程等待
            try {
                this.wait();
                System.out.println("消费者等待");
```

```
                    //线程等待，等待生产者开始
                    //生产者，叫醒此线程
            } catch (InterruptedException e) {
                e.printStackTrace();
            }
        }
        this.notifyAll();
        //消费时喊醒生产者生产
        index--;
        return arrProduct[index];
    }
}
//生产者类
class Producer implements Runnable {
    StackForResource rs = null;
    Producer(StackForResource rs) {
        this.rs = rs;
    }
    public void run() {
        for(int i=0; i<15; i++) {
            //生产 20 个
            Resourses product = new Resourses(i);
            rs.push(product);
            System.out.println("生产了: " + product);
            try {
                Thread.sleep((int)(Math.random() * 200));
            } catch (InterruptedException e) {
                e.printStackTrace();
            }
        }
    }
}
//消费者类
class Consumer implements Runnable {
    StackForResource rs = null;
    Consumer(StackForResource rs) {
        this.rs = rs;
    }
    public void run() {
        for(int i=0; i<15; i++) {
            //消费 20 个
            Resourses product = rs.pop();
            System.out.println("消费了: " + product);
            try {
                Thread.sleep((int)(Math.random() * 1000));
            } catch (InterruptedException e) {
                e.printStackTrace();
            }
        }
    }
}
```

程序运行结果：

生产了: ResourceId = 0
消费了: ResourceId = 0

```
生产了：ResourceId = 1
生产了：ResourceId = 2
生产了：ResourceId = 3
消费了：ResourceId = 3
生产者等待
生产了：ResourceId = 4
生产者等待
生产了：ResourceId = 5
消费了：ResourceId = 4
消费了：ResourceId = 5
生产了：ResourceId = 6
消费了：ResourceId = 6
生产了：ResourceId = 7
消费了：ResourceId = 7
生产了：ResourceId = 8
生产者等待
生产了：ResourceId = 9
消费了：ResourceId = 8
生产者等待
生产了：ResourceId = 10
消费了：ResourceId = 9
生产者等待
生产了：ResourceId = 11
消费了：ResourceId = 10
消费了：ResourceId = 11
生产了：ResourceId = 12
生产者等待
生产了：ResourceId = 13
消费了：ResourceId = 12
消费了：ResourceId = 13
生产者等待
生产了：ResourceId = 14
消费了：ResourceId = 14
消费了：ResourceId = 2
消费了：ResourceId = 1
```

14.7　计时器线程 Timer

在实际应用中，很多情况需要定时运行程序，比如 1 分钟执行一次程序，对此操作 Java 可以使用 Timer 计时器(即 java.util.Timer 中的 Timer 类)来实现。

创建一个新计时器的方法如下：

```
Timer timer = new Timer();
```

相关的线程不作为守护程序运行。

然后是设置时间间隔执行程序：

```
timer.schedule(new TimerTaskTest(), 60000, 1*60000);
```

让程序在 1 分钟延迟后开始每隔 1 分钟执行一次 run 函数，其中 TimerTaskTest 是继承于 TimerTask 的一个自定义类。

【例 14-6】 使用计时器。

代码如下：

```java
import java.util.Timer;
import java.util.TimerTask;
class TimerDemo extends TimerTask {
    public void run() {
        System.out.println("Hello");
    }
    public static void main(String[] args) {
        Timer timer = new Timer();
        //使指定的任务从指定的延迟后开始进行重复地按固定延迟执行。
        //以近似固定的时间间隔(由指定的周期分隔)进行后续执行
        timer.schedule(new TimerDemo(), 1000, 10*1000);
        try {
            Thread.sleep(60000);
        } catch(Exception ex) {
            timer.cancel();
        }
    }
}
```

运行程序后，每间隔 1 分钟输出：

```
Hello
```

14.8　线　程　联　合

线程联合实际上就是把多线程又联合成了一个线程，联合线程比单线程灵活很多，比如说，可以让一个线程运行到某一个条件再联合其他线程。线程联合通过线程类的 join() 方法来实现。

【例 14-7】 线程联合的应用。代码如下：

```java
class Thread1 extends Thread {
    public void run() {
        while(true) {
            System.out.println("Thread1: "
              + Thread.currentThread().getName() + " is running");
        }
    }
}
class ThreadJoinDemo {
    public static void main(String[] args) {
        Thread t = new Thread1();
        t.setDaemon(true);
        t.start();
        int i = 0;
        while(true) {
            System.out.println("main(): "
              + Thread.currentThread().getName() + " is running");
            if(i++ == 10000) {
                try {
```

```
            t.join(10000);   //线程 t 和 main()函数对应的线程合并
        } catch (InterruptedException e) {
            e.printStackTrace();
        }
    }
  }
 }
}
```

程序运行后，首先连续输出"main(): main is running"，然后每间隔 10 秒钟，会连续输出"Thread1: Thread-0 is running"，二者交替出现。

14.9 守 护 线 程

Java 有两种线程：守护线程和用户线程。我们先前看到的例子都用户线程。守护线程是一种在后台提供通用性支持的线程，它不属于程序本体。从字面意思上看，我们很容易把守护线程理解为虚拟机自身内部创建的线程，而用户线程则是程序自己创建的。

事实并非如此，任何线程都可以是用户线程或守护线程，两者唯一的区别是判断虚拟机何时离开。

- 用户线程：虚拟机在用户线程结束后自动离开。
- 守护线程：守护线程是服务于其他线程的，当所有被服务对象结束后结束。

守护线程的设置方法是：setDaemon(Boolean on)，如果 on 为 true 为守护模式，否则为用户模式。setDaemon(Boolean on)必须在线程启动以前调用。isDeamon()方法用来判断线程是否是守护线程。

【例 14-8】守护线程应用实例。

代码如下：

```
class ThreadDae extends Thread {
    public void run() {
        while(true) {
            System.out.println("守护线程: "
              + Thread.currentThread().getName() + " is running");
        }
    }
}

public class DaemonDemo {
    public static void main(String[] args) {
        Thread t = new ThreadDae();
        t.setDaemon(true);  //设置线程 t 为守护线程模式
        t.start();          //启动线程 t
        while(true) {
            System.out.println("用户线程 "
              + Thread.currentThread().getName() + " is running");
        }
    }
}
```

14.10　课 后 习 题

1. 填空题

(1)　Java 支持多线程有两个方法:　_____和_____。

(2)　drawImage()方法有显示图像、_____和_____的功能。

(3)　指定线程阻塞多长时间的方法是_____。

(4)　_____是 Java 程序的并发机制，它能同步共享数据、处理不同的事件。

(5)　线程的终止一般可以通过两种方法实现: 自然撤消或者是_____。

(6)　Thread 类提供了一系列基本线程控制方法，如果我们需要让与当前进程具有相同优先级的线程也有运行的机会，则可以调用_____方法。

2. 选择题

(1)　线程调用了 sleep()方法后，该线程将进入(　　)状态。

　　A. 可运行状态　　　　B. 运行状态　　　C. 阻塞状态　　　D. 终止状态

(2)　关于 Java 线程，下面的说法错误的是(　　)。

　　A. 线程是以 CPU 为主体的行为

　　B. Java 利用线程使整个系统成为异步

　　C. 创建线程的方法有两种: 实现 Runnable 接口和继承 Thread 类

　　D. 新线程一旦被创建，它将自动开始运行

(3)　在 Java 语言中，临界区可以是一个语句块，或者是一个方法，并用(　　)关键字来标识。

　　A. synchronized　　　B. include　　　C. import　　　D. Thread

(4)　线程控制方法中，yield()的作用是(　　)。

　　A. 返回当前线程的引用

　　B. 使比其低的优先级线程执行

　　C. 强行终止线程

　　D. 只让给同优先级线程运行

(5)　Java 用(　　)机制实现了进程之间的异步执行。

　　A. 监视器　　　　　　B. 虚拟机　　　C. 多个 CPU　　　D. 异步调用

3. 判断题

(1)　一个 Java 多线程的程序不论在什么计算机上运行，其结果始终是一样的。(　　)

(2)　所谓线程同步就是若干个线程都需要使用同一个 synchronized 修饰的方法。

　　　　　　　　　　　　　　　　　　　　　　　　　　　　(　　)

(3)　线程的启动是通过引用其 start()方法而实现的。　　　　(　　)

(4)　当线程类所定义的 run()方法执行完毕时，线程的运行就会终止。　(　　)

4. 简答题

(1) 简述程序、进程和线程之间的关系。什么是多线程程序?

(2) 线程有哪 5 个基本状态? 它们之间如何转化? 简述线程的生命周期。

(3) 试简述使用 Thread 子类和实现 Runnable 接口两种方法的异同。

(4) 什么是线程调度? Java 的线程调度采用什么策略?

5. 操作题

(1) 利用多线程技术编写 Applet 程序,其中包含一个滚动的字符串。字符串从左向右运动,当所有的字符都从屏幕的右边消失后,字符串重新从左边出现并继续向右移动。

(2) 将窗口分为上下两个区,分别运行两个线程,一个在上面的区域中显示由右向左游动的字符串,另一个在下面的区域中显示从左向右游动的字符串。

第 15 章

Java 网络编程

　　本章主要介绍 Java 网络编程的相关知识。包括 Java 基本网络类的介绍，URL 的使用以及套接字的使用，然后还将进一步讲述网络数据压缩类的使用。

15.1   Java 网络编程基本知识

在本节中，我们首先谁介绍 Java 网络进程通信的基本概念，然后对 Java 网络编程的基本类做简单的介绍。

15.1.1   Java 网络通信概述

网络编程一般是指利用不同层次的通信协议提供的接口实现网络进程之间的安全通信和应用的编程。

其中，网络进程是指客户机上运行的程序。在一台客户机中可能存在多个程序同时运行，也就是说，多个进程并行运行，网络进程在通信协议中使用端口(Port)来标识，而进程所在的客户机通常使用 IP 地址或者域名来标识。

网络进程之间的通信可以分为同步通信和异步通信。同步通信是指通信的发起者向接收者发出服务请求后，必须得到对方的回应才会继续运行。而异步通信则不同，发起者不必等待接收者的回应，发出服务请求后，可以继续运行。

网络进程通信的实现是一个复杂的问题，它涉及计算机硬件、操作系统、通信双方使用的语言以及使用的网络通信协议等。网络协议工程就是利用软件工程的方法来解决复杂网络进程通信的问题。网络进程往往按照应用的需要，采用不同层次的协议进行通信。

15.1.2   Java 网络编程的基本类

与网络编程有关的基本 API 位于 java.net 包中，该包中包含了基本的网络编程实现，是网络编程的基础。该包中既包含基础的网络编程类，也包含封装后的专门处理 Web 相关的处理类。在本节中，将只介绍基础的网络编程类。

1. InetAddress 类

在 Java 中，InetAddress 类是用来描述 Internet 中 IP 地址信息的类。该类的功能是代表一个 IP 地址，并且将 IP 地址和域名相关的操作方法包含在该类的内部。

在 InetAddress 类中没有公共的构造函数，而是带有 3 个静态方法，用来返回适合的初始化的 InetAddress 对象。

InetAddress 类中的主要方法及其简单说明如表 15-1 所示。

表 15-1   InetAddress 类中的方法说明

方 法 名	返回值或者类型	含 义
equals(Object obj)	boolean	将此对象与指定对象比较
getAddress()	byte[]	返回此 InetAddress 对象的原始 IP 地址
getAllByName(String host)	static InetAddress[]	在给定主机名的情况下，根据系统上配置的名称服务返回其 IP 地址所组成的数组

方 法 名	返回值或者类型	含 义
getByAddress(byte[] addr)	static InetAddress	在给定原始 IP 地址的情况下，返回 InetAddress 对象
getByAddress(String host, byte[] addr)	static InetAddress	根据提供的主机名和 IP 地址创建 InetAddress
getByName(String host)	static InetAddress	在给定主机名的情况下确定主机的 IP 地址
getCanonicalHostName()	String	获取此 IP 地址的完全限定域名
getHostAddress()	String	返回 IP 地址字符串(以文本表现形式)
getHostName()	String	获取此 IP 地址的主机名
getLocalHost()	static InetAddress	返回本地主机
hashCode()	int	返回此 IP 地址的哈希码
isAnyLocalAddress()	boolean	检查 InetAddress 是否是通配符地址的实用例行程序
isLinkLocalAddress()	boolean	检查 InetAddress 是否是链接本地地址的实用例行程序
isLoopbackAddress()	boolean	检查 InetAddress 是否是回送地址的实用程序
isMCGlobal()	boolean	检查多播地址是否具有全球范围的实用例行程序
isMCLinkLocal()	boolean	检查多播地址是否具有链接范围的实用例行程序
isMCNodeLocal()	boolean	检查多播地址是否具有节点范围的实用例行程序
isMCOrgLocal()	boolean	检查多播地址是否具有组织范围的实用例行程序
isMCSiteLocal()	boolean	检查多播地址是否具有站点范围的实用例行程序
isMulticastAddress()	boolean	检查 InetAddress 是否是 IP 多播地址的实用例行程序
isReachable(int timeout)	boolean	测试是否可以达到该地址
isReachable(NetworkInterface netif, int ttl, int timeout)	boolean	测试是否可以达到该地址
isSiteLocalAddress()	boolean	检查 InetAddress 是否是站点本地地址的实用例行程序
toString()	String	将此 IP 地址转换为 String

在这些方法中，常用的主要有 getByName(String host)方法和 getHostName()方法，只需要将目标主机的名字作为参数，InetAddress 就会连接 DNS 服务器，并且获取 IP 地址和主机信息。

下面我们通过一个基础的代码示例来演示该方法的具体使用。

【例 15-1】显示 IP 地址信息，程序如下：

```
import java.net.*;
/**
* 显示 IP 地址信息
```

```
*/
public class InetAddressDemo {
    public static void main(String[] args) {
        try {
            //使用域名创建对象
            InetAddress inet1 = InetAddress.getByName("www.heuu.edu.cn");
            System.out.println(inet1);
            //使用 IP 创建对象
            InetAddress inet2 = InetAddress.getByName("127.0.0.1");
            System.out.println(inet2);
            //获得本机地址对象
            InetAddress inet3 = InetAddress.getLocalHost();
            System.out.println(inet3);
            //获得对象中存储的域名
            String host = inet3.getHostName();
            System.out.println("域名: " + host);
            //获得对象中存储的 IP
            String ip = inet3.getHostAddress();
            System.out.println("IP:" + ip);
        }
        catch(Exception e){}
    }
}
```

在上面代码中，我们主要演示了 InetAddress 类中的几个常用方法的使用方式，该代码的执行结果如下：

```
www.heuu.edu.cn/210.31.198.77
/127.0.0.1
Administrator.edu.cn/192.168.111.133
域名: Administrator.edu.cn
IP:192.168.111.133
```

💡 注意：　这些方法可能会抛出的异常。如果无法访问 DNS 服务器或禁止网络连接，会抛出 SecurityException 异常，如果找不到对应主机的 IP 地址，或者发生其他网络 I/O 错误，这些方法会抛出 UnknowHostException 异常。

2. URL 类

统一资源定位地址(Uniform Resource Locator，URL)规范了网络资源定位地址的表示方法。网络资源包含 Web 网页、图形文件、声音和视频文件等。URL 类则主要定义了网络资源的特征及其读取的方法。

一个完整的 URL 主要由如图 15-1 所示的几个部分组成。

URL					
协议	://	主机名或IP地址	[端口号]	[路径]	#引用

图 15-1　URL 组成

其中几个主要部分的含义如下。

- 协议：表示以何种方式访问这个 URL 代表的资源。其他文献中也称作资源类型，因为某种资源类型通常对应着某种访问这种资源的协议。
- 主机名：资源所在的服务器的地址。
- 端口：提供这个资源的服务器通过哪个端口提供这种服务。通常对于 HTTP 协议来说是 80 端口，对于 FTP 协议来说是 21 端口。端口在 URL 中不是必须的。如果 URL 中没有指定端口，那么将使用默认的端口访问服务器。
- 路径：指明服务器上某资源的位置，与端口类似，路径也不是必须的，如果没有指定路径，将使用服务器设置的默认访问文档(例如 index.htm、default.aspx)等。

关于 URL 类的具体使用方法，我们将在 15.2 节中做详细的介绍。

3. 套接字(Socket、ServerSocket)类

套接字是网络协议传输层提供的接口。套接字是进程之间通信的抽象连接点，它封装了端口、主机地址、传输层通信协议等内容。

套接字的内涵如图 15-2 所示。两个网络进程采用套接字方式通信时，两进程扮演的角色不同，它们使用的套接字也不同。

主动请求服务的一方称为客户，它使用客户建立的套接字 Socket。通过它主动与对方连接；服务器等待客户发送的请求，提供服务，返回处理结果，它使用服务器套接字 ServerSocket。

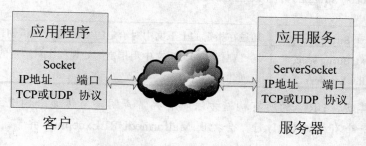

图 15-2　基于 Socket 的通信

在现行的 TCP/IP 网络协议中提供了以下 3 种类型的套接字。

- 流套接字(Socket)：提供了一个面向连接、可靠的数据传输服务，数据无差错、无重复地发送。且按发送顺序接收。内设流量控制，避免数据流超限；数据被看作是字节流，无长度限制。FTP 服务就是使用流套接字。
- 数据报套接字(DatagramSocket)：提供了一个无连接服务。数据包以独立包形式发送，不提供无错保证，数据可能丢失或者重复，并且接收顺序混乱。NFS 使用的是数据报套接字。
- 组播套接字(SOCK_RAW)：该接口允许对较低层协议，如 IP、ICMP 直接访问。常用于检验新的协议实现或访问现有服务中配置的新设备。

关于套接字类的具体使用，我们将在 15.3 节中做详细的介绍。

15.2　在 Java 中使用 URL 类

Java 中使用 URL 类来解析 URL，或者作为远程资源的标识符。

15.2.1　URL 类的构造方法

下面我们先来介绍 URL 类的构造方法，URL 类的构造方法较多，一共有 6 种形式，如表 15-2 所示。

表 15-2　URL 类的构造方法

构造方法	含　义
URL(String spec)	根据 String 表示形式创建 URL 对象
URL(String protocol, String host, int port, String file)	根据指定 protocol、host、port 号和 file 创建 URL 对象
URL(String protocol, String host, int port, String file, URLStreamHandler handler)	根据指定的 protocol、host、port 号、file 和 handler 创建 URL 对象
URL(String protocol, String host, String file)	根据指定的 protocol 名称、host 名称和 file 名称创建 URL
URL(URL context, String spec)	通过在指定的上下文中对给定的 spec 进行解析创建 URL
URL(URL context, String spec, URLStreamHandler handler)	通过在指定的上下文中用指定的处理程序对给定的 spec 进行解析来创建 URL

💡 **注意：**　其实，URL 的所有构造方法都有异常声明，当传递给构造函数的参数不是一个有效的 URL 时，会抛出 MalformedURLException 异常。

在以上的参数中，port 为端口号，如果其值为"-1"，则指示 URL 应使用协议的默认端口。handler 为 URL 的流处理程序。将其值设为"null"表示 URL 应使用默认的流处理程序。例如，下面的这些方法都是有效的 URL 类的构造方法：

```
//直接使用绝对 URL 地址
URL myurl = URL("http://www.baidu.com/");
//使用相对 URL 地址
URL mydoc = URL(myurl, "mydoc.htm");
//使用协议+主机+资源名的形式
URL myurl = URL("http", "www.baidu.com", "mydoc.htm");
//使用协议+主机+端口+资源名的形式
URL myurl = URL("http", "www.baidu.com", 80, "mydoc.htm");
```

15.2.2　URL 类的方法

通常情况下，URL 都会作为一个整体来使用，所以 URL 类中最常用的是构造方法。

除此之外，URL 类还提供了一些方法来实现返回组成这个 URL 的各个部分，或比较两个 URL 对象是否相同，以及打开 URL 等操作。URL 类中的方法及其含义如表 15-3 所示。

表 15-3　URL 类中的方法说明

方 法 名	返回值或类型	含 义
equals(Object obj)	boolean	比较此 URL 是否等于另一个对象
getAuthority()	String	获得此 URL 的授权部分
getContent()	Object	获得此 URL 的内容
getContent(Class[] classes)	Object	获得此 URL 的内容
getDefaultPort()	int	获得与此 URL 关联协议的默认端口号
getFile()	String	获得此 URL 的文件名
getHost()	String	获得此 URL 的主机名(如果适用)
getPath()	String	获得此 URL 的路径部分
getPort()	int	获得此 URL 的端口号
getProtocol()	String	获得此 URL 的协议名称
getQuery()	String	获得此 URL 的查询部分
getRef()	String	获得此 URL 的锚点(也称为"引用")
getUserInfo()	String	获得此 URL 的 userInfo 部分
hashCode()	int	创建一个适合哈希表索引的整数
openConnection()	URLConnection	返回一个 URLConnection 对象，它表示到 URL 所引用的远程对象的连接
openConnection(Proxy proxy)	URLConnection	与 openConnection()类似，所不同是连接通过指定的代理建立；不支持代理方式的协议处理程序将忽略该代理参数并建立正常的连接
openStream()	InputStream	打开到此 URL 的连接并返回一个用于从该连接读入的 InputStream
sameFile(URL other)	boolean	比较两个 URL，不包括片段部分
set(String protocol, String host, int port, String file, String ref)	protected void	设置 URL 的字段
set(String protocol, String host, int port, String authority, String userInfo, String path, String query, String ref)	protected void	设置 URL 的指定的 8 个字段
setURLStreamHandlerFactory(URLStreamHandlerFactory fac)	static void	设置应用程序的 URLStreamHandlerFactory
toExternalForm()	String	构造此 URL 的字符串表示形式
toString()	String	构造此 URL 的字符串表示形式
toURI()	URI	返回与此 URL 等效的 URI

从表 15-3 中我们可以看出，URL 类的方法主要实现了以下 3 种功能。

1. 获取 URL 特征

URL 类提供的方法能够对 URL 对象的特征，例如协议名、文件名、端口号等特征进行查询和读取操作，此类操作设计的方法有：getProtocol()、getHost()、getPort()、getFile()、getRef()。

💡 **注意：** 并不是所有的 URL 都包含以上方法可读取的信息，任意给出一个 URL 字符串描述，只要创建一个 URL 对象，就可以调用以上的方法来获取需要的信息。

2. 获取 HTML 文件

用 URL 类来获取 HTML 文件主要有以下 3 个步骤。

(1) 构造 URL 对象，使用构造方法来创建 URL 对象。例如下面的代码：

```
URL myurl = new URL("http://www.baidu.com");
```

(2) 将 DataInputStream 类的对象与 URL 类的 openStream()流对象绑定：

```
DataInputStream dim = new DataInputStream(myurl.openStream());
```

(3) 使用创建好的 DataInputStream 对象来读取 HTML 文件。

我们可以看出，实际上读取 HTML 文件的过程由 DataInputStream 类来完成，URL 类只负责将 URL 地址传递给 DataInputStream 类。例如下面的代码给出了读取 HTML 文件的过程。

【例 15-2】 使用 URL 读取 HTML 文件。代码如下：

```
import java.net.*;
import java.io.*;
public class readHTML
{
    static public void main(String args[])
    {
        try {
            //使用 arg[0]参数来获取 URL 对象
            URL myurl = new URL(arg[0]);
            //使用 URL 对象打开一个数据输入流
            DataInputStream dim = new DataInputStream(url.openStream());
            String readData;
            //读取数据
            while (readData=dim.readLine() != null)
            {
                System.out.println(readData); //将数据流输出到屏幕中
                dim.close();   //关闭数据流
            }
            catch(MalformedURLException me) {
                catch(IOException ioe)
            }
        }
    }
}
```

之后，我们可以使用 Java 命令运行此类来查看运行效果：

```
java readHTML http://www.baidu.com
<!doctype html><html><head><meta http-equiv="Content-Type"
content="text/html;charset=gb2312"><title>百度一下，你就知道
</title><style>html{overflow-y:auto}body{font:12px arial;text-
align:center;background:#fff}body,p,form,ul,li{margin:0;padding:0;list-
style:none}body,form,#fm{position:relative}td{text-
align:left}img{border:0}a{color:#00c}a:active{color:#f60}#u{color:#999;
padding:4px 10px 5px 0;text-align:right}#u a{margin:0
5px}#u .reg{margin:0}#m{width:680px;margin:0 auto;}#nv a,#nv
b,.btn,#lk{font-size:14px}#fm{padding-left:90px;text-
align:left}input{border:0;padding:0}#nv{height:19px;font-
size:16px;margin:0 0 4px;text-align:left;text-
indent:117px}.s_ipt_wr{width:418px;height:30px;display:inline-
block;margin-
right:5px;background:url(http://s1.bdstatic.com/r/www/img/i-1.0.0.png)
no-repeat -304px 0;border:1px solid #b6b6b6;border-color:#9a9a9a #cdcdcd
#cdcdcd #9a9a9a;vertical-
align:top}.s_ipt{width:405px;height:22px;font:16px
...
```

可以看到，readHTML 类能够将输入的 URL 地址对应的 HTML 文件读取并显示。

3. 获取文本和图像

使用 URL 类还可以获取网络中的文本和图像。此时不能再使用 openStream()方法，而是使用 getImage(URL)方法。这个方法能够立即生成一个 Image 对象，并返回程序对应的引用，系统会同时产生一个线程负责读取此对象文件的数据。但这并不意味着图像文件的数据已经读取到了本机中，由于网络带宽和读取速度的限制，很可能会出现 Image()之后的语句已经执行，但系统仍然在读取图像文件的情况。

下面的代码给出了用 URL 类来读取文本文件(*.txt)和图像文件(*.jpg 和*.gif)的过程。

【例 15-3】 读取文本文件和图像文件。代码如下：

```java
import java.net.*;
import java.awt.*;
import java.io.*;
// readImage 类继承了 Frame 类，生成一个带标题的窗口
public class readImage extends Frame
{
    private static final long serialVersionUID = 1L;
    MenuBar menuBar;
    boolean drawImage = false;
    DataInputStream dataInputStream;
    int i = 0;
    String urlLine;
    boolean first = true;
    Font font;
    //类 readImage 的构造方法
    @SuppressWarnings("deprecation")
    public readImage() {
        //生成一个菜单条
        menuBar = new MenuBar();
        setMenuBar(menuBar);
```

```java
    //为菜单取名
    Menu display = new Menu("显示");
    menuBar.add(display);
    //生成菜单下的两个菜单项
    MenuItem beauty_display = new MenuItem("显示图片");
    MenuItem text_display = new MenuItem("显示文本");
    display.add(beauty_display);
    display.add(text_display);
    //设置背景颜色和文本的字体
    setBackground(Color.white);
    font=new Font("System", Font.BOLD, 20);
    //设置带有菜单的窗口的标题
    setTitle("sample:use URL get Image and text");
    resize(400, 300);
    //显示窗口
    show();
}
//处理窗口中的菜单事件
public boolean action(Event evt, Object what) {
    if(evt.target instanceof MenuItem) {
        String message = (String)what;
        if(message == "display beauty")
        {
            drawImage = true;
            doDrawImage();
        }
        else {
            drawImage = false;
            first = true;
            if(message == "display text")
                doWrite("file:///d://plbackup/tt.txt");
        }
    }
    return true;
}
//处理窗体事件
@SuppressWarnings("deprecation")
public boolean handleEvent(Event evt)
{
    switch(evt.id)
    {
        case Event.WINDOW_DESTROY:
            dispose();
            System.exit(0);
        default:
            return super.handleEvent(evt);
    }
}
static public void main(String args[])
{
    new readImage();
}
public void paint(Graphics g) {
    if(drawImage)
    {
```

```java
        try
        {
            //生成一个 URL 对象，它指向本机上的一个类型为.jpg 的图形文件
            URL image_URL = new URL("file:///D://tg.jpg");
            Toolkit object_Toolkit = Toolkit.getDefaultToolkit();
            Image object_Image = object_Toolkit.getImage(image_URL);
            g.setColor(Color.white);
            g.fillRect(0, 0, 300, 400);
            g.drawImage(object_Image, 40, 80, 160, 200, this);
        }
        catch(MalformedURLException e) {}
    }
    else
    {
        if(first)
        {
            first = false;
            g.setColor(Color.white);
            g.fillRect(0, 0, 400, 300);
            g.setFont(font);
        }
        if(urlLine != null)
            g.drawString(urlLine, 10, i*20);
        i++;
    }
}
//画图像函数
private void doDrawImage()
{
    drawImage = true;
    repaint();
}
//写文本函数，它的参数是一个指向绝对 URL 的字符串
@SuppressWarnings("deprecation")
private void doWrite(String url_str)
{
    try
    {
        //用参数 url_str 生成一个绝对的 URL，它指向本机上的一个文本文件
        URL url = new URL(url_str);
        dataInputStream = new DataInputStream(url.openStream());
        try
        {
            i = 1;
            urlLine = dataInputStream.readLine();
            while(urlLine != null) {
                paint(getGraphics());
                urlLine = dataInputStream.readLine();
            }
        }
        catch(IOException e) {}
        dataInputStream.close();
    }
    catch(MalformedURLException e1) {}
    catch(IOException e2) {}
```

```
    }
  }
```

15.2.3　URLConnection 类

URL 类只提供了读取 URL 地址中的 Web 服务器内容的方法。如果还希望向 URL 对象发送服务请求或者参数，那么需要使用 URLConnection 类来完成。使用 URL 类中的 openConnection()方法可以建立 URLConnection 类的对象，然后就可以使用此对象来绑定数据输入流，以读取 URL 中的内容，也可以使用此对象绑定的数据流发送服务请求或参数到服务器。

URLConnection 的构造方法只有一个，格式如下：

```
URLConnection(URL url)    //构造一个指定 URL 的连接
```

URLConnection()类可用的方法及其含义如表 15-4 所示。

表 15-4　URLConnection 类中的方法说明

方 法 名	返回值或者类型	含 义
addRequestProperty(String key, String value)	void	添加由键值对指定的一般请求属性
connect()	abstract void	打开到此 URL 引用的资源的通信连接(如果尚未建立这样的连接)
getAllowUserInteraction()	boolean	返回此对象的 allowUserInteraction 字段的值
getConnectTimeout()	int	返回连接超时设置
getContent()	Object	检索此 URL 连接的内容
getContent(Class[] classes)	Object	检索此 URL 连接的内容
getContentEncoding()	String	返回 content-encoding 头字段的值
getContentLength()	int	返回 content-length 头字段的值
getContentType()	String	返回 content-type 头字段的值
getDate()	long	返回 date 头字段的值
getDefaultAllowUser- Interaction()	static boolean	返回 allowUserInteraction 字段的默认值
getDefaultRequest- Property(String key)	static String	已过时。应在获得 URLConnection 的适当实例后使用特定 getRequestProperty 方法的实例
getDefaultUseCaches()	boolean	返回 URLConnection 的 useCaches 标志的默认值
getDoInput()	boolean	返回此 URLConnection 的 doInput 标志的值
getDoOutput()	boolean	返回此 URLConnection 的 doOutput 标志的值
getExpiration()	long	返回 expires 头字段的值
getFileNameMap()	static FileNameMap	从数据文件加载文件名映射(一个 mimetable)

方 法 名	返回值或者类型	含　义
getHeaderField(int n)	String	返回第 n 个头字段的值
getHeaderField(String name)	String	返回指定的头字段的值
getHeaderFieldDate(String name, long Default)	long	返回解析为日期的指定字段的值
getHeaderFieldInt(String name, int Default)	int	返回解析为数字的指定字段的值
getHeaderFieldKey(int n)	String	返回第 n 个头字段的键
getHeaderFields()	Map<String,List<String>>	返回头字段的不可修改的 Map
getIfModifiedSince()	long	返回此对象的 ifModifiedSince 字段的值
getInputStream()	InputStream	返回从此打开的连接读取的输入流
getLastModified()	long	返回 last-modified 头字段的值
getOutputStream()	OutputStream	返回写入到此连接的输出流
getPermission()	Permission	返回一个权限对象，代表建立此对象表示的连接所需的权限
getReadTimeout()	int	返回读入超时设置
getRequestProperties()	Map<String,List<String>>	返回一个由此连接的一般请求属性构成的不可修改的 Map
getRequestProperty(String key)	String	返回此连接指定的一般请求属性值
getURL()	URL	返回此 URLConnection 的 URL 字段的值
getUseCaches()	boolean	返回此 URLConnection 的 useCaches 字段的值
guessContentTypeFromName(String fname)	static String	根据 URL 的指定"file"部分尝试确定对象的内容类型
guessContentTypeFromStream(InputStream is)	static String	根据输入流的开始字符尝试确定输入流的类型
setAllowUserInteraction(boolean allowuserinteraction)	void	设置此 URLConnection 的 allowUserInteraction 字段的值
setConnectTimeout(int timeout)	void	设置一个指定的超时值(以毫秒为单位)，该值将在打开到此 URLConnection 引用的资源的通信链接时使用
setContentHandlerFactory(ContentHandlerFactory fac)	static void	设置应用程序的 ContentHandlerFactory
setDefaultAllowUserInteraction(boolean defaultallowuserinteraction)	static void	将未来的所有 URLConnection 对象的 allowUserInteraction 字段的默认值设置为指定的值

方 法 名	返回值或者类型	含 义
setDefaultRequestProperty(String key, String value)	static void	已过时。应在获得 URLConnection 的适当实例后使用特定 setRequestProperty 方法的实例。调用此方法没有任何作用
setDefaultUseCaches(boolean defaultusecaches)	void	将 useCaches 字段的默认值设置为指定的值
setDoInput(boolean doinput)	void	将此 URLConnection 的 doInput 字段的值设置为指定的值
setDoOutput(boolean dooutput)	void	将此 URLConnection 的 doOutput 字段的值设置为指定的值
setFileNameMap(FileNameMap map)	static void	设置 FileNameMap
setIfModifiedSince(long ifmodifiedsince)	void	将此 URLConnection 的 ifModifiedSince 字段的值设置为指定的值
setReadTimeout(int timeout)	void	将读超时设置为指定的超时，以毫秒为单位
setRequestProperty(String key, String value)	void	设置一般请求属性
setUseCaches(boolean usecaches)	void	将此 URLConnection 的 useCaches 字段的值设置为指定的值
toString()	String	返回此 URL 连接的 String 表示形式

下面的例子给出了使用 URLConnection 类读取 URL 对象内容的代码。

【例 15-4】以 URLConnection 类读取 URL 对象内容。代码如下：

```java
import java.io.DataInputStream;
import java.net.URL;
import java.net.URLConnection;
public class readURLConnection {
    /**
     * @param URLConnection 类
     */
    public static void main(String args[]) {

        try {
            //创建 URL 对象
            URL myURL = new URL("http://www.baidu.com");
            //创建链接对象
            URLConnection myConnection = myURL.openConnection();
            //获取 URLConnection 的数据输入流
            DataInputStream dataInputStream =
                new DataInputStream(myConnection.getInputStream());

            String inputLine;
```

```
            while((inputLine=dataInputStream.readLine()) != null) {
                System.out.println(inputLine);
            }

            dataInputStream.close();

        } catch (Exception e) {
            // TODO Auto-generated catch block
            e.printStackTrace();
        }
    }
}
```

从代码的内容可以看出，使用 URLConnection 类读取网页内容的方式与 URL 类读取网页的方式非常类似。

URLConnection 类除了可以像 URL 类那样用来显示和读取网页内容外，还可以实现网络中文件的复制操作，使用 URLConnection 类中的 getInputStream() 方法和 getOutputStream()方法可以建立输入/输出流，从而实现网络中的文件下载功能，简单的代码如下面的例子所示。

【例 15-5】使用 URLConnection()类实现网络下载。代码如下：

```
// DownFile.java
import java.awt.event.*;
import javax.swing.*;
import java.awt.*;
import java.net.*;
import java.io.*;

public class DownFile implements ActionListener {
    JLabel msgLbl;
    JTextField urlText;
    JButton btn;
    Container con;
    JFrame mainJframe;
    public DownFile() {
        mainJframe = new JFrame("我的浏览器");
        con = mainJframe.getContentPane();
        msgLbl = new JLabel("请输入要下载的文件地址和名称");
        urlText = new JTextField();
        urlText.setColumns(15);
        btn = new JButton("下载");
        btn.addActionListener(this);
        con.setLayout(new FlowLayout());
        con.add(msgLbl);
        con.add(urlText);
        con.add(btn);
        mainJframe.setSize(300,300);
        mainJframe.setVisible(true);
        mainJframe.setDefaultCloseOperation(JFrame.EXIT_ON_CLOSE);
    }
    public static void main(String[] args) {
        new DownFile();
    }
```

```java
public void actionPerformed(ActionEvent e) {
    try {
        URL url = new URL(urlText.getText());
        //创建远程连接
        URLConnection connect = url.openConnection();
        //创建输入流
        BufferedReader buf = new BufferedReader(
          new InputStreamReader(connect.getInputStream()));
        //创建输出流，保存文件名为download.dat
        BufferedWriter file = new BufferedWriter(
          new FileWriter("download.dat"));
        int ch;
        //复制文件
        while((ch=buf.read()) != -1) {
            file.write(ch);
        }
        buf.close();
        file.close();
        JOptionPane.showMessageDialog(mainJframe, "下载成功");
    }
    catch(MalformedURLException el) {
        System.out.println(el.toString());
    } catch(IOException el) {
        JOptionPane.showMessageDialog(mainJframe, "连接错误");
    }
}
```

15.3　套接字编程

　　Java 语言对 TCP 方式的网络编程也提供了良好的支持。套接字(Socket)类承担了这一重任。在实际使用时，Java 已经对底层网络通信的细节进行了较高程度的封装，所以在编程时，只需要指定 IP 地址和端口号码就可以建立连接。正是由于这种高度的封装，简化了 Java 语言网络编程的难度。

　　提示：　正是由于这种高度的封装，使得使用 Java 语言进行网络编程时无法深入到网络的底层，无法实现底层的网络嗅探以及获得 IP 包结构等信息。但是由于 Java 语言的网络编程比较简单，所以还是获得了广泛的使用。

15.3.1　套接字编程介绍

　　Socket 类分为服务器端套接字和客户端套接字。分别对应 java.net.Socket 类和 java.net. ServerSocket 类。图 15-3 描述了套接字程序的流程。

　　(1) 服务器端的主要执行过程如下。

　　① 服务器首先启动程序，并根据请求提供相应的服务。

　　② 打开通信通道并告知本地主机，可以在某接口(例如 FTP 为 21 端口)接收客户端的请求。

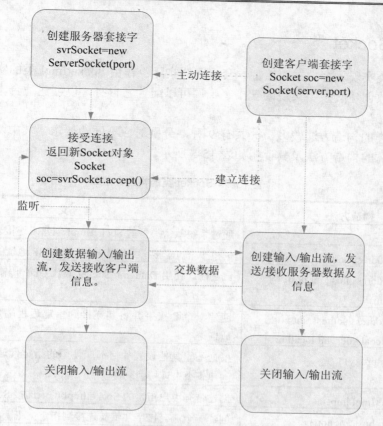

图 15-3　套接字程序的流程

③　等待客户端发送请求到指定端口。

④　收到请求，处理该请求并发送应答信息。当服务器接收到一个请求时，需要激活一个新的进程来处理这个客户端的请求，新进程处理此客户端的请求并不需要对其他请求做出应答。服务完成后，关闭此新进程与客户端的通信通道，并终止进程。

⑤　返回第 2 步，等待另一个客户端的请求。

⑥　关闭服务器程序。

(2)　而客户端的执行过程如下。

①　打开通信通道，并连接到服务器所在的指定端口。

②　向服务器发送服务请求报文，等待并接收服务器的应答信息。

③　再继续提出请求，重复第 2 步的操作。

④　请求结束后关闭通信通道并终止程序。

由图 15-3 以及过程的描述我们可以得出以下结论：

● 客户端与服务器的操作过程是不相同的，因此程序的编写也不同。

● 服务器进程需要先于客户端请求启动，只要系统在运行，该服务进程应该一直存在，直到正常或者强制关闭。

下面分别介绍在 Java 语言中客户端和服务器端是如何实现的。

15.3.2   Socket 类

Socket 类实现了客户端套接字。套接字的实际工作由 SocketImpl 类的实例执行。应用程序通过更改创建套接字实现的套接字工厂可以配置它自身,以创建适合本地防火墙的套接字。

Socket 类的构造方法较多,一共有 9 种,分别对应不同的要求。其中两个构造方法已经废弃。具体的构造方法及其说明如表 15-5 所示。

表 15-5   Socket 类的构造方法

构造方法	含 义
Socket()	通过系统默认类型的 SocketImpl 创建未连接套接字
Socket(InetAddress address, int port)	创建一个流套接字并将其连接到指定 IP 地址的指定端口号
Socket(InetAddress host, int port, boolean stream)	已过时。使用 DatagramSocket 取代 UDP 传输
Socket(InetAddress address, int port, InetAddress localAddr, int localPort)	创建一个套接字并将其连接到指定远程端口上的指定远程地址
Socket(Proxy proxy)	根据不管其他设置如何都应使用的指定代理类型(如果有),创建一个未连接的套接字
Socket(SocketImpl impl)	创建带有用户指定的 SocketImpl 的未连接 Socket
Socket(String host, int port)	创建一个流套接字并将其连接到指定主机上的指定端口号
Socket(String host, int port, boolean stream)	已过时。使用 DatagramSocket 取代 UDP 传输
Socket(String host, int port, InetAddress localAddr, int localPort)	创建一个套接字并将其连接到指定远程主机上的指定远程端口

Socket 类可用的方法及其含义如表 15-6 所示。

表 15-6   Socket 类中的方法说明

方 法 名	返回值或者类型	含 义
bind(SocketAddress bindpoint)	void	将套接字绑定到本地地址
close()	void	关闭此套接字
connect(SocketAddress endpoint)	void	将此套接字连接到服务器
getChannel()	SocketChannel	返回与此数据报套接字关联的唯一 SocketChannel 对象(如果存在)
getInetAddress()	InetAddress	返回套接字连接的地址
getInputStream()	InputStream	返回此套接字的输入流
getKeepAlive()	boolean	返回此套接字的输入流

方 法 名	返回值或者类型	含 义
getLocalAddress()	InetAddress	获取套接字绑定的本地地址
getLocalPort()	int	返回此套接字绑定到的本地端口
getLocalSocketAddress()	SocketAddress	返回此套接字绑定的端点的地址，如果尚未绑定则返回 null
getOOBInline()	boolean	测试是否启用 OOBINLINE
getOutputStream()	OutputStream	返回此套接字的输出流
getPort()	int	返回此套接字连接到的远程端口
getReceiveBufferSize()	int	获取此 Socket 的 SO_RCVBUF 选项的值，该值是平台在 Socket 上输入时使用的缓冲区大小
getRemoteSocketAddress()	SocketAddress	返回此套接字连接的端点的地址，如果未连接则返回 null
getReuseAddress()	boolean	测试是否启用 SO_REUSEADDR
getSendBufferSize()	int	获取此 Socket 的 SO_SNDBUF 选项的值，该值是平台在 Socket 上输出时使用的缓冲区大小
getSoLinger()	int	返回 SO_LINGER 的设置
getSoTimeout()	int	返回 SO_TIMEOUT 的设置
getTcpNoDelay()	boolean	测试是否启用 TCP_NODELAY
getTrafficClass()	int	为从此 Socket 上发送的包获取 IP 头中的流量类别或服务类型
isBound()	boolean	返回套接字的绑定状态
isClosed()	boolean	返回套接字的关闭状态
isConnected()	boolean	返回套接字的连接状态
isInputShutdown()	boolean	返回是否关闭套接字连接的半读状态(read-half)
isOutputShutdown()	boolean	返回是否关闭套接字连接的半写状态(write-half)
sendUrgentData(int data)	void	在套接字上发送一个紧急数据字节
setKeepAlive(boolean on)	void	启用/禁用 SO_KEEPALIVE
setOOBInline(boolean on)	void	启用/禁用 OOBINLINE(TCP 紧急数据的接收者)。默认情况下，此选项是禁用的，即在套接字上接收的 TCP 紧急数据被悄悄丢弃
setPerformancePreferences(int connectionTime, int latency, int bandwidth)	void	设置此套接字的性能偏好
setReceiveBufferSize(int size)	void	将此 Socket 的 SO_RCVBUF 选项设置为指定值
setReuseAddress(boolean on)	void	启用/禁用 SO_REUSEADDR 套接字选项

方 法 名	返回值或者类型	含 义
setSendBufferSize(int size)	void	将此 Socket 的 SO_SNDBUF 选项设置为指定的值
setSocketImplFactory(SocketImplFactory fac)	static void	为应用程序设置客户端套接字实现工厂
setSoLinger(boolean on, int linger)	void	启用/禁用具有指定逗留时间(以秒为单位)的 SO_LINGER
setSoTimeout(int timeout)	void	启用/禁用带有指定超时值的 SO_TIMEOUT，以毫 秒为单位
setTcpNoDelay(boolean on)	void	启用/禁用 TCP_NODELAY(启用/禁用 Nagle 算法)
setTrafficClass(int tc)	void	为从此 Socket 上发送的数据包在 IP 头中设置流量 类别 (Traffic Class) 或服务类型八位组 (type-of- service octet)
shutdownInput()	void	此套接字的输入流置于“流的末尾”
shutdownOutput()	void	禁用此套接字的输出流
toString()	String	将此套接字转换为 String

其中，使用构造方法 Socket(String host, int port)不但可以创建对象，还可以用来检查被指定的端口是否开放以及是否符合安全性约束条件。例如下面的代码给出了使用 Socket(String host, int port)构造方法检测 1~1024 端口是否被使用的实例。

【例 15-6】使用 Socket(String host, int port)构造方法进行端口扫描。代码如下：

```java
//scanPort.java
import java.io.*;
import java.net.*;
public class scanPort {
    public static void main(String[] args) {
        String host = "localhost";
        if(args.length > 0)
            //将第一个参数作为端口
            host = args[0];
        else {    //扫描 1~1024 端口
            for(int i=0; i<1024; i++) {
                try {    //获取套接字对象
                    Socket s = new Socket(host, i);
                    System.out.println("There is a server on port "
                    + i + " of " + host);
                }
                catch(UnknownHostException e) {}
                catch(IOException e) {}
            }
        }
        System.out.println("scan over");
        System.exit(0);
    }
}
```

上面的程序虽然简单，但很有实用价值，可以帮助程序员了解端口的使用情况，也可以关闭一些不必要的端口来防止黑客的攻击。

下面，我们再介绍一个简单的例子，这个程序可以从服务器读取信息并显示在标准输出中，从而实现了简单的建立连接、读取数据、显示输出的功能。

【例 15-7】客户端接收服务器信息的 Socket 程序。代码如下：

```java
//clentSocket.java
import java.net.*;
import java.io.*;
import java.lang.*;

public class clientSocket {
    public static void main(String args[]) {
        try {
            //创建和服务器 Server 指定端口连接的 Socket 对象，连接端口为 8080
            Socket soc = new Socket("server", 8080);
            System.out.println("Connecting to the Server...");
            //打开 Socket 的输入/输出流
            OutputStream os = soc.getOutputStream();
            DataInputStream is =
              new DataInputStream(soc.getInputStream());

            int c;
            boolean flag = true;
            String responseline;

            while(flag) {
                //从标准输入输出接收字符并且写入系统
                while((c=System.in.read()) != -1)
                {
                    os.write((byte)c);
                    if(c == '\n') {
                        os.flush();
                        //阻塞程序，直到接收服务器信息并在标准输出上显示出来
                        responseline = is.readLine();
                        System.out.println("Message is:" + responseline);
                    }
                }
            }
            os.close();
            is.close();
            soc.close();
        }
        catch(Exception e) {
            System.out.println("Exception :" + e.getMessage());
        }
    }
}
```

此程序必须与服务器端 Socket 程序配合才能正常运行。在下面的小节中，我们将介绍服务器端 Socket 程序的实现。

15.3.3　ServerSocket 类

在 Java 中用来实现服务器端程序的类是 ServerSocket。与客户端 Socket 类不同的是，服务器程序需要绑定到指定的端口。实际上，当服务器端接收了客户端的请求后，会创建一个 Socket 对象与客户端进行交互，此时客户端与服务器的交互就是对称的了。也就是说，服务器端的 ServerSocket 对象可以被看作是一个创建客户端连接的工厂，一旦接收到某客户端发送的请求，就创建一个 Socket 对象与之建立连接，并进行交互。

要创建一个服务器的 Socket，可以使用如表 15-7 所示的 4 种构造方法来实现。

表 15-7　ServerSocket 类的构造方法

构造方法	含　义
ServerSocket()	创建非绑定服务器套接字
ServerSocket(int port)	创建绑定到特定端口的服务器套接字
ServerSocket(int port, int backlog)	利用指定的 backlog 创建服务器套接字并将其绑定到指定的本地端口号
ServerSocket(int port, int backlog, InetAddress bindAddr)	使用指定的端口、侦听 backlog 和要绑定到的本地 IP 地址创建服务器

ServerSocket 类的方法并没有 Socket 类那么丰富。主要功能是接受请求并作为模拟客户端和服务器之间连接的 Socket 对象的产生组件。其中最重要的是 accept()方法，用来接收客户端的连接请求。ServerSocket 类可用的方法如表 15-8 所示。

表 15-8　ServerSocket 类中的方法说明

方 法 名	返回值或者类型	含　义
accept()	Socket	侦听并接收到此套接字的连接
bind(SocketAddress endpoint)	void	将 ServerSocket 绑定到特定地址(IP 地址和端口号)
bind(SocketAddress endpoint, int backlog)	void	将 ServerSocket 绑定到特定地址(IP 地址和端口号)
close()	void	关闭此套接字
getChannel()	ServerSocketChannel	返回与此套接字关联的唯一 ServerSocketChannel 对象(如果有)
getInetAddress()	InetAddress	返回此服务器套接字的本地地址
getLocalPort()	int	返回此套接字在其上侦听的端口
getLocalSocketAddress()	SocketAddress	返回此套接字绑定的端点的地址，如果尚未绑定则返回 null
getReceiveBufferSize()	int	获取此 ServerSocket 的 SO_RCVBUF 选项的值，该值是将用于从此 ServerSocket 接受的套接字的建议缓冲区大小

续表

方法名	返回值或者类型	含　义
getReuseAddress()	boolean	测试是否启用 SO_REUSEADDR
getSoTimeout()	int	重新恢复 SO_TIMEOUT 的设置
implAccept(Socket s)	protected void	ServerSocket 的子类使用此方法重写 accept() 以返回它们自己的套接字子类
isBound()	boolean	返回 ServerSocket 的绑定状态
isClosed()	boolean	返回 ServerSocket 的关闭状态
setPerformancePreferences(int connectionTime, int latency, int bandwidth)	void	设置此 ServerSocket 的性能偏好 (Performance Preferences)
setReceiveBufferSize(int size)	void	为从此 ServerSocket 接受的套接字的 SO_RCVBUF 选项设置默认建议值
setReuseAddress(boolean on)	void	启用/禁用 SO_REUSEADDR 套接字选项
setSocketFactory(SocketImplFactory fac)	static void	为应用程序设置服务器套接字实现工厂
setSoTimeout(int timeout)	void	启用/禁用带有指定超时值的 SO_TIMEOUT，以毫秒为单位
toString()	String	作为 String 返回此套接字的实现地址和实现端口

下面，我们来介绍与例 15-7 相对应的服务器端的 Socket 程序。

【例 15-8】发送信息的服务器 Socket 程序。代码如下：

```java
//svrSocket.java
import java.net.*;
import java.io.*;
public class svrSocket {
    public static void main(String args[]) {
        try {
            boolean flag = true;
            Socket clientSocket = null;
            String inputLine;
            int c;
            //在 8080 端口建立监听,此端口必须与客户端程序的 port 相同
            ServerSocket sSocket = new ServerSocket(8080);
            System.out.println(
              "Server listen on:" + sSocket.getLocalPort());
            while(flag) {
                //返回新的套接字 clientSocket,此套接字实现了与客户端建立连接
                clientSocket = sSocket.accept();
                //创建数据输入流
                DataInputStream is = new DataInputStream(
                  new BufferedInputStream(clientSocket.getInputStream()));
                //创建输出流
                OutputStream os = clientSocket.getOutputStream();
```

```
            while((inputLine=is.readLine()) != null) {
                //当客户端输入 stop 的时候服务器程序运行终止!
                if(inputLine.equals("stop")) {
                    flag = false;
                    break;
                }
                else {
                    System.out.println(inputLine);
                    while((c=System.in.read()) != -1) {
                        os.write((byte)c);
                        if(c == ''\n'') {
                            os.flush(); //将信息发送到客户端
                            break;
                        }
                    }
                }
            }
            is.close(); //关闭输入流
            os.close(); //关闭输出流
            clientSocket.close(); //关闭 Socket
        }
        //关闭服务器连接
        sSocket.close();
    }
    catch(Exception e) {
        System.out.println("Exception :" + e.getMessage());
    }
  }
}
```

运行此服务器程序，控制台会首先显示如下信息：

```
Server listen on:8080
```

这表明，服务器已经开始监听客户端的连接请求了，此时我们再运行客户端的程序 **clientSocket.java**：

```
Connecting to the Server...
```

表明客户端已经成功地与服务器建立了连接。此时在服务器端的控制台中任意输入字符并回车，那么在客户端中就可以显示相应的消息信息。服务器和客户端的对应显示内容如图 15-4 和 15-5 所示。

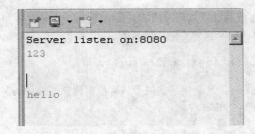

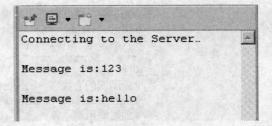

图 15-4　服务器端显示的内容　　　　　　　　图 15-5　客户端显示的内容

15.3.4　安全套接字

JSSE(Java Security Socket Extension，Java 安全套接字扩展)是 Sun 公司为了解决在 Internet 上的安全通信而推出的解决方案。它实现了 SSL 和 TSL(传输层安全)协议。在 JSSE 中包含了数据加密、服务器验证、消息完整性和客户端验证等技术。通过使用 JSSE，开发人员可以在客户机和服务器之间通过 TCP/IP 协议安全地传输数据。

要了解 JSSE，就必须先了解安全套接字层(Secure Socket Layer，SSL)，它是一种由 Netscape Communications 公司最初提出的开放式标准，用以建立安全通信通道，也是 JSSE 的实现基础。SSL 采用公开密钥技术，其目的是保证两个应用间通信的保密性和可靠性，可以在服务器和客户端两端同时实现支持。目前，利用公开密钥技术的 SSL 协议已经成为 Internet 上保密通信的工业标准。

学习了 SSL 协议的主要内容后，下面我们来简单介绍如何在 Java 环境中实现 SSL 协议的复杂功能。JSSE 提供了应用程序上添加 SSL 的所有必要技术，包括 RSA 加密支持、SSL 3.0，以及使用安全套接字的 API 集。

Java 安全框架使用了工厂(Factory)设计模式，在 JSSE 中，任何事情都是从工厂开始，java.net.ssl.SSLSocketFactory 类是安全套接字的工厂，用于创建安全套接字，java.net.ssl.SSLServerSocketFactory 工厂则用于创建安全的服务器套接字。javax.net.ssl. SSLSocket 是 java.net.Socket 的子类，它不但支持所有标准的 Socket 方法，还支持 SSL 协议所需要的安全套接字新增加的方法。而 javax.net.ssl.SSLServerSocket 类与 SSLSocket 类类似，不过它是用来创建服务器套接字的。

构建安全套接字并不像普通创建套接字那么简单，需要首先创建服务器证书。使用 keytool 可以帮助我们快速创建这些文件(该工具在 Java 的 bin 目录下)，在 DOS 命令窗口输入如下命令：

```
keytool -genkey -keystore keystore -keyalg rsa -alias qusay
```

该命令会产生一个由别名 qusay 引用的证书，并将其保存在一个名为 serverkeys 的文件中。产生证书时，这个工具会提示输入一些信息，如下面的内容所示：

```
输入 keystore 密码：      //输入 6 位以上密码
再次输入新密码：          //重复以上密码
您的名字与姓氏是什么？
    [Unknown]:
您的组织单位名称是什么？
    [Unknown]: Development
您的组织名称是什么？
    [Unknown]:
您所在的城市或区域名称是什么？
    [Unknown]:
您所在的州或省份名称是什么？
    [Unknown]:
该单位的两字母国家代码是什么
    [Unknown]:
CN=……, OU=……, O=……, L=……, ST=……, C=…… 正确吗？
    [否]:  yes
输入<query>的主密码
```

(如果和 keystore 密码相同，按回车)：
//完毕

执行以上的 DOS 命令后，将在执行目录下生成 keystore 证书文件。系统生成的文件名与证书名相同，证书可以提交给权威 CA 认证组织进行审核，如果通过审核，CA 认证组织会提供信任担保，向客户担保当前的连接是安全的。虽然这不是必须的。在稍后介绍的实例中，我们将直接把证书打包到客户端程序中，避免伪造用户，所以不需要提交审核申请。

首先我们来介绍安全套接字服务器端程序代码。

【例 15-9】安全套接字服务器端程序代码：

```java
//SSLServer.java
public class SSLServer {
    static int port = 8080; //服务器监听的端口号
    static SSLServerSocket server;
    public SSLServer() {} //构造方法

    private static SSLServerSocket getServerSocket(int thePort) {
        SSLServerSocket s = null;
        try {
            String key = "SSLKey"; //要使用的证书名
            char keyStorePass[] = "111111".toCharArray(); //证书密码
            char keyPassword[] =
              "111111".toCharArray(); //证书别称所使用的主要密码
            KeyStore ks = KeyStore.getInstance("JKS"); //创建 JKS 密钥库
            ks.load(new FileInputStream(key), keyStorePass);
            //创建管理 JKS 密钥库的 X.509 密钥管理器
            KeyManagerFactory kmf =
              KeyManagerFactory.getInstance("SunX509");
            kmf.init(ks, keyPassword);
            SSLContext sslContext = SSLContext.getInstance("SSLv3");
            sslContext.init(kmf.getKeyManagers(), null, null);
            //根据上面配置的 SSL 上下文来产生 SSLServerSocketFactory,
            //与通常的产生方法不同
            SSLServerSocketFactory factory =
              sslContext.getServerSocketFactory();
            //根据指定端口，使用工厂创建安全服务器套接字
            s = (SSLServerSocket)factory.createServerSocket(thePort);
        }
        catch(Exception e) {
            System.out.println(e);
        }
        return(s);
    }

    public static void main(String args[]) {
        try {
            server = getServerSocket(port);
            System.out.println("在" + port + "端口等待连接...");

            while(true) { //使用 accept()方法来监听客户端连接
                SSLSocket socket = (SSLSocket)server.accept();
                //将得到的 socket 交给 CreateThread 对象处理，主线程继续监听
```

```
                new CreateThread(socket);
            }
        } catch(Exception e) {
            System.out.println("线程创建失败!" e);
        }
    }
}
/*
*内部类，获得主线程的 Socket 连接，生成子线程来处理
*/
class CreateThread extends Thread {
    static BufferedReader in;
    static PrintWriter out;
    static Socket s;

    /*
    *构造方法，获得 Socket 连接，初始化 in 和 out 对象
    */

    public CreateThread(Socket socket) {
        try {
            s = socket;
            in = new BufferedReader(
              new InputStreamReader(s.getInputStream(), "gb2312"));
            out = new PrintWriter(s.getOutputStream(), true);
            start(); //开新线程执行 run 方法
        } catch(Exception e) {
            System.out.println(e);
        }
    }
    /*
    *线程方法，处理 socket 传递的数据
    */
    public void run() {
        try {
            String msg = in.readLine();
            System.out.println(msg);
            s.close();
        } catch(Exception e) {
            System.out.println(e);
        }
    }
}
```

从以上的代码可以看出，SSLServerSocket 与普通的 ServerSocket 不同之处在于，首先要将创建的证书导入程序中，然后才是使用 accept()方法进行监听。

下面我们再来看看客户端程序的代码，与服务器相比，客户端代码要简单很多，不需要在程序中指定 SSL 环境，而是在执行客户端程序时指定即可。在下面的例子中，我们使用工厂方法构造了 SSLSocket 类。

【例 15-10】SSL 客户端类代码：

```
import java.net.*;
import javax.net.ssl.*;
import javax.net.*;
```

```
import java.io.*;

public class SSLClient {
    static int port = 8080;
    public static void main(String args[]) {
        try {  //使用默认工厂创建连接
            SSLSocketFactory factory =
              (SSLSocketFactory)SSLSocketFactory.getDefault();
            //指向服务器 localhost 的套接字
            Socket s = factory.createSocket("localhost", port);
            PrintWriter out = new PrintWriter(s.getOutputStream(), true);
            out.println("SSL: 安全连接");
            out.close();
            s.close();
        }
        catch(Exception e) {
            System.out.println(e);
        }
    }
}
```

上面的代码使用工厂创建套接字，获取了一个指向服务器的输出流，并且发送了一个字符串。

先后运行以上的服务器和客户端程序，我们可以看到在服务器端会显示以下的内容，表示连接已经成功：

```
在 8080 端口等待连接...
SSL:安全连接
```

15.4 　网络中的数据压缩与传输

对于大流量的网络应用，带宽往往成为限制服务能力的瓶颈，为了提高网络带宽的利用率，我们可以使用数据压缩的方法将数据在传输前在发送端进行压缩，在接收端进行解压缩。

在 Java I/O 类库中已经提供了可以用压缩格式读取数据流的方法。这些方法不但可以用来对文件进行压缩，也可以对各种数据流进行压缩。在 Java 中最常用的两种压缩算法是 GZIP 和 ZIP。在本节中，我们将以 ZIP 方法为例介绍网络数据的压缩。

ZIP 库采用标准的 ZIP 格式，其中主要包含以下两个类。

1. ZIPOutputStream

ZIPOutputStream 类实现了 ZIP 压缩文件的写输出流，主要包含以下几个方法：

```
//构造方法，利用输出流构造 ZIP 输出流
pulic ZIPOutputStream(OutputStream out);
//设置压缩方法，默认为 DEFLATED
public void setMethod(int method);
//开始写入新的 ZIP 文件条目并将流定位到条目数据的开始处
public void putNextEntry(ZIPEntry new);
```

2. ZIPInputStream

ZIPInputStream 类实现了 **ZIP** 压缩文件的读输入流，主要包含以下几个方法：

```
//构造方法，利用输入流构造 ZIP 输入流
pulic ZIPIntputStream(InputStream in);
//读取下一个 ZIP 文件条目并将流定位到该条目数据的开始处
public ZIPEntry getNextEntry();
//关闭当前 ZIP 条目并定位流以读取下一个条目
public void closeEntry();
```

下面我们介绍以 **RMI(Remote Method Invocation**，远程方法调用)方式进行数据压缩的网络传输套接字的实现方法。

(1) 创建新的套接字 ZipSocket：

```java
import java.io.InputStream;
import java.io.OutputStream;
import java.util.zip.ZipInputStream;
import java.util.zip.ZipOutputStream;
import java.net.Socket;

//ZIPSocket 继承了 Socket 类
public class ZipSocket extends Socket {
    private InputStream in;
    private OutputStream out;

    //使用 Socket 的构造方法
    public ZipSocket() {
        super();
    }
    public ZipSocket(String host, int port) throws IOException {
        super(host, port);
    }
    //创建获得输入流的方法
    public InputStream getInputStream() throws IOException {
        if (in == null) {
            //使用 ZipInputStream 方法构建输入流
            in = new ZipInputStream(super.getInputStream());
        }
        return in;
    }
    //创建获得输出流的方法
    public OutputStream getOutputStream() throws IOException {
        if (out == null) {
            //使用 ZipOutputStream 方法构建输出流
            out = new ZipOutputStream(super.getOutputStream());
        }
        return out;
    }
    public synchronized void close() throws IOException {
        OutputStream o = getOutputStream();
        o.flush();
        super.close();
    }
}
```

(2)　创建服务器端的套接字 ZipServerSocket：

```
import java.net.ServerSocket;
import java.net.Socket;
import java.io.IOException
//ZipServerSocket 类继承 ServerSocket 类

public class ZipServerSocket extends ServerSocket {
    public ZipServerSocket(int port) throws IOException {
        super(port);
    }

    public Socket accept() throws IOException {
        //使用 ZipSocket 类来创建与客户端通信的 Socket
        Socket socket = new ZipSocket();
        implAccept(socket);
        return socket;
    }
}
```

(3)　创建客户端压缩工厂类 ZipClientSocketFactory：

```
import java.io.IOException;
import java.io.Serializable;
import java.net.Socket;
import java.rmi.server.RMIClientSocketFactory;

public class ZipClientSocketFactory implements RMIClientSocketFactory,
  Serializable {
    public Socket createSocket(String host, int port)
      throws IOException {
        ZipSocket socket = new ZipSocket(host, port);
        return socket;
    }
}
```

(4)　创建服务器端压缩工厂类 ZipServerSocketFactory：

```
import java.io.IOException;
import java.io.Serializable;
import java.net.ServerSocket;
import java.rmi.server.RMIServerSocketFactory;

public class ZipServerSocketFactory implements RMIServerSocketFactory,
  Serializable {
    public ServerSocket createServerSocket(int port)
      throws IOException {
        ZipServerSocket server = new ZipServerSocket(port);
        return server;
    }
}
```

至此，客户端和服务器端的带有数据压缩功能的 Socket 类都已经创建完毕，用户可以像前面的章节中介绍的使用普通 Socket 类的方法使用 ZIPSocket 类和 ZIPServerSocket 类了，而在通信过程的数据都是经过压缩的。

15.5　数据报套接字

在 Socket 编程中，除了常用的 TCP 方式外，还可以使用 UDP 通信方式。UDP(User Datagram Protocol，用户数据报)是一种无连接的传输层协议，提供面向事务的简单不可靠信息传送服务。

在 Java 语言中，UDP 方式的 Socket 编程也获得了良好的支持，由于其在传输数据的过程中不需要建立专用的连接，所以在 Java API 中设计的实现结构与 TCP 方式不同。当然，需要使用的类还是包含在 java.net 包中，主要由两个类来实现。

1. DatagramSocket

DatagramSocket 是实现发送和接收数据报的套接字。DatagramSocket 类实现的是发送数据时的发射器以及接收数据时的监听器的角色。类比于 TCP 中的网络连接，该类既可以用于实现客户端连接，也可以用于实现服务器端连接。

DatagramSocket 类有 5 种构造方法，如表 15-9 所示。

表 15-9　DatagramSocket 类的构造方法

构造方法	含　义
DatagramSocket()	构造数据报套接字并将其绑定到本地主机上任何可用的端口
DatagramSocket(DatagramSocketImpl impl)	创建带有指定 DatagramSocketImpl 的未绑定数据报套接字
DatagramSocket(int port)	创建数据报套接字并将其绑定到本地主机上的指定端口
DatagramSocket(int port, InetAddress laddr)	创建数据报套接字，将其绑定到指定的本地地址
DatagramSocket(SocketAddress bindaddr)	创建数据报套接字，将其绑定到指定的本地套接字地址

DatagramSocket 类中可用的方法较多，常用的方法如表 15-10 所示。

表 15-10　类 DatagramSocket 中常用方法的说明

方 法 名	返回值或者类型	含　义
bind(SocketAddress addr)	void	将此 DatagramSocket 绑定到特定的地址和端口
connect(InetAddress address, int port)	void	将套接字连接到此套接字的远程地址(IP 地址+端口号)
getInetAddress()	InetAddress	返回此套接字连接的地址
getLocalAddress()	InetAddress	获取套接字绑定的本地地址
getLocalPort()	int	返回此套接字绑定的本地主机上的端口号
getLocalSocketAddress()	SocketAddress	返回此套接字绑定的端点的地址，如果尚未绑定则返回 null

方 法 名	返回值或者类型	含　义
getRemoteSocketAddress()	SocketAddress	返回此套接字连接的端点的地址，如果未连接则返回 null
getTrafficClass()	int	为从此 DatagramSocket 上发送的包获取 IP 数据报头中的流量类别或服务类型
receive(DatagramPacket p)	void	从此套接字接收数据报包
send(DatagramPacket p)	void	从此套接字发送数据报包
setDatagramSocketImplFactory(DatagramSocketImplFactory fac)	static void	为应用程序设置数据报套接字实现工厂

2. DatagramPacket

DatagramPacket 类实现对于网络中传输的数据封装，在数据报套接字的网络编程中，无论是需要发送的数据还是需要接收的数据，都必须被处理成 DatagramPacket 类型的对象，该对象中包含发送到的地址、发送到的端口号以及发送的内容等。

DatagramPacket 类有 6 种构造方法，如表 15-11 所示。

表 15-11　DatagramPacket 类的构造方法

构造方法	含　义
DatagramPacket(byte[] buf, int length)	构造 DatagramPacket，用来接收长度为 length 的数据包
DatagramPacket(byte[] buf, int length, InetAddress address, int port)	构造数据报包，用来将长度为 length 的包发送到指定主机上的指定端口
DatagramPacket(byte[] buf, int offset, int length)	构造 DatagramPacket，用来接收长度为 length 的包，在缓冲区中指定了偏移量
DatagramPacket(byte[] buf, int offset, int length, InetAddress address, int port)	构造数据报包，用来将长度为 length 偏移量为 offset 的包发送到指定主机上的指定端口
DatagramPacket(byte[] buf, int offset, int length, SocketAddress address)	构造数据报包，用来将长度为 length 偏移量为 offset 的包发送到指定主机上的指定端口
DatagramPacket(byte[] buf, int length, SocketAddress address)	构造数据报包，用来将长度为 length 的包发送到指定主机上的指定端口

DatagramPacket 类中可用的方法如表 15-12 所示。

表 15-12　类 DatagramPacket 中的方法说明

方 法 名	返回值或者类型	含　义
getAddress()	InetAddress	返回某台机器的 IP 地址，此数据报将要发往该机器或者是从该机器接收到的
getData()	byte[]	返回数据缓冲区

续表

方 法 名	返回值或者类型	含 义
getLength()	int	返回将要发送或接收到的数据的长度
getOffset()	int	返回将要发送或接收到的数据的偏移量
getPort()	int	返回某台远程主机的端口号，此数据报将要发往该主机或者是从该主机接收到的
getSocketAddress()	SocketAddress	获取要将此包发送到的或发出此数据报的远程主机的 SocketAddress(通常为 IP 地址+端口号)
setAddress(InetAddress iaddr)	void	设置要将此数据报发往的那台机器的 IP 地址
setData(byte[] buf)	void	为此包设置数据缓冲区
setData(byte[] buf, int offset, int length)	void	为此包设置数据缓冲区
setLength(int length)	void	为此包设置长度
setPort(int iport)	void	设置要将此数据报发往的远程主机上的端口号
setSocketAddress(SocketAddress address)	void	设置要将此数据报发往的远程主机的 SocketAddress(通常为 IP 地址+端口号)

下面我们通过一个简单的实例来说明如何在客户端和服务器之间建立数据报套接字。这个实例实现了由客户端程序将系统时间发送给服务器，服务器接收到时间后，回复"received the time"作为回应。首先，我们来看一下客户端代码。

【例 15-11】通过 UDP 向服务器发送系统时间。代码如下：

```java
//UDPClient
import java.net.*;
import java.util.*;
//简单的 UDP 客户端
public class UDPClient {
    public static void main(String[] args) {
        DatagramSocket ds = null; //创建连接对象
        DatagramPacket sendDp; //创建发送数据包对象
        DatagramPacket receiveDp; //创建接收数据包对象
        String serverHost = "localhost"; //服务器 IP
        int serverPort = 8080; //服务器端口号
        try {
            //建立连接
            ds = new DatagramSocket();
            //初始化发送数据
            Date d = new Date(); //获取当前时间
            String content = d.toString(); //转换为字符串
            byte[] data = content.getBytes();
            //初始化发送包对象
            //通过服务器名获取服务器 IP 地址
            InetAddress address = InetAddress.getByName(serverHost);
            //创建数据报
            sendDp = new DatagramPacket(
              data, data.length, address, serverPort);
```

```
            //发送
            ds.send(sendDp);
            //初始化接收数据
            byte[] b = new byte[1024];
            receiveDp = new DatagramPacket(b, b.length);
            //接收
            ds.receive(receiveDp);
            //读取反馈信息，并输出
            byte[] response = receiveDp.getData();
            int len = receiveDp.getLength();
            String s = new String(response, 0, len);
            System.out.println("服务器端信息为: " + s);
        }
        catch(Exception e) {
            e.printStackTrace();
        }
        finally {
            try {
                //关闭连接
                ds.close();
            }
            catch(Exception e){}
        }
    }
}
```

　　从上面的代码我们可以看出，在发送数据时，需要将发送的数据内容首先转换为 byte 数组，然后创建 DatagramPacket 类型的对象，将数据内容、服务器 IP 和服务器端口号一起放入构造方法中，发送时调用网络连接对象中的 send 方法发送该对象即可。

　　下面我们再来介绍服务器端的数据报套接字是如何实现的。

　　【例 15-12】通过 UDP 接收客户端信息并回复。代码如下：

```
import java.net.*;
// 简单 UDP 服务器端,
public class UDPServer {
    public static void main(String[] args) {
        DatagramSocket ds = null; //创建连接对象
        DatagramPacket sendDp; //创建发送数据包对象
        DatagramPacket receiveDp; //创建接收数据包对象
        final int PORT = 8080; //监听端口
        try {
            //建立连接，监听端口
            ds = new DatagramSocket(PORT);
            System.out.println("服务器端已启动.");
            //初始化接收数据
            byte[] b = new byte[1024];
            receiveDp = new DatagramPacket(b,b.length);
            //接收
            ds.receive(receiveDp);
            //读取反馈内容，并输出
            InetAddress clientIP = receiveDp.getAddress();
            int clientPort = receiveDp.getPort();
            byte[] data = receiveDp.getData();
            int len = receiveDp.getLength();
```

```
        System.out.println("客户端 IP: " + clientIP.getHostAddress());
        System.out.println("客户端端口: " + clientPort);
        System.out.println("客户端发送内容: "
            + new String(data, 0, len));
        //发送反馈信息
        String response = "OK";
        byte[] bData = response.getBytes();
        sendDp = new DatagramPacket(
            bData, bData.length, clientIP, clientPort);
        //发送
        ds.send(sendDp);
    } catch(Exception e) {
        e.printStackTrace();
    }
    finally {
        try {
            //关闭连接
            ds.close();
        }
        catch(Exception e) {}
    }
}
```

从上面的代码可以看出，数据报套接字的服务器端也同样使用与 ServerSocket 类中的 accept()方法类似的 receive()方法来监听客户端的信息并接收。如果客户端不发送数据，则程序会在该方法处阻塞。当客户端发送数据到达服务器端时，则接收客户端发送过来的数据，然后将客户端发送的数据内容读取出来，并在服务器端程序中打印客户端的相关信息，从客户端发送过来的数据包中可以读取出客户端的 IP 以及客户端端口号，将反馈数据字符串"OK"发送给客户端，最后关闭服务器端连接，释放占用的系统资源。

15.6　本 章 小 结

本章主要介绍了 Java 网络编程的相关内容，包括 URL 编程、套接字编程以及数据报套接字编程。其中，URL 类是整个网络编程的基础，而套接字编程在实际应用中最为广泛，希望读者重点学习。

15.7　课 后 习 题

1. 填空题

(1)　URL 的含义是＿＿＿＿＿＿＿＿。

(2)　JSSE 是指＿＿＿＿＿＿。

2. 选择题

(1)　下列 URL 类的构造方法不合法的是(　　)。

　　　A.　URL myurl = URL("http://www.baidu.com/");

    B.   URL mydoc = URL(myurl, "mydoc.htm");

    C.   URL myurl = URL("http", "www.baidu.com", "mydoc.htm");

    D.   URL myurl=URL("http", "www.baidu.com", 80)

(2)   下列不属于套接字类型的选项是(　　　)。

    A.   流套接字

    B.   数据包套接字

    C.   字符串套接字

    D.   浮点套接字

3. 判断题

(1)   所有 URL 类的构造方法必须都有异常处理。

(2)   所有 Socket 类的构造方法都必须有异常处理。

(3)   URLConnection 类只有一种构造方法。

4. 简答题

(1)   服务器端如何创建服务器套接字?

(2)   面向 TCP 的套接字与面向 UDP 的套接字有什么区别?

(3)   简述 Socket 编程中客户端和服务器端的编程过程。

5. 操作题

实现聊天室系统: 聊天室服务器应该随时监听网络连接, 一旦有人进入聊天室, 就创建一个线程来监听聊天用户, 如果用户发送消息, 就向其他所有客户端发送此条信息。

第 16 章

Java Applet

　　Java 的应用程序分为两大类：一类称为独立应用程序，可以独立运行，例如前几章中的程序都是独立应用程序；另一类称为 Applet 应用程序，又叫小应用程序，不能独立运行，必须在浏览器环境下才能运行。因此，它的结构、启动方式与独立应用程序有很大的区别。

　　本章介绍 Applet 程序的原理与应用。

16.1　Java Applet 的概念

Java 小应用程序(Java Applet)是使用 Java 语言编写的一段代码，它能够在浏览器环境中运行。Applet 与 Application 的主要区别在于它们的执行方式不同：Application 是使用命令行命令直接运行，是从其 main()方法开始运行的；而 Applet 则是在浏览器中运行的，首先必须创建一个 HTML 文件，通过编写 HTML 语言代码告诉浏览器载入何种 Applet 以及如何运行，再在浏览器中给出该 HTML 文件的 URL 地址即可，Applet 本身的执行过程也较 Application 复杂。

Java Applet 以及它的父类 Applet 与其他 Java 类的最大区别在于，它们可以作为小应用程序，在浏览器中运行。当浏览器访问 Web 服务器中的一个嵌入了 Applet 的网页时，这个 Applet 的.class 文件会从 Web 服务器端下载到浏览器端，浏览器启动一个 Java 虚拟机来运行 Applet。运行过程如图 16-1 所示。

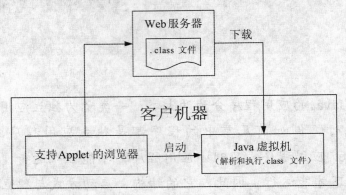

图 16-1　浏览嵌入了 Applet 的网页的运行过程

16.2　Java Applet 的运行原理

16.2.1　Applet 的运行环境

一个 Java Applet 在执行时，先被编译成为.class 文件，再将字节码文件嵌入到 Web 页面中，最后通过浏览器或使用 JDK 中的 appletviewer 命令来运行。Applet 可以从 Web 页面中获得参数，并与 Web 页面进行交互。含有 Applet 的网页的 HTML 文件代码中必须带有<applet>和</applet>这样一对标记，当支持 Java 的网络浏览器遇到这对标记时，就将下载相应的小程序代码，并在本地计算机上执行该 Applet 小程序。

HTML 文件中关于 Applet 的信息至少应包含以下 3 点：
- 字节码文件名(编译后的 Java 文件，以.class 为后缀)。
- 字节码文件的地址。
- 在网页上显示 Applet 的方式。

其基本语法格式为：

```
<html>
    <head>
        <title>...</title>
    <head>
    <body>
    <applet code="HelloApplet.class" width="220" height="160"></applet>
    ...
    </body>
</html>
```

下面通过一个简单的 Applet 应用实例来说明上述内容。

【例 16-1】Applet 小程序演示。

本例演示 Applet 小程序的编写与运行，包括两部分——Applet 程序、HTML 文件。

(1)　Applet 程序，文件名为 HelloApplet.java：

```
import java.awt.*;
import java.applet.Applet;      //引入 Applet 类
//用户定义的 Applet 应用必须继承 Applet 父类
public class HelloApplet extends Applet
{
    public void paint(Graphics g)
    {
        g.setColor(Color.red);
        g.drawString("HelloWorld", 30, 30);
    }
}
```

(2)　相应的 HTML 文件，文件名为 HelloApplet.html：

```
<html>
<head>
    <title></title>
<head>
<body>
<applet code="HelloApplet.class" height="100" width="300"></applet>
</body>
</html>
```

在浏览器中运行 HelloApplet.html，结果如图 16-2 所示。

图 16-2　在浏览器中运行 Applet 的效果

16.2.2 Applet 的特点

1. Applet 需要嵌入浏览器运行

Applet 需要依赖于浏览器运行，而浏览器不能直接读取 Java 程序，浏览器支持的文件格式是 HTML、ASP 或 JSP 等。因此，需要为 Applet 程序建立一个 HTML 文件，其中加入<applet>标记指定运行的 Applet 程序名，之后，在浏览器中浏览该 HTML 文件时，就可以运行其中嵌入的 Applet 程序。

注意，Applet 是作为 HTML 文件的一部分加入到页面中的，因此包含 Applet 程序的 HTML 还可以有其他内容，很多情况下不必为一个 Applet 程序单独建一个 HTML 文件。

2. Applet 的安全性

Applet 程序的运行机制是从网络上将 Applet 的伪代码从服务器端下载到客户端，并由客户端浏览器解释执行。这就意味着如果代码中含有恶意代码的话，将会对客户机造成损害，所以为了防止这样的问题出现，大多数的浏览器(如 IE)对 Java 的安全性做了限定，主要控制 Applet 的以下行为：

- 禁止运行过程中调用执行另一个程序。
- 禁止所有对客户机文件的 I/O 操作。
- 禁止调用本机(客户机)的方法。
- 禁止企图打开提供本 Applet 的主机以外的某个套接字(Socket)。

16.2.3 Java Applet 的程序结构

一个 Java Applet 小程序中，必须有一个类似于 Applet 类的子类。称该子类是 Java Applet 的主类，并且主类访问修饰符必须为 public。具体语法结构如下：

```
import java.applet.*;
public class SimpleApplet extends Applet {
    public void init() {...}
    public void start() {...}
    public void stop() {...}
    public void destroy() {...}
    public void paint(Graphics g) {...}
    ...
}
```

【例 16-2】一个名为 HelloEveryOne.java 的 Applet 类，在浏览器的坐标(25, 25)位置显示字符串。代码如下：

```
import java.applet.Applet;
import java.awt.Graphics;
public class HelloEveryOne extends Applet {
    public String s;
    public void init() {
        s = new String("Hello EveryOne!");
    } //非必须
    public void paint(Graphics g) {
```

```
        g.drawString(s, 25, 25);
    }
}
```

运行结果如图 16-3 所示。

图 16-3　显示字符串

16.2.4　Java Applet 程序的开发步骤

以下用一个实例来介绍 Applet 程序的主要开发步骤。

(1) 选用 Windows Notepad 等工具作为编辑器建立 Java Applet 源程序。

① 创建文件夹 D:\JavaApplet，在该文件夹下建立 HelloWorld.java，程序如下：

```java
import java.applet.Applet;
import java.awt.*;
public class HelloWorld extends Applet {
    public void paint(Graphics g) {
        g.drawString("Hello World!", 20, 30);
    }
}
```

② 把上述程序保存在 D:\JavaApplet\HelloWorld.java 文件中。

(2) 把 Applet 的源程序转换为字节码文件。

① 编译 HelloWorld.java 源文件，可使用如下 JDK 命令：

```
D:\JavaApplet>javac HelloWorld.java
```

② 成功地编译 Java Applet 之后，生成相应的字节码文件 HelloWorld.class。

(3) 编制使用 class 的 HTML 文件。在 HTML 文件内放入必要的<applet>语句：

```html
<html>
<head>
    <title>My applet 'HelloWorld' starting page</title>
</head>
<body>
<applet codebase="." code="HelloWorld.class" name="HelloWorld"
 width="200" height="100">
    <!--<param name="p0" value="">
```

```
    <param name="p1" value="">-->
</applet>
</body>
</html>
```

(4) 执行 HelloWorld.html。

如果用 appletviewer 运行 HelloWorld.html，需输入如下的命令：

```
D:\JavaApplet>appletviewer HelloWorld.html
```

运行结果如图 16-4 所示。

图 16-4　运行结果

16.2.5　Applet 的生命周期

所谓一个程序的生命周期，是指程序从开始运行到运行结束的过程。一般应用程序总是从 main()方法开始运行，直到代码执行结束或人为中断程序的运行。而 Applet 应用程序则不同，它是从构造方法开始运行的，结束运行情况比较复杂，后面将予以说明。

与 Applet 声明周期相关的有 4 个方法，分别是 init()、start()、stop()和 destroy()，下面分别予以介绍。

1. init()方法

当 Applet 对象被构造后，首先会自动调用 init()方法，并且在 Applet 的生命周期内只会执行一次，因此 init()方法中主要编写进行 Applet 初始化的代码，如摆放组件、设置全局变量、初始化对象等。

2. start()方法

在 init()方法执行结束后，将执行 start()方法。与 init()方法不同的是，start()方法可以被多次执行，如包含 Applet 的浏览器窗口大小发生变化时(如最小化再还原)、从其他窗口切换回包含 Applet 的浏览器窗口时，都会执行 start()方法。因此 start()方法中主要编写启动动画或音乐之类的代码。

3. stop()方法

当 Applet 应用程序变为不活动状态时(通常是包含 Applet 的浏览器窗口为不活动窗口时)，系统将会调用 stop()方法，再变为活动状态时，将调用 start()方法，可见这两个方法是对应的，因此一般 stop()方法中主要编写停止动画或音乐之类的代码。

4. destroy()方法

当包含 Applet 的浏览器停止时，将调用 destroy()方法停止 Applet 的运行，也可以由 Applet 自身调用该方法停止运行。一般在 destroy()方法中编写关闭流之类的系统操作。

上述 4 个方法与 Applet 的生命周期是相关的，由于它们都已经在 Applet 类中定义过，因此不重写这些方法，Applet 应用程序也可以正常运行。对一个 Applet 应用程序来说，一般只要重写 init()方法就可以了，而其他几个方法不需要重写。Applet 的生命周期可以用图 16-5 来表示。

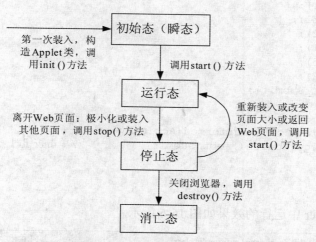

图 16-5　Applet 的生命周期

Applet 除了执行方式与独立应用程序有所不同外，其他的使用方法是一样的，而且 Applet 本身也是一个 Panel 容器，所以基于 AWT 的独立应用程序原则上与 Applet 应用程序是可以互相改写的。

【例 16-3】 设计用户邮箱登录界面。

本例以 Applet 对象作为容器，实现界面设计及响应单击按钮事件的功能。所以不用构造一个 Frame 对象，执行的功能是一样的。Applet 程序如下：

```
import java.awt.*;
import java.awt.event.*;
import java.applet.*;

public class LoginApplet extends Applet implements ActionListener {

    Button bt_login;

    public void init() {
        Label l1, l2, l3;
        TextField tf1;
        Choice c1, c2;
        setBackground(Color.white);  //设置背景色
        setLayout(new FlowLayout(FlowLayout.CENTER));
        l1 = new Label("个人爱好：");
        tf1 = new TextField("用户名", 10);
        l2 = new Label("@");
```

```
l2.setFont(new Font("Dialog", 0, 18));
c1 = new Choice();
c1.addItem("heuu.edu.cn");
c1.addItem("qy.heuu.edu.cn");
l3 = new Label("选项");
c2 = new Choice();
c2.addItem("运动");
c2.addItem("唱歌");

bt_submit = new Button("提交");
add(l1);
add(tf1);
add(l2);
add(c1);
add(l3);
add(c2);
add(bt_submit);
    }

    public void actionPerformed(ActionEvent e) {
        if (e.getSource()==bt_submit)            //单击按钮时
        {}
    }
}
```

在 AppletViewer 中运行的效果如图 16-6 所示。

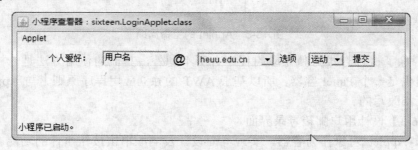

图 16-6　用户邮箱登录界面

16.2.6　Applet 的安全机制

浏览一个包含 Applet 的网页时，实际上是从远程服务器上下载到用户本地机上运行的，所以安全问题显得十分重要。Applet 本身设定了相应的安全规则来保证用户的系统安全，这些规则包括：

- Applet 永远无法运行本地机上的可执行程序。
- Applet 除了与所在的服务器联系外，无法再同任何其他的服务器取得联系。
- Applet 不能对本地文件系统进行读写操作。
- 除了本地机上使用的 Java 版本号、操作系统名称和版本、系统使用的特殊字符外，Applet 不能获取其他有关本地计算机的信息。特别是本地系统的用户名以及 E-mail 等信息。
- Applet 的弹出式窗口都会带有一个警告信息。

16.2.7　Applet 的显示与刷新

在 java.awt.Component 类中声明了 3 个用于组件显示和刷新的方法，分别是 paint()、repaint()和 update()。作为一个容器，Applet 在显示和刷新上也需要用到这些方法。

Applet 的显示和刷新由一个独立线程控制，称为 AWT 线程。当出现以下两种情况时，AWT 线程会进行相关的处理。

● 如果 Applet 部分显示内容被其他窗口覆盖，则当其他窗口关闭或移开时，曾被覆盖的部分必须重画，此时 AWT 线程会自动调用 paint()方法。

● 如果程序中需要重新更新显示内容，则可以调用 repaint()方法通知系统更新显示内容，此时 AWT 线程会自动调用 update()方法，该方法首先将当前显示画面清空，然后调用 paint()方法绘制新的显示内容。

一般来说，浏览器能够很好地解决显示和刷新的问题，只要重写 paint()方法就可以了，在需要的时候调用 repaint()方法，不需要重写该方法，而对于 update()方法来说既不需要重写，也不需要在程序中进行调用。

这里要注意的是，在一些动画设计中，如果仅重写 paint()方法，会产生抖动现象，为了消除抖动，需要全部重写这几个方法，具体用法请参考有关书籍和文章。

【例 16-4】本例显示一个图形化的数字时钟，用到了 Applet 中的常用方法以及第 14 章所学的线程方法。

Applet 程序如下：

```java
import java.util.*;
import java.awt.*;
import java.applet.*;

public class Clock extends Applet implements Runnable {
    Thread timer = null;
    int lastxs=0, lastys=0, lastxm=0, lastym=0, lastxh=0, lastyh=0;
    Date dummy = new Date();
    String lastdate = dummy.toLocaleString();

    public void init() {
        int x, y;
        resize(300, 300);                   // 设置 Applet 大小
    }

    public void paint(Graphics g) {        //显示数字时钟
        int s, m, h;
        String current;
        Date dat = new Date();
        h = dat.getHours();                 //获取当前日期和时间
        m = dat.getMinutes();
        s = dat.getSeconds();
        current = dat.toLocaleString();

        g.setFont(new Font("TimesRoman", Font.PLAIN, 40));
        g.setColor(Color.darkGray);         //消除上次显示的数字时钟
        g.drawString(lastdate, 105, 200);    //显示数字时钟
        g.setColor(Color.darkGray);
```

```
        g.drawString(current, 105, 200);          //画新时钟
        g.setColor(Color.blue);
        lastdate = current;
    }

    public void start() {                         //启动线程
        if(timer == null) {
            timer = new Thread(this);
            timer.start();
        }
    }

    public void stop() {
        timer = null;
    }

    public void run() {               //每隔一秒钟，刷新一次画面
        while (timer != null) {
            try {Thread.sleep(1000);} catch (InterruptedException e) {}
            repaint();
        }
        timer = null;
    }

    public void update(Graphics g) {  //重写该方法是为了消除抖动现象
        paint(g);
    }
}
```

程序运行结果如图 16-7 所示。

图 16-7 显示时钟

在这个程序中，要注意两个问题：一是如何消除原有图形，方法是用背景色重新画一遍，这样原有图形就看不见了；另一个问题是重写 update()方法的目的是消除抖动现象，作为练习，大家可以试一下，看看如果不重写 update()方法，显示的效果是什么样的。

16.2.8 HTML 与 Applet

Applet 是不能独立运行的 Java 程序，必须通过<applet></applet>标记嵌入到一个 HTML 文件中，然后才能由浏览器解释执行。前面已经有示例，这里介绍一下<applet>标

记的完整语法及用法。

<applet>标记的语法：

```
<applet
    code=appletFile.class
    [width=pixels] [height=pixels]
    [codebase=codebaseURL]
    [alt=alternateText]
    [name=appletInstanceName]
    [align=alignment]
    [vspace=pixels] [hspace=pixels]
>
    [<param name=appletAttribute1 value=values>]
    [<param name=appletAttribute1 value=values>]
    ...
</applet>
```

其中：

（1）code=appletFile.class：指明了要运行的 Applet 应用程序的文件名。要注意的是，由于是在浏览器下运行，需要使用 URL 来访问 HTML 文件，因此不能在 Applet 前面加路径名。默认情况下，浏览器是在 HTML 文件所在目录下寻找指定的 Applet 文件，即 Applet 文件应该与 HTML 文件在同一目录下，具有相同的 URL。如果需要改变 Applet 默认的 URL，需要使用后面的 codebase 参数。

（2）width=pixels height=pixels：指定 Applet 显示区域的初始宽和度，单位是像素。

（3）codebase=codebaseURL：指定 Applet 的 URL。如果 Applet 与 HTML 文件在同一目录下，不需要设置这个参数，否则的话，需要设置 Applet 的 URL，一般是相对于 HTML 文件的相对路径。

例如 HTML 文件在 C:\javatest 下，而 Applet 文件在 C:\javatest\applets 下，则在 HTML 文件中的写法如下：

```
<html>
<applet code=myapplet.class codebase="./applets"></applet>
</html>
```

这样，浏览器就会去 HTML 文件所在目录下的 applets 目录中寻找并执行 Applet 文件了。

（4）alt=alternateText：指定一段替换文本，它的作用是当浏览器不能运行 Applet 程序时，将显示这段文本替换 Applet 程序。如果不指定这段文本，则当浏览器不能运行 Applet 程序时，将显示默认的出错信息。

（5）name=appletInstanceName：为 Applet 指定一个名字，使得同一浏览器窗口中运行的其他 Applet 能够通过这个名字识别该 Applet 并进行通信。

（6）align=alignment：指定 Applet 的对齐方式，可取的值如下。

- left：左对齐。
- right：右对齐。
- top：上对齐。
- texttop：文本上对齐。
- middle：居中。

- absmiddle：绝对居中。
- baseline：基线。
- bottom：底线对齐。
- absbottom：绝对底线对齐。

其中默认的是左对齐。

(7) vspace=pixels hspace=pixels：指定 Applet 与周围文本的垂直间距和水平间距，单位是像素。

(8) param name=appletAttributel value=values：为 Applet 指定参数，其中 name 是参数的名字，value 是参数的值。在 Applet 中通过 getParameter("name")方法来获取相应的参数值，其中参数名 name 应该与标记中的 name 一致。参数的设置可以有多个。

【例 16-5】Applet 获取参数。

本例通过 HTML 向 Applet 传递 3 个参数 text、size 和 color，text 是显示文本，size 是显示文本的字体大小，color 是文本颜色。这样，只要修改 HTML 文件就可以通过 Applet 显示不同大小、颜色的不同文本，而不用重新编译 Applet 程序了。

AppletRefresh.html 文件如下：

```
<html>
<head>
    <Title>Applet 获取参数</Title>
</head>
<body>
<Center>
<P>Applet 获取参数</P>
<hr>
<applet code= AppletRefresh.class width=200 height=100>
    <param name=text value="AppletHello!">
    <param name=size value=50>
    <param name=color value=008800>
</applet>
<hr>
</body>
</html>
```

该文件中设置了 3 个参数，即 text、size 和 color，并分别给出对应的值。

AppletPara.java 程序如下：

```
import java.applet.*;
import java.awt.*;
public class AppletRefresh extends Applet {
    private String text;
    private int size,color;
    public void init() {
        text = getParameter("text");                     //获得文本参数
        size = Integer.parseInt(getParameter("size"));    //获得字体大小
        color = Integer.parseInt(getParameter("color"), 16); //获得颜色值
    }
    public void paint(Graphics g) {
        Color c = new Color(color);
        g.setColor(c);
        Font f = new Font("", 1, size);
```

```
        g.setFont(f);
        g.drawString(text, 10, 50);              //显示指定大小和颜色的字符串
    }
}
```

程序中，通过 getParameter()方法获得参数，类型是字符串。对于 int 型的 size 和 color，必须将字符串转为数值型。本例中使用一种将字符串转为整数的常用方法，分为两步。

(1) 构造一个整数类(Integer)对象。

将字符串作为参数构造一个整数类(Integer)对象：

```
Integer(String str)
```

注意这里 Integer 是整数类，而不是基本数据类型中的整数 int。

(2) 将整数对象转换为一个整数。

调用 Integer 类的 parseInt(String str)方法，将整数对象转换为一个十进制整数：

```
size = Integer.parseInt(getParameter("size"));
color = Integer.parseInt(getParameter("color"), 16);
```

由于颜色值 color 是一个十六进制数，所以要调用 paresInt(String str, 16)将整数对象转为换一个十六进制整数。在浏览器中运行的效果如图 16-8 所示。

图 16-8　Applet 获取参数

16.3　Java Applet 的应用

16.3.1　在 Applet 中使用 URL

URL(Uniform Resource Locator)称为统一资源定位符，其值表示网络上某个资源的地址，是 Internet 和 WWW 的门户。在通常情况下，资源表示一个文件，比如一个 HTML 文档、一个图像文件或一个声音片段等。

在 Applet 类中有以下几种方法可以获取 URL 对象及有关的信息。

(1) getDocumentBase()：此方法返回当前 Applet 所在的 HTML 文件的 URL。例如，如果 HTML 文件在"http://localhost/java"中，则通过 getDocumentBase()方法返回的 URL 值就是"http://localhost/java"。

(2) getCodeBase()：此方法返回当前 Applet 的 URL。例如，如果 Applet 文件在

"http://localhost/java/applet" 中，则通过 getDocumentBase()方法返回的 URL 值就是 "http://localhost/java/applet"。

对于一个 Java 应用项目来说，可能由许多文件组成，包括 Java 文件和其他辅助文件，如图形文件等，一般来说，这些文件将分类放在不同的文件夹下，如图形文件可以放在 http://localhost/java/applet/images 下。当整个项目文件更换路径时，也需要同时修改这些路径。例如当 Applet 文件更换到路径 http://localhost/java/applet1 时，需要将图形文件路径更改为 http://localhost/java/applet1/images。显然这样很不方便。这时，可以通过 getDocumentBase()方法取得图形文件相对于 Applet 文件的位置 getCodeBase()+"/images"，这样，即使 Applet 路径发生变化，也不用修改图形文件的路径了。

(3) void showDocument(URL url)：此方法完成从嵌入 Java Applet 的 Web 页链接另一个 Web 页面的工作，程序只需提供 URL，其他的工作将自动完成。

(4) public AppletContext getAppletContext()：该方法可得到当前运行页的环境上下文 AppletContext 对象。通过 AppletContext 对象可以得到当前小应用程序运行环境的信息。AppletContext 是一个接口，其中定义了一些方法可以得到当前页的其他小应用程序，进而实现同页小应用程序之间的通信。

【例 16-6】同页 Applet 间的通信示例。

例中建立两个 Applet 小程序，一个完成发送信息的功能，另一个完成接受信息的功能。屏幕效果如图 16-9 所示。

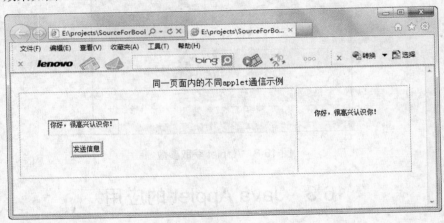

图 16-9　屏幕效果

HTML 文件内容如下：

```html
<html>
<center>
<head>同一页面内的不同 applet 通信示例</head>
</center>
<table border=1>
<tr>
<td>
<applet code="SenderApplet.class" height="150" width="500"></applet>
</td>
<td>
```

```
<applet name="ReceiverApplet" code="SecondApplet.class" height="150"
  width="200"></applet>
</td></tr></table>
</html>
```

Applet 程序如下：

```
//SenderApplet.java
import java.applet.*;
import java.awt.*;
import java.awt.event.*;
public class SenderApplet extends Applet implements ActionListener {
    TextField message;
    Button button;
    public void init() {
        setLayout(null);
        message = new TextField(50);
        message.setBounds(10, 10, 170, 20);
        add(message);
        button = new Button("发送");
        button.setBounds(50, 50, 80, 30);
        message.setBounds(50, 50, 130, 30);
        add(message);
        button = new Button("发送信息");
        button.setBounds(90, 90, 60, 30);
        button.addActionListener(this);
        add(button);
    }
    public void actionPerformed(ActionEvent e) {     //动作监听程序
        ReceiverApplet another =
          (ReceiverApplet)getAppletContext().getApplet("ReceiverApplet");
        if(another != null) {
            another.draw(message.getText());
        }
    }
}


//SecondApplet.Java
import java.awt.*;
import java.applet.*;
public class ReceiverApplet extends Applet {
    public void draw(String s) {
        Graphics g = this.getGraphics();
        g.drawString(s, 50, 50);
    }
}
```

16.3.2　显示图像

Java 本质上是 Internet 网络开发语言，因此 Java 可处理的图像格式并不支持 BMP 位图格式，而只是支持 GIF、JPG 和 PNG 等适合于 Internet 传输的格式。在 Applet 中可以显示已有的图像文件，分两步进行。

1. 装载图像文件

为了显示一幅图像，必须首先将其加载到计算机内存中。使用 Applet 的 getImage 方法来装载图像文件，并生成一个 java.awt.Image 对象。格式为：

```
public Image getImage(URL url1, String filename)
public Image getImage(URL url2)
```

其中，url1 是图像文件所在路径，filename 是图像文件名，url2 中已经包含了图像文件名。在 Java 中支持的图像格式有 GIF、JPG、BMP 等。

例如：

```
Image img = getImage(getDocumentBase(),"/images/color.gif");
Image img = getImage("http://localhost/java/images/color.jpg");
```

2. 显示图像对象

使用 java.awt.Graphics 类中 drawImage 方法可以显示 Image 图像对象。

格式为：

```
drawImage(Image img, int x, int y, ImageObserver observer)
drawImage(Image img, int x, int y, int width, int height,
  ImageObserver observer)
```

其中，img 是图像对象，x 和 y 是显示坐标，observer 是绘图的监视器，即在哪个对象上绘制图像，以 Applet 作监视器，就用 this 作参数。

第二个方法中的 width 和 height 指定了图像显示的宽度和高度，如果图像大小与此不一致，则图像将根据这个大小进行缩放。

【例 16-7】显示当前路径下的图像文件"bird.jpg"。

代码如下：

```
import java.applet.Applet;
import java.awt.Image;
import java.awt.Graphics;

public class GrfApplet extends Applet {
    Image img;
    //初始化方法
    public void init() {
        //加载 GIF 格式的图像文件
        //System.out.println(getCodeBase());
        img = getImage(getCodeBase(), "bird.jpg");
    }
    public void paint(Graphics g) { //绘图方法
        //显示图片
        //System.out.println("is:" + img.getSource());
        //System.out.println("is:" + img.getWidth(this));
        g.drawImage(img, 30, 30, this);
    }
}
```

appletViewer 中的运行结果如图 16-10 所示。

图 16-10　运行结果

16.3.3　播放声音

为了丰富页面，Applet 提供了两种播放声音文件的方法，可以播放常用的 WAV、AU 等声音文件格式。

1. 直接播放声音文件

Applet 的 play 方法可以加载声音并只播放一次，当播放完以后，就会对该音频设置标记，以便以后进行垃圾回收。Applet 的 play 方法有以下两种形式：

```
public void play(URL url1, String filename)
public void play(URL url2)
```

其中，url1 是声音文件的路径，filename 是声音文件名，url2 中已包含声音文件名。

【例 16-8】以 Applet 显示图像和播放声音。

本例演示在 Applet 上显示图像和播放声音。我们准备了一个图像文件 cat.jpg 和一个声音文件 sound.wav，分别存放在当前目录下。DispGraph.html 文件内容如下：

```
<html>
<applet code=MultiMediaApplet.class  Width=400 Height=300>
    <param name=g_width value=300 >
    <param name=g_height value=210>
</applet>
</html>
```

本例中的图像实际大小为 600×420。

设置 Applet 大小为 400×300，图像大小由参数 g_width、g_height 来设置，为 300×210，即将图像缩小一半后显示。如果图像区域比 Applet 区域大，则系统将按 Applet 大小裁减图像后显示。Applet 程序如下：

```
import java.awt.*;
import java.applet.*;
public class MultiMediaApplet extends Applet {
    int g_width, g_height;                         //图像的大小
    Image img;                                     //定义一个图像对象
    public void init() {                           //装载图像并产生图像对象
        img = getImage(getDocumentBase(), "cat.jpg");
```

```
        g_width = Integer.parseInt(getParameter("g_width"));    //获得参数
        g_height = Integer.parseInt(getParameter("g_height"));
    }
    public void paint(Graphics g) {
        g.drawImage(img, 0, 0, g_width, g_height, this);   //绘制 Image 对象
        play(getDocumentBase(), "sound.wav");        //播放声音文件
        g.drawString("这个声音从哪里来？好奇怪！", 20, g_height+20);
    }
}
```

在浏览器中运行的效果如图 16-11 所示。

图 16-11　显示图像

　　程序中，将播放声音文件的代码放在 paint()方法中，这样，在每次页面刷新的时候，都先显示一个图像，然后播放声音文件。

　　在很多情况下，由于网速等原因，会造成图像显示不完整，这时需要使用一个图像跟踪类 MediaTracker 来异步获取完整的图像，同时它也可以用来同时加载多个图像，十分有用，限于篇幅，这里不详细介绍，有关使用请参考 Java 帮助文档。

2. 利用 AudioClip 声音对象播放声音文件

　　前面介绍的使用 play 方法直接播放声音文件虽然简单，但只能播放一次，而且不能停止。为了实现对声音文件的控制播放，可以使用 java.applet.AudioClip 声音对象。与图像一样，首先装载声音文件并生成一个 AudioClip 对象，然后利用 AudioClip 的 play()和 stop()等方法来控制声音文件的播放和停止。

　　(1) 获取声音文件并生成 AudioClip 对象

　　使用 Applet 类的 getAudioClip 方法可以获取声音文件并生成 AudioClip 对象。格式为：

```
public AudioClip getAudioClip(URL url1, String filename)
public AudioClip getAudioClip(URL url2)
```

　　其中，url1 是声音文件所在的路径，filename 是声音文件名，url2 中已经包含了声音文件名。例如：

```
au = getAudioClip(getDocumentBase(), "wav/sound.wav");
```

　　(2) 播放声音文件

　　AudioClip 对象播放声音文件有两种方法——play 和 loop。

- public void play()：播放一遍。
- public void loop()：循环播放。

(3) 停止声音文件的播放

利用 AudioClip 的 stop()方法可以随时停止声音文件的播放：

```
public void stop() //停止播放
```

16.3.4　Java 多媒体框架

Java 多媒体框架(Java Media Framework，JMF)实际上是 Java 的一个类包，包含了许多用于处理多媒体的 API，该核心框架支持不同媒体(如音频输出和视频输出)间的时钟同步。它是一个标准的扩展框架，允许用户制作纯音频流和视频流。

使用 JMF，能够编写出功能强大的多媒体程序，却不用关心底层复杂的实现细节。几乎所有的媒体类型的操作和处理都可以通过 JMF 来实现。

如果你想编写能播放视频的 Java 程序，必须到 Sun 公司的网站下载并安装 JMF 2.1(或更高版本)。JMF 为我们提供编写多媒体程序所必需的包：javax.media。

建立一个播放视频的程序，主要步骤如下。

(1) 创建一个播放器：

```
Player player = Manager.createPlayer(url);
```

(2) 向播放器注册控制监视器：

```
player.addControllerListener(监视器);
```

(3) 让播放器对媒体进行预提取：

```
player.prefetch();
```

(4) 启动播放器：

```
player.start();
```

(5) 停止播放器：

```
player.stop();
```

16.4　课后习题

1. 填空题

(1) 每个 Applet 必须定义为_____的子类。

(2) Applet 生命周期是指从 Applet 下载到_____，到用户退出浏览器，中止 Applet 运行的结果。

(3) Java 程序可以分为 Application 和 Applet 两大类，能在 WWW 浏览器上运行的是_____。

(4) Applet 程序既可以用_____或浏览器加载执行，也可以用 Java 解释器从命令行启动执行。

2. 选择题

(1) Applet 可以做下列哪些操作？(   )
A. 读取客户端文件
B. 在客户端主机上创建新文件
C. 在客户端装载程序库
D. 读取客户端部分系统变量

(2) 关于 Applet 的运行过程，下列说法错误的是(   )。
A. 浏览器加载指定 URL 中的 HTML 文件
B. 浏览器加密 HTML 文件
C. 浏览器加载 HTML 文件中指定的 Applet 类
D. 浏览器中的 Java 运行环境运行该 Applet

(3) 在 Applet 中画图、画图像、显示字符串用到的方法是(   )。
A. paint()   B. init()   C. stop()   D. draw()

(4) 关于 Applet 和 Application，下列说法错误的是(   )。
A. Applet 自身不能运行   B. Applet 可以嵌在 Application 中运行
C. Application 以 main()方法为入口   D. Applet 可嵌在浏览器中运行

3. 判断题

(1) Applet 的执行离不开一定的 HTML 文件。   (   )
(2) Applet 可以运行本地机器上的可执行程序。   (   )
(3) Applet 的两个方法 getCodeBase()和 getDocumentBase()的返回值都是 URL 类的对象，且二者返回的都是相同的 URL 地址。   (   )
(4) Java Applet 不能够存取客户机磁盘上的文件。   (   )
(5) Applet 可以运行在浏览器中。   (   )

4. 简答题

(1) Applet 小应用程序的生命周期有哪些过程？
(2) Applet 和 Application 有何区别？是否可以将 Applet 改写成 Application 程序？
(3) Applet 小应用程序运行的过程怎样？

5. 操作题

(1) 编写 Applet 小程序，利用 Applet 显示一幅图像。
(2) 在上题的基础上编写 Applet 小程序，当鼠标经过该图像时播放一个声音。

第 17 章

JDBC 数据库编程

数据库连接对动态网站来说是最为重要的部分，Java 中连接数据库的技术是 JDBC(Java Database Connectivity)。本章将介绍 JDBC 数据库编程的相关知识点。

17.1　JDBC 概述

数据库连接对动态网站来说是最为重要的部分，Java 中连接数据库的技术是 JDBC(Java Database Connectivity)。很多数据库系统带有 JDBC 驱动程序，Java 程序就通过 JDBC 驱动程序与数据库相连，执行查询，提取数据等。Sun 公司还开发了 JDBC-ODBC Bridge，用此技术，Java 程序就可以访问带有 ODBC 驱动程序的数据库，目前大多数数据库系统都带有 ODBC 驱动程序，所以 Java 程序能访问诸如 Oracle、Sybase、MS SQL Server 和 MS Access 等数据库。

17.1.1　JDBC 的发展历程

说到 JDBC，很容易让人联想到另一个十分熟悉的字眼 "ODBC"。它们之间有没有联系呢？如果有，那么它们之间又是怎样的关系呢？

ODBC 是 Open Database Connectivity 的英文简写。它是一种用来在相关或不相关的数据库管理系统(DBMS)中存取数据的，是用 C 语言实现的标准应用程序数据接口。通过 ODBC API，应用程序可以存取保存在多种不同数据库管理系统(DBMS)中的数据，而不论每个 DBMS 使用了何种数据存储格式和编程接口。

1. ODBC 的结构模型

ODBC 的结构包括 4 个主要部分：应用程序接口、驱动器管理器、数据库驱动器和数据源。

- 应用程序接口：屏蔽不同的 ODBC 数据库驱动器之间函数调用的差别，为用户提供统一的 SQL 编程接口。
- 驱动器管理器：为应用程序装载数据库驱动器。
- 数据库驱动器：实现 ODBC 的函数调用，提供对特定数据源的 SQL 请求。如果需要，数据库驱动器将修改应用程序的请求，使得请求符合相关的 DBMS 所支持的文法。
- 数据源：由用户想要存取的数据以及与它相关的操作系统、DBMS 和用于访问 DBMS 的网络平台组成。

虽然 ODBC 驱动器管理器的主要目的是加载数据库驱动器，以便 ODBC 函数调用，但是数据库驱动器本身也执行 ODBC 函数调用，并与数据库相互配合。因此当应用系统发出调用与数据源进行连接时，数据库驱动器能管理通信协议。当建立起与数据源的连接时，数据库驱动器便能处理应用系统向 DBMS 发出的请求，对分析或发自数据源的设计进行必要的翻译，并将结果返回给应用系统。

2. JDBC 的诞生

自从 Java 语言于 1995 年 5 月正式公布以来，Java 风靡全球。出现大量的用 Java 语言编写的程序，其中也包括数据库应用程序。由于没有一个 Java 语言的 API，编程人员不得不在 Java 程序中加入 C 语言的 ODBC 函数调用。这就使很多 Java 的优秀特性无法充分发挥，比如平台无关性、面向对象特性等。随着越来越多的编程人员对 Java 语言的日益喜爱，越来越多的公司在 Java 程序开发上投入的精力日益增加，对 Java 语言接口的访问数据库的 API 的要求越来越强烈。也由于 ODBC 有其不足之处，比如它并不容易使用，没有面向对象的特性等，Sun 公司决定开发一个 Java 语言的数据库应用程序开发接口。在 JDK 1.x 版本中，JDBC 只是一个可选部件，到了 JDK 1.1 公布时，SQL 类包(也就是 JDBC API)就成为 Java 语言的标准部件。

17.1.2　JDBC 的技术简介

JDBC 是一种可用于执行 SQL 语句的 Java API。它由一些 Java 语言编写的类和界面组成。JDBC 为数据库应用开发人员、数据库前台工具开发人员提供了一种标准的应用程序设计接口，使开发人员可以用纯 Java 语言编写完整的数据库应用程序。

通过使用 JDBC，开发人员可以很方便地将 SQL 语句传送给几乎任何一种数据库。也就是说，开发人员可以不必写一个程序访问 Sybase，写另一个程序访问 Oracle，再写一个程序访问 Microsoft 的 SQL Server。用 JDBC 写的程序能够自动地将 SQL 语句传送给相应的数据库管理系统(DBMS)。不但如此，使用 Java 编写的应用程序可以在任何支持 Java 的平台上运行，不必在不同的平台上编写不同的应用。Java 和 JDBC 的结合可以让开发人员在开发数据库应用时真正实现"Write once, run everywhere"。

Java 具有健壮、安全、易用等特性，而且支持自动网上下载，本质上是一种很好的数据库应用的编程语言。它所需要的是 Java 应用如何同各种各样的数据库连接，JDBC 正是实现这种连接的关键。

JDBC 扩展了 Java 的能力，如使用 Java 和 JDBC API 就可以公布一个 Web 页，页中带有能访问远端数据库的 Applet。或者企业可以通过 JDBC 让全部的职工(他们可以使用不同的操作系统，如 Windows，Machintosh 和 Unix)在 Intranet 上连接到几个全球数据库上，而这几个全球数据库可以是不相同的。随着越来越多的程序开发人员使用 Java 语言，对 Java 访问数据库易操作性的需求越来越强烈。

MIS 管理人员喜欢 Java 和 JDBC，因为这样可以更容易经济地公布信息。各种已经安装在数据库中的事务处理都将继续正常运行，甚至这些事务处理是存储在不同的数据库管理系统中；而对新的数据库应用来说，开发时间将缩短，安装和版本升级将大大简化。程序员可以编写或改写一个程序，然后将它放在服务器上，而每个用户都可以访问服务器得到最新的版本。对于信息服务行业，Java 和 JDBC 提供了一种很好的向外界用户更新信息的方法。

1. JDBC 的任务

简单地说，JDBC 能完成下列 3 件事：
● 与一个数据库建立连接。
● 向数据库发送 SQL 语句。
● 处理数据库返回的结果。

2. JDBC 是一种底层的 API

JDBC 是一种底层 API，这意味着它将直接调用 SQL 命令。JDBC 完全胜任这个任务，而且比其他数据库互联更加容易实现。同时它也是构造高层 API 和数据库开发工具的基础。高层 API 和数据库开发工具应该是用户界面更加友好，使用更加方便，更易于理解的。但所有这样的 API 将最终被翻译为像 JDBC 这样的底层 API。目前两种基于 JDBC 的高层 API 正处在开发阶段。

(1) SQL 语言嵌入 Java 的预处理器。虽然 DBMS 已经实现了 SQL 查询，但 JDBC 要求 SQL 语句被当作字符串参数传送给 Java 程序。而嵌入式 SQL 预处理器允许程序员将 SQL 语句混用：Java 变量可以在 SQL 语句中使用，来接收或提供数值。然后 SQL 的预处理器将把这种 Java/SQL 混用的程序翻译成带有 JDBC API 的 Java 程序。

(2) 实现从关系数据库到 Java 类的直接映射。Javasoft 和其他公司已经宣布要实现这一技术。在这种"对象/关系"映射中，表的每一行都将变成这类的一个实例，每一列的值对应实例的一个属性。

程序员可以直接操作 Java 的对象；而存取所需要的 SQL 调用将在内部直接产生。还可以实现更加复杂的映射，比如多张表的行在一个 Java 的类中实现。

随着大家对 JDBC 兴趣的不断浓厚，越来越多的开发人员已经开始利用 JDBC 为基础工具进行开发。这使开发工作变得容易。同时，程序员也正在开发对最终用户来说访问数据库更加容易的应用程序。

3. JDBC 和 ODBC 及其他 API 的比较

到目前为止，微软的 ODBC 可能是用得最广泛的访问关系数据库的 API。它提供了连接几乎任何一种平台、任何一种数据库的能力。那么为什么不直接在 Java 中使用 ODBC 呢？

回答是可以在 Java 中使用 ODBC。但最好在 JDBC 的协助下，用 JDBC-ODBC 桥接器来实现。那么，为什么需要 JDBC 呢？要回答这个问题，有这么几个方面的考虑。

(1) ODBC 并不适合在 Java 中直接使用。ODBC 是一个 C 语言实现的 API，从 Java 程序调用本地的 C 程序会带来一系列类似安全性、完整性、稳定性的缺点。

(2) 其次，完全精确地实现从 C 代码 ODBC 到 Java API 写的 ODBC 的翻译也并不令人满意。比如，Java 没有指针，而 ODBC 中大量地使用了指针，包括极易出错的空指针"void*"。因此，对 Java 程序员来说，把 JDBC 设想成将 ODBC 转换成面向对象的 API 是很自然的。

(3) ODBC 并不容易学习，它将简单特性和复杂特性混杂在一起，甚至对非常简单的查询都有复杂的选项。而 JDBC 刚好相反，它保持了简单事物的简单性，但又允许复杂的特性。

(4) JDBC 这样的 Java API 对于纯 Java 方案来说是必需的。当使用 ODBC 时，人们必须在每一台客户机上安装 ODBC 驱动器和驱动管理器。如果 JDBC 驱动器是完全用 Java 语言实现的话，那么 JDBC 的代码就可以自动地下载和安装，并保证其安全性，而且，这将适应任何 Java 平台，从网络计算机 NC 到大型主机 Mainframe。

总而言之，JDBC API 是能体现 SQL 最基本抽象概念的、最直接的 Java 接口。它构建在 ODBC 的基础上，因此，熟悉 ODBC 的程序员将发现学习 JDBC 非常容易。JDBC 保持了 ODBC 的基本设计特征。实际上，这两种接口都是基于 X/OPENSQL 的调用级接口(CLI)。它们的最大的不同是 JDBC 是基于 Java 的风格和优点，并强化了 Java 的风格和优点。

微软在后期又推出了除了 ODBC 以外的新的 API，如 RDO、ADO 和 OLEDB。这些 API 事实上在很多方面上同 JDBC 一样朝着相同的方向努力，也就是努力成为一个面向对象的，基于 ODBC 的类接口。

然而，这些接口目前并不能代替 ODBC，尤其在 ODBC 驱动器已经在市场完全形成的时候，更重要的是它们只是 ODBC 的"漂亮的包装"。

4. JDBC 两层模型和三层模型

JDBC 支持两层模型，也支持三层模型来访问数据库。

两层模型如图 17-1 所示。一个 Java Applet 或者一个 Java Application 直接同数据库连接。这就需要能直接被访问的数据库连接 JDBC 驱动器。用户的 SQL 语句被传送给数据库，而这些语句执行的结果将被传回给用户。数据库可以在同一机器上，也可以另一机器上通过网络进行连接。这被称为 Client/Server 结构，用户的计算机作为 Client，运行数据库的计算机作为 Server。这个网络可以是 Intranet，比如连接全体雇员的企业内部网，当然也可以是 Internet。

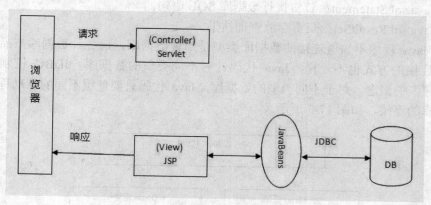

图 17-1 JDBC 两层模型

在三层模型中，命令将被发送到服务的"中间层"，而"中间层"将 SQL 语句发送到数据库。数据库处理 SQL 语句并将结果返回"中间层"，然后"中间层"将它们返回用户。

MIS 管理员将发现三层模型很有吸引力，因为"中间层"可以进行对访问的控制并协同数据库的更新。

另一个优势就是，如果有一个"中间层"，用户就可以使用一个易用的高层的 API，这个 API 可以由"中间层"进行转换，转换成底层的调用。而且，在许多情况下，三层模型可以提供更好的性能，如图 17-2 所示。

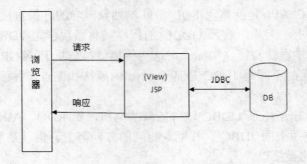

图 17-2   JDBC 三层模型

17.2   以 JDBC 连接数据库

17.2.1   数据库连接概述

JDBC 访问数据库技术提供了一系列的 API，让 Java 语言编写的代码可以连接到数据库，对数据库进行数据添加、删除、修改和查询等操作。

JDBC 相关的 API 存放在 java.sql 包中，主要包括以下类和接口。

- Java.sql.Connection：负责连接数据库。
- Java.sql.Statement：负责执行数据库 SQL 语句。
- Java.sql.ResultSet：负责存放查询结果。

由于 Java 程序不知道连接的数据库类型是那种数据库，而各种数据库产品，由于厂商不同，连接的方式也不一样，Java 代码针对不同类型的数据库，JDBC 机制中提供了"驱动程序"的概念。对于不同类型的数据库，Java 代码只要使用不同的驱动程序就可以进行数据库的连接，如图 17-3 所示。

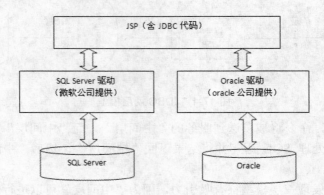

图 17-3   厂商驱动连接数据库

从图 17-3 可以看出，对于不同厂商的数据库，应该首先安装相应厂商的数据库驱动。这就是数据库连接的一种方式：数据库厂商驱动连接。

如果用户觉得每次去连接数据库的时候需要到厂商的网站去下载数据库驱动很麻烦的

话，就可以采用第二种连接方式。微软提供了一个数据库连接的解决方案，那就是在微软公司的 Windows 操作系统中，预先设计了一个 ODBC(Open Database Connectivity，开放数据库互连)，该技术几乎支持所有在 Windows 平台下运行的数据库，由它连接到特定的数据库后，JDBC 只需要连接到 ODBC 就可以了，如图 17-4 所示。

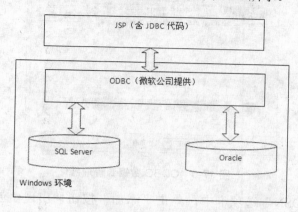

图 17-4　ODBC 驱动连接数据库

从图 17-4 中可以看出，通过 ODBC 可以连接到 ODBC 支持的任意数据库，这种连接方式叫作 JDBC-ODBC 桥。使用这种方式使 Java 连接到数据库的驱动程序称为 JDBC-ODBC 桥接驱动器。

在上述介绍的两种数据库连接方式中，ODBC 桥接连接方式比较简单，缺点是仅仅支持 Windows 下的数据库连接；数据库厂商驱动连接方式可移植性比较好，但是需要到不同的厂商那里下载相应的驱动程序。

17.2.2　JDBC-ODBC 连接数据库

在使用 ODBC 之前，需要配置 ODBC 数据源，本节以 Access 为例，讲解如何使用 JDBC-ODBC 桥接方式连接数据库。

1. 配置 ODBC 数据源

在 Windows XP 下配置 ODBC 数据源的操作步骤如下。

(1) 打开"控制面板"、"管理工具"，双击"数据源"图标，如图 17-5 所示。

图 17-5　打开数据源配置

(2) 打开 "ODBC 数据源管理器"，如图 17-6 所示。

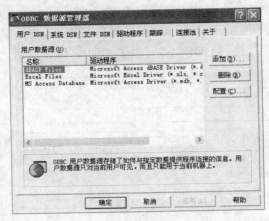

图 17-6   ODBC 数据源管理器

(3) 在 "用户 DSN" 选项卡中，单击 "添加" 按钮，出现 "创建新数据源" 对话框，选择 "Microsoft Access Driver"，如图 17-7 所示。

图 17-7   创建新数据源

(4) 以左键单击 "完成" 按钮，进入 "ODBC Microsoft Access 安装" 对话框，如图 17-8 所示。

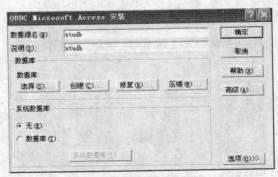

图 17-8   "ODBC Microsoft Access 安装" 对话框

（5）　输入"数据源名"和"说明"，单击数据库"选择"按钮，打开"选择数据库"对话框，如图 17-9 所示。

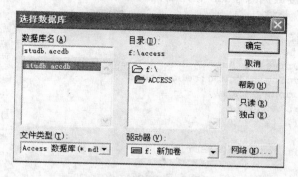

图 17-9　选择数据库

（6）　单击"确定"按钮，完成选择，然后单击"确定"按钮，完成操作，如图 17-10 所示。

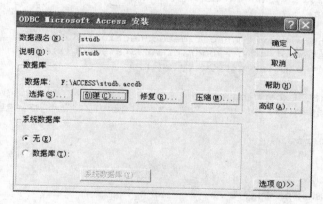

图 17-10　完成安装

2. 连接 ODBC 数据源

连接 ODBC 数据源的操作步骤如下。

（1）　加载驱动程序，加载 Java 应用程序所用的数据库的驱动程序。当然现在用的是 JDBC-ODBC 驱动，这个驱动程序不需要专门安装。代码格式如下：

```
Class.forName("sun.jdbc.odbc.JdbcOdbcDriver");
```

（2）　建立连接。与数据库建立连接的标准方法是调用方法：

```
Drivermanger.getConnection(String url)
```

Drivermanger 类用于处理驱动程序的调入，并且对新的数据库连接提供支持。其中 url 是数据库连接字符串，格式为"jdbc:odbc:数据源名称"。

（3）　执行 SQL 语句。JDBC 提供了 Statement 类来发送 SQL 语句，Statement 类的对象由 createStatement 方法创建；SQL 语句发送后，返回的结果通常存放在一个 ResultSet 类的对象中，ResultSet 可以看作是一个表，这个表包含由 SQL 返回的列名和相应的值，ResultSet 对象中维持了一个指向当前行的指针，通过一系列的 getXXX 方法，可以检索当前行的各个列，从而显示出来。

通过上述方式连接数据源 studb 的详细代码如下：

```java
package test;
import java.sql.*;
public class stu {
    String sDBDriver = "sun.jdbc.odbc.JdbcOdbcDriver";
    String sConnStr = "jdbc:odbc:studb";
    Connection conn = null;
    ResultSet rs = null;
    public stu() {
        try {
            Class.forName(sDBDriver);
        }
        catch(java.lang.ClassNotFoundException e) {
            System.err.println("stu(): " + e.getMessage());
        }
    }
    public ResultSet executeQuery(String sql) {
        rs = null;
        try {
            conn = DriverManager.getConnection(sConnStr);
            Statement stmt = conn.createStatement();
            rs = stmt.executeQuery(sql);
        }
        catch(SQLException ex) {
            System.err.println("aq.executeQuery: " + ex.getMessage());
        }
        return rs;
    }
}
```

创建 JSP 文件 stu.jsp，内容如下：

```jsp
<html>
<head>
<meta http-equiv="Content-Type" content="text/html; charset=gb2312">
<title>stu 信息 !</title>
</head>
<body>
<p><b>stu 信息!</b></p>
<%@ page language="java" import="java.sql.*" %>
<jsp:useBean id="workM" scope="page" class="test.stu" />
<%
ResultSet RS = workM.executeQuery("SELECT * FROM stu");
String tt;
while (RS.next()) {
    tt = RS.getString("Answer");
    out.print("<LI>" + RS.getString("Subject") + "</LI>");
    out.print("<pre>" + tt + "</pre>");
}
RS.close();
%>
```

在浏览器中地址栏中键入 "http://localhost:8080/test/stu.jsp"，调用 JavaBean，从数据

库中读出内容并输出。

17.2.3　用 JDBC 专用驱动程序连接数据库

首先要安装数据库的 JDBC 驱动程序，有时候这些驱动程序可以从 Sun 公司或有关数据库系统生产商的网站下载，它们必须首先安装在运行 Java 程序的本地机上，并正确设置了环境变量。

设计 JDBC 的目的，就是屏蔽底层数据库的差异，因为现在主流的数据库有很多种，它们之间往往存在差异，有了 JDBC 后，只要数据库连接上了，其他的操作基本相同。

下面列出了各种数据库使用 JDBC 连接的方式。

(1)　Oracle8/8i/9i 数据库(thin 模式)：

```
Class.forName("oracle.jdbc.driver.OracleDriver").newInstance();
String url = "jdbc:oracle:thin:@localhost:1521:orcl"; //orcl 为数据库的 SID
String user = "test";
String password = "test";
Connection conn = DriverManager.getConnection(url, user, password);
```

(2)　DB2 数据库：

```
Class.forName("com.ibm.db2.jdbc.app.DB2Driver").newInstance();
String url = "jdbc:db2://localhost:5000/sample"; //sample 为数据库名
String user = "admin";
String password = "";
Connection conn = DriverManager.getConnection(url, user, password);
```

(3)　SQL Server 2005/2000 数据库：

```
Class.forName(
  "com.microsoft.jdbc.sqlserver.SQLServerDriver").newInstance();
String url =
  "jdbc:microsoft:sqlserver://localhost:1433;DatabaseName=mydb";
  //mydb 为数据库名
String user = "sa";
String password = "";
Connection conn = DriverManager.getConnection(url, user, password);
```

(4)　Sybase 数据库：

```
Class.forName("com.sybase.jdbc.SybDriver").newInstance();
String url = "jdbc:sybase:Tds:localhost:5007/myDB"; //myDB 为数据库名
Properties sysProps = System.getProperties();
SysProps.put("user", "userid");
SysProps.put("password", "user_password");
Connection conn = DriverManager.getConnection(url, SysProps);
```

(5)　Informix 数据库：

```
Class.forName("com.informix.jdbc.IfxDriver").newInstance();
String url =
  "jdbc:informix-sqli://123.45.67.89:1533/myDB:INFORMIXSERVER=myserver;
  user=testuser;password=testpassword"; //myDB 为数据库名
Connection conn = DriverManager.getConnection(url);
```

(6) MySQL 数据库:

```
Class.forName("org.gjt.mm.mysql.Driver").newInstance();
String url =
  "jdbc:mysql://localhost/myDB?user=soft&password=soft1234
  &useUnicode=true&characterEncoding=8859_1";
//myDB 为数据库名
Connection conn = DriverManager.getConnection(url);
```

(7) PostgreSQL 数据库:

```
Class.forName("org.postgresql.Driver").newInstance();
String url = "jdbc:postgresql://localhost/myDB"; //myDB 为数据库名
String user = "myuser";
String password = "mypassword";
Connection conn = DriverManager.getConnection(url, user, password);
```

(8) Access 数据库:

```
Class.forName("sun.jdbc.odbc.JdbcOdbcDriver");
String url = "jdbc:odbc:Driver={MicroSoft Access Driver (*.mdb)};DBQ="
  + application.getRealPath("/Data/ReportDemo.mdb");
Connection conn = DriverManager.getConnection(url, "", "");
Statement stmtNew = conn.createStatement();
```

17.3　JDBC 数据库编程

在 Java 中,用 JDBC 对数据库编程,主要是对 JDBC API 的应用,而在 JDBC API 中对数据库的应用主要是对 DriverManager、Connection、Statement 和 ResultSet 这几个类的应用。

17.3.1　Driver 接口

Driver 接口在 java.sql 包中定义,每种数据库的驱动程序都提供一个实现该接口的类,简称 Driver 类,应用程序必须首先加载它。加载的目的就是创建自己的实例并向 java.sql.DriverManager 类注册该实例,以便驱动程序管理类(DriverManager)对数据库驱动程序进行管理。

通常情况下,通过 java.lang.Class 类的静态方法 forName(String className)加载欲连接的数据库驱动程序类,该方法的入口参数为欲加载的数据库驱动程序完整类名。对于每种驱动程序,其完整类名的定义也不一样。

若加载成功,系统会将驱动程序注册到 DriverManager 类中。如果加载失败,将抛出 ClassNotFoundException 异常。以下是加载驱动程序的代码:

```
try {
    Class.forName(driverName); //加载 JDBC 驱动器
} catch (ClassNotFoundException ex) {
    ex.printStackTrace();
}
```

需要注意的是，加载驱动程序的行为属于单例模式，也就是说，整个数据库应用中，只加载一次就可以了。

17.3.2　DriverManager 类

数据库驱动程序加载成功后，接下来就由 DriverManager 类来处理了，所以是该类是 JDBC 的管理层，作用于用户和驱动程序之间。它跟踪可用的驱动程序，并在数据库和相应驱动程序之间建立连接。另外，DriverManager 类也处理诸如驱动程序登录时间、登录管理和消息跟踪等事务。

DriverManager 类的主要作用是管理用户程序与特定数据库(驱动程序)的连接。一般情况下，DriverManager 类可以管理多个数据库驱动程序。当然，对于中小规模应用项目，可能只用到一种数据库。JDBC 允许用户通过调用 DriverManager 的 getDriver、getDrivers 和 registerDriver 等方法，实现对驱动程序的管理，进一步，通过这些方法实现对数据库连接的管理。但多数情况下，不建议采用上述方法，如果没有特殊要求，对于一般应用项目，建议让 DriverManager 类自动管理。

DriverManager 类是用静态方法 getConnection 来获得用户与特定数据库的连接。在建立连接过程中，DriverManager 将检查注册表中的每个驱动程序，查看它是否可以建立连接，有时，可能有多个 JDBC 驱动程序可以与给定的数据库建立连接。例如，与给定远程数据库连接时，可以使用 JDBC-ODBC 桥驱动程序、JDBC 到通用网络协议驱动程序或数据库厂商提供的驱动程序。

在这种情况下，加载驱动程序的顺序至关重要，因为 DriverManager 将使用它找到的第一个可以成功连接到给定的数据库的驱动程序进行连接。

用 DriverManager 建立连接主要有以下两种方法。

- static Connection getConnection(String url)：这里 url 实际上标识给定数据库(驱动程序)，它由 3 部分组成，用 ":" 分隔。格式为 "jdbc:子协议名:子名称"。其中 jdbc 是唯一的，JDBC 只有这种协议；子协议名主要用于识别数据库驱动程序的，不同的数据库有不同的子协议名，如 SQL Server 2005 为 "sqlserver"，子名称为属于专门驱动程序的，对于 SQL Server 2005，指的是数据库的名、服务端口号等信息，例如 "//localhost:1433;databasename=jdbc_demo"。

- static Connection getConnection(String url, String userName, String password)：与第一种相比，多了数据库服务的登录名和密码，这个容易理解。

17.3.3　Connection 接口

Connection 对象代表数据库连接，只有建立了连接，用户程序才能操作数据库。连接是 JDBC 中最重要的接口之一，使用频度高，读者必须掌握。

Connection 接口的实例是由驱动程序管理类的静态方法 getConnection 产生的，数据库连接实例是宝贵的资源，它类似电话连接一样，在一个会话期内，是由用户程序独占的，且需要耗费内存的，因此，每个数据库的最大连接数是受限的。所以，用户程序访问数据库结束后，必须及时关闭连接，以方便其他用户使用该资源。Connection 接口的主要功能(或方法)是获得各种发送 SQL 语句的运载类(以下会介绍)，以下简要列出该接口的主要方法。

- close()：关闭到数据库的连接，在使用完连接后必须关闭，否则连接会保持一段比较长的时间，直到超时。
- commit()：提交对数据库的更改。这个方法只有调用了 setAutoCommit(false)方法后才有效，否则对数据库的更改会自动提交到数据库。
- createStatement()：创建一个 Statement，用于执行 SQL 语句。
- createStatement(int resultSetType, int resultSetConcurrency)：创建一个 Statement，并且产生指定类型的结果集(ResultSet)。
- getAutoCommit()：为这个连接对象获取当前 auto-commit 模式。
- getMetaData()：获得一个 DatabaseMetaData 对象，该对象中包含了关于数据库的元数据。
- isClosed()：判断连接是否关闭。
- prepareStatement(String sql)：使用指定的 SQL 语句创建一个预处理语句，SQL 参数中往往包含一个或多个?占位符。
- rollback()：回滚当前执行的操作，只有调用了 setAutoCommit(false)才可使用。
- setAutoCommit(boolean autoCommit)：设置操作是否自动提交到数据库，默认情况下是 true。

由于数据库不同，驱动程序的形式和内容也不相同，主要体现在获得连接的方式和相关参数的不同。因此，在 JDBC 项目中，根据面向对象的设计思想(封装变化)，一般把连接管理设计成为一个类：连接管理器类，主要负责连接的获得和关闭。

以下是连接管理器 DBConnection.class 的代码：

```java
package DAO;
import java.sql.*;
public class DBConnection {
    //数据库的url
    private static String url =
        "jdbc:sqlserver://localhost:1433;databasename=jdbc_demo";
    private static String userName = "sa"; //数据库用户名
    private static String password = "123456"; //数据库密码
    //jdbc 驱动器名称
    private static String driverName =
        "com.microsoft.sqlserver.jdbc.SQLServerDriver";
    static {
        try {
            Class.forName(driverName); //加载 JDBC 驱动器
        } catch (Exception ex) {
            ex.printStackTrace();
        }
    }
    public static Connection getConn() {
        try {
            Connection conn =
                DriverManagergetConnection(url, userName, password);
            System.out.println("连接数据库成功");
            return conn;
```

```
        } catch (SQLException ex) {
            System.out.println("连接数据库失败");
            ex.printStackTrace();
            return null;
        }
    }
    public static void close(Connection conn,
      Statement stm, ResultSet rs) {
        try {
            if (rs != null)
                rs.close();
            if(stm != null)
                stm.close();
            if (conn != null) {
                conn.close();
                System.out.println("数据库连接成功释放");
            }
        } catch (SQLException ex) {}
    }
}
```

以下为测试代码：

```
public class TestJDBC {
    public static void main(String[] args) {
        DBConnection.getConn();
        DBConnection.close();
    }
}
```

控制台打印出"连接数据库成功"、"数据库连接成功释放"的语句，说明 JDBC 连接数据库已经成功。从上面的代码可以看出，主要有两个操作，首先使用 Class.forName 方法加载驱动器，接着使用 DriverManager.getConnection 方法得到数据库连接。由于加载驱动器在整个应用系统中只有一次，所以采用 static 程序块技术来实现。

17.3.4　Statement

Statement、PreparedStatement 和 CallableStatement，这 3 个接口都是用来执行 SQL 语句的，都由 Connction 中的相关方法产生，但它们有所不同。Statement 接口用于执行静态 SQL 语句并返回它所生成的结果集对象；PreparedStatement 表示带 IN 或不带 IN 的预编译 SQL 语句对象，SQL 语句被预编译并存储在 PreparedStatement 对象中；CallableStatement 用于执行 SQL 存储过程的接口。下面分别介绍这 3 个接口的使用。

1. Statement 接口

因为 Statement 是一个接口，它没用构造函数，所以不能直接创建一个实例。Statement 对象必须通过 Connection 接口提供的 createStatement 方法进行创建。
其代码片段如下：

```
Statement statement = connection.createStatement();
```

创建完 Statement 对象后，用户程序就可以根据需要调用它的常用方法，如

executeQuery、executeUpdate、execute、executeBatch 等方法。

(1) executeQuery 方法

该方法用于执行产生单个结果集的 SQL 语句，如 Select 语句，该方法返回一个结果集 ResultSet 对象。完整的方法声明如下：

```
ResultSet executeQuery(String sql) throws SQLException
```

下面给出一个实例，使用 executeQuery 方法执行查询 person 表的 SQL 语句，并返回结果集：

```java
//JDBCTest.java
import DAO.*;
import sql.*;
public class JDBCTest {
    public static void main(String[] args) {
        Connection connection = DBConnection.getConn();
        Statement statement = null;
        ResultSet resultSet = null;
        try {
            statement = connection.createStatement();
            String sql = "select name,age,sex from person";
            resultSet = statement.executeQuery(sql);
            while(resultSet.next()) {
                System.out.println("name:" + resultSet.getString("name"));
                System.out.println("age:" + resultSet.getString("age"));
                System.out.println("sex:" + resultSet.getString("sex"));
            }
        } catch (SQLException e) {
            e.printStackTrace();
        } finally {
            DBConnection.close(connection, statement, resultSet);
        }
    }
}
```

(2) executeUpdate 方法

该方法执行给定的 SQL 语句，该语句可能为 INSERT、UPDATE 或 DELETE 语句，或者不返回任何内容的 SQL 语句(如 SQL DDL 语句)。完整的方法声明如下：

```
int executeUpdate(String sql) throws SQLException
```

对于 SQL 数据操作语言(DML)语句，返回行计数；对于什么都不返回的 SQL 语句，返回正数 0。

下面给出一个实例，使用 executeUpdate 方法执行插入 SQL 语句：

```java
public static void main(String[] args) {
    Connection connection = DBConnection.getConn();
    Statement statement = null;
    ResultSet resultSet = null;
    int rowCount;
    try {
        statement = connection.createStatement();
        String sql =
          "insert into person(name,age,sex) values('tom',15,'男')";
```

```
        rowCount = statement.executeUpdate(sql);
        System.out.println("插入所影响的行数为" + rowCount + "行");
    } catch (SQLException e) {
        e.printStackTrace();
    } finally {
        DBConnection.close(connection, statement, resultSet);
    }
}
```

(3) execute 方法

执行给定的 SQL 语句，该语句可能返回多个结果。在某些(不常见)情形下，单个 SQL 语句可能返回多个结果集和或更新记录数，这一点通常可以忽略，除非正在执行已知可能返回多个结果的存储过程或者动态执行未知 SQL 字符串。一般情况下，execute 方法执行 SQL 语句并返回第一个结果的形式。然后，用户程序必须使用方法 getResultSet 或 getUpdateCount 来获取结果，使用 getMoreResults 来移动后续结果。

该方法的完整声明如下：

```
boolean execute(String sql) throws SQLException
```

该方法是一个通用方法，既可以执行查询语句，也可以执行修改语句，该方法可以用来处理动态的未知的 SQL 语句。

下面的实例使用 execute 方法执行一个用户输入的 SQL 语句，并返回结果：

```
public static void main(String[] args) {
    Connection connection = DBConnection.getConn();
    Statement statement = null;
    ResultSet resultSet = null;
    int rowCount;
    boolean isResultSet;
    try {
        statement = connection.createStatement();
        String sql = JOptionPane.showInputDialog("请输入一个 SQL 语句:");
        isResultSet = statement.execute(sql);
        if(isResultSet) {
            resultSet = statement.getResultSet();
            while(resultSet.next()) {
                System.out.println("name:" + resultSet.getString("name"));
                System.out.println("age:" + resultSet.getString("age"));
                System.out.println("sex:" + resultSet.getString("sex"));
            }
        } else {
            rowCount = statement.getUpdateCount();
            System.out.println("所更新的行数为" + rowCount + "行");
        }
    } catch (SQLException e) {
        e.printStackTrace();
    } finally {
        DBConnection.close(connection, statement, resultSet);
    }
}
```

(4) executeBatch 方法

将一批命令提交给数据库来执行，如果全部命令执行成功，则返回一个与添加命令时顺序一样的整型数组，数组元素的排序对应于批命令的顺序，批中的命令根据被添加到批中的顺序排序，数组中元素的值可能为以下值之一。

- 大于等于 0 的数：指示成功处理了命令，其值为执行命令所影响数据库中行数的更新计数。
- SUCCESS_NO_INFO：指示成功执行了命令，但受影响的行数是未知的。如果批量更新中的命令之一无法正确执行，方法则抛出 BatchUpdateException，并且 JDBC 驱动程序可能继续处理批处理中的剩余命令，也可能不执行。无论如何，驱动程序的行为必须与特定的 DBMS 一致，要么始终继续处理命令，要么永远不继续处理命令。
- EXECUTE_FAILED：指示未能成功执行命令，仅当命令失败后，驱动程序继续处理命令时出现。

在下面的实例中，使用 executeBatch 方法来执行多个 INSERT 语句向 person 数据表插入多条记录，并显示返回的更新计数数组：

```java
public static void main(String[] args) {
    Connection connection = DBConnection.getConn();
    Statement statement = null;
    ResultSet  resultSet = null;
    int[] rowCount;
    try {
        statement = connection.createStatement();
        String sql1 = "insert into person(name,age,sex)
                        values('kobe1',32,'男')";
        String sql2 = "insert into person(name,age,sex)
                        values('kobe2',32,'男')";
        String sql3 = "insert into person(name,age,sex)
                        values('kobe3',32,'男')";
        statement.addBatch(sql1);
        statement.addBatch(sql2);
        statement.addBatch(sql3);
        rowCount = statement.executeBatch();
        for(int i=0; i<rowCount.length; i++) {
            System.out.println(
              "第" + (i+1) + "条语句执行影响的行数为" + rowCount[i] + "行");
        }
    } catch (SQLException e) {
        e.printStackTrace();
    } finally {
        DBConnection.close(connection, statement, resultSet);
    }
}
```

2. PreparedStatement 接口

PreparedStatement 是 Statement 的子接口，PreparedStatement 的实例已经包含编译的 SQL 语句，所以它的执行速度快于 Statement。

PreparedStatement 对象的创建需要 Connection 接口提供的 prepareStatement 方法，同时需要指定 SQL 语句。

用 PreparedStatement 接口，不但代码的可读性好了，且在执行效率方面，得以大大提高。每一种数据库都会尽最大努力对预编译语句提供最大的性能优化，因为预编译语句有可能被重复调用，所以 SQL 语句在被数据库系统的编译器编译后，其执行代码被缓存下来，下次调用时，只要是相同的预编译语句(如插入记录操作)，就不需要编译了，只要将参数直接传入已编译的语句，就会得到执行，这个过程类似于函数调用。

而对于 statement，即使是相同操作，由于每次操作的数据不同(如插入不同记录)，数据库必须重新编译才能执行。需要说明的是，并不是所有预编译语句在任何时候都一定会被缓存，数据库本身会用一种策略，比如使用频度等因素，来决定什么时候不再缓存已有的预编译结果，以保存更多的空间来存储新的预编译语句。

3. CallableStatement 接口

CallableStatement 是 PreparedStatement 的子接口，是用于执行 SQL 存储过程的接口。

JDBC 的 API 提供了一个存储过程的 SQL 转义语法，该语法允许对所有 RDBMS 使用标准方式调用存储过程。此转义语法有一个包含结果参数的形式和一个不包含结果参数的形式。如果使用结果参数，则必须将其注册为 OUT 参数。其他参数可用于输入、输出或同时用于二者。参数是根据编号顺序引用的，第一个参数的编号为 1。

17.3.5　ResultSet 结果集

Statement 执行一条查询 SQL 语句后，会得到一个 ResultSet 对象，称之为结果集，它是存放每行数据记录的集合。有了这个结果集，用户程序就可以从这个对象中检索出所需的数据并进行处理(如用表格显示)。ResultSet 对象具有指向当前数据行的光标。最初，光标被置于第一行之前，next 方法将光标移动到下一行，该方法返回类型为 boolean，若 ResultSet 对象没有下一行时，返回 false，所以可以用 while 循环来迭代结果集。默认的 ResultSet 对象不可更新，仅有一个向前移动的光标。因此，只能迭代它一次，并且只能从第一行到最后一行的顺序进行。当然，可以生成可滚动和可更新的 ResultSet 对象。另外，结果集对象与数据库连接(Connection)是密切相关的，若连接被关闭，则建立在该连接上的结果集对象被系统回收，一般情况下，一个连接只能产生一个结果集。

1. 默认的 ResultSet 对象

ResultSet 对象可由 3 种 Statement 语句来创建，分别需要调用 Connection 接口的方法创建。以下为 3 种方法的核心代码：

```
Statement stmt = connection.createStatement();
ResultSet rs = stmt.executeQuery(sql);
PreparedStatement pstmt = connection.prepareStatement(sql);
ResultSet rs = pstmt.executeQuery();
CallableStatement cstmt = connection.prepareCall(sql);
ResultSet rs = cstmt.executeQuery();
```

ResultSet 对象的常用方法主要包括行操作方法和列操作方法，这些方法可以让用户程序方便地遍历结果集中所有数据元素。下面分别说明。

● boolean next()：行操作方法，将游标从当前位置向前移一行，当无下一行时返回

false。游标的初始位置在第一行前面，所以要访问结果集数据时，首先要调用该方法。

- getXxx(int columnIndex)：列方法系列，获取所在行指定列的值。"Xxx"实际上与列(字段)的数据类型有关，若列为 String 型，则方法为 getString，若为 int 型，则为 getInt。columnIndex 表示列号，其值从 1 开始编号，如第 2 列则值为 2。
- getXxx(String columnName)：列方法系列，获取所在行指定列的值。columnName 表示列名(字段名)。如 getString("name")表示得到当前行字段名为 name 的列值。

下面的实例展示了默认的 ResultSet 使用：

```java
public static void main(String[] args) {
    Connection connection = DBConnection.getConn();
    Statement statement = null;
    ResultSet resultSet = null;
    try {
        statement = connection.createStatement();
        String sql = "select name,age,sex from person";
        resultSet = statement.executeQuery(sql);
        while(resultSet.next()) {
            //getXXX(int columnIndex)方法
            System.out.println("name:" + resultSet.getString(1));
            //getXXX(int columnName)方法
            System.out.println("age:" + resultSet.getInt("age"));
            System.out.println("sex:" + resultSet.getString("sex"));
        }
    } catch (SQLException e) {
        e.printStackTrace();
    } finally {
        DBConnection.close(connection, statement, resultSet);
    }
}
```

2. 可滚动的、可修改的 ResultSet 对象

相比默认的 ResultSet 对象，可滚动的、可修改的 ResultSet 对象功能更加强大，以适应用户程序的不同需求。一方面可滚动的 ResultSet 对象，可以使行操作更加方便，可以任意地指向任意行，这对用户程序是很有用的。另一方面，正如上述，结果集是与数据库连接相关联的，而且与数据库的源表也是相关的，可以通过修改结果集对象，达到同步更新数据库的目的，当然，这种用法很少被实际采用。同样，三种 Statement 语句分别需要调用 Connection 接口的相关方法来创建 ResultSet 对象。

Statement 对应 createStatement(int resultSetType, int resultSetConcurrency)方法。

预编译类型对应 prepareStatement(String sql, int resultSetType, int resultSetConcurrency)方法。

存储过程对应 prepareCall(String sql, int resultSetType, int resultSetConcurrency)方法。

其中 resultSetType 参数是用于指定滚动类型，常用值如下。

- TYPE_FORWARD_ONLY：指示光标只能向前移动的 ResultSet 对象的类型。
- TYPE_SCROLL_INSENSITIVE：该常量指示可滚动，但通常不受 ResultSet 所连接数据更改影响的 ResultSet 对象的类型。

- TYPE_SCROLL_SENSITIVE：该常量指示可滚动并且通常受 ResultSet 所连接数据更改影响的 ResultSet 对象的类型。

resultSetConcurrency 参数用于指定是否可以修改结果集。常用值如下。

- CONCUR_READ_ONLY：该常量指示不可以更新的 ResultSet 对象的并发模式。
- CONCUR_UPDATABLE：该常量指示可以更新的 ResultSet 对象的并发模式。

常用方法与默认的 ResultSet 对象相比，多了行操作方法和修改结果集列值(字段)的方法。以下分别说明。

- boolean absolute(int row)：将光标移动到此 ResultSet 对象的给定行编号。
- void afterLast()：将光标移动到此 ResultSet 对象的末尾，位于最后一行之后。
- void beforeFirst()：将光标移动到此 ResultSet 对象的开头，位于第一行之前。
- boolean first()：将光标移动到此 ResultSet 对象的第一行。
- boolean isAfterLast()：获取光标是否位于此 ResultSet 对象的最后一行之后。
- boolean isBeforeFirst()：获取光标是否位于此 ResultSet 对象的第一行之前。
- boolean isFirst()：获取光标是否位于此 ResultSet 对象的第一行。
- boolean isLast()：获取光标是否位于此 ResultSet 对象的最后一行。
- boolean last()：将光标移动到此 ResultSet 对象的最后一行。
- boolean previous()：将光标移动到此 ResultSet 对象的上一行。
- boolean relative(int rows)：按相对行数(或正或负)移动光标。
- void updateXxx(int columnIndex, Xxx x)：此方法系列按列号修改当前行中指定列值为 x，其中 x 的类型为方法名中的 Xxx 所对应的 Java 数据类型。如第 2 列为 int 型，则为 updateInt(2, 45)。
- void updateXxx(int columnName, Xxx x)：该方法系列按列名修改当前行中指定列值为 x，其中 x 的类型为方法名中的 Xxx 所对应的 Java 数据类型。
- void updateRow()：用此 ResultSet 对象的当前行的新内容更新所连接的数据库。
- void insertRow()：将插入行的内容插入到此 ResultSet 对象和数据库中。
- void deleteRow()：从此 ResultSet 对象和连接的数据库中删除当前行。
- void cancelRowUpdates()：取消对 ResultSet 对象中的当前行所做的更新。
- void moveToCurrentRow()：将光标移动到记住的光标位置，通常为当前行。
- void moveToInsertRow()：将光标移动到插入行。

下面的实例展示了可滚动的 ResultSet 使用：

```
public static void main(String[] args) {
    Connection connection = DBConnection.getConn();
    Statement statement = null;
    ResultSet resultSet = null;
    try {
        statement =
          connection.createStatement(ResultSet.TYPE_SCROLL_INSENSITIVE,
            ResultSet.CONCUR_READ_ONLY);
        String sql = "select name,age,sex from person";
        resultSet = statement.executeQuery(sql);
        System.out.println(
          "当前游标是否在第一行之前: " + resultSet.isBeforeFirst());
```

```
        System.out.println("从前往后的顺序显示结果集：");
        while(resultSet.next()) {
            String name = resultSet.getString("name");
            String age = resultSet.getInt("age");
            String sex = resultSet.getString("sex");
            System.out.println(
              "姓名：" + name + " 年龄：" + age + " 性别：" + sex);
        }
        System.out.println(
          "当前游标是否在最后一行之" + resultSet.isAfterLast());
        System.out.println("从后往前的顺序显示结果集：");
        while(resultSet.previous()) {
            String name = resultSet.getString("name");
            String age = resultSet.getString("age");
            String sex = resultSet.getString("sex");
            System.out.println(
              "姓名：" + name + " 年龄：" + age + " 性别：" + sex);
        }
        System.out.println("将游标移到第一行");
        resultSet.first();
        System.out.println("游标是否在第一行" + resultSet.isFirst());
        System.out.println("将游标移到最后一行");
        resultSet.last();
        System.out.println("游标是否在最后一行" + resultSet.isLast());
        System.out.println("将游标移到到最后一行的前 3 行");
        resultSet.relative(-3);
        System.out.println("游标最后一行的前 3 行的结果集为：");
        System.out.println("姓名：" + resultSet.getString("name")
          + " 年龄：" + resultSet.getString("age")
          + " 性别：" + resultSet.getString("sex"));
        System.out.println("将游标移到第 2 行");
        resultSet.absolute(2);
        System.out.println("第 2 行的结果集为：");
        System.out.println("姓名：" + resultSet.getString("name")
          + " 年龄：" + resultSet.getString("age")
          + " 性别：" + resultSet.getString("sex"));
    } catch (SQLException e) {
        e.printStackTrace();
    } finally {
        DBConnection.close(connection, statement, resultSet);
    }
}
```

下面的实例展示了可更新的 ResultSet 的使用：

```
public static void main(String[] args) {
    Connection connection = DBConnection.getConn();
    Statement statement = null;
    ResultSet resultSet = null;

    try {
        statement =
          connection.createStatement(ResultSet.TYPE_SCROLL_SENSITIVE,
          ResultSet.CONCUR_UPDATABLE);
        String sql = "select name,age,sex from person";
        resultSet = statement.executeQuery(sql);
```

```
System.out.println("修改之前结果集: ");

while(resultSet.next()) {
    String name = resultSet.getString("name");
    String age = resultSet.getString("age");
    String sex = resultSet.getString("sex");
    System.out.println(
      "姓名: " + name + " 年龄: " + age + " 性别: " + sex);
}

resultSet.last();
//使用 updateXXX 方法更新列值
resultSet.updateString("name", "alex");
resultSet.updateInt("age", 50);
//提交更新
resultSet.updateRow();
//游标移到插入行
resultSet.moveToInsertRow();
resultSet.updateString("name", "wade");
resultSet.updateInt("age", 28);
resultSet.updateString("sex", "男");
//提交插入行
resultSet.insertRow();
resultSet.close();
String sql2 = "select name,age,sex from person";
resultSet = statement.executeQuery(sql2);
System.out.println("修改之后结果集: ");

while(resultSet.next()) {
    String name = resultSet.getString("name");
    String age = resultSet.getString("age");
    String sex = resultSet.getString("sex");
    System.out.println(
      "姓名: " + name + " 年龄: " + age + " 性别: " + sex);
}
} catch (SQLException e) {
    e.printStackTrace();
} finally {
    DBConnection.close(connection, statement, resultSet);
}
}
```

17.4 本 章 小 结

　　访问存储在关系数据库中的信息几乎是任何 Web 应用都需要的功能，JDBC 提供了一个标准接口来进行数据库访问操作。通过 Statement 对象可以对数据库执行 SQL 语句，并通过操作 ResultSet 对象来处理操作结果记录集。为提高效率，还可以执行预编译的 SQL 语句对象 PreparedStatement。JDBC 2.0 还支持通过定义数据源的方式来访问数据库，大大提高了 Web 应用的可移植性。

17.5 课后习题

1. 填空题

(1) ODBC 的含义是_____，JDBC 的含义是_____。

2. 选择题

(1) JDBC 不可以完成的功能是( )。
   A. 一个数据库建立连接　　　　　B. 向数据库发送 SQL 语句
   C. 处理数据库返回的结果　　　　D. 修改程序代码
(2) 下列关于 JDBC 的 API 功能描述错误的是( )。
   A. Java.sql.Connection: 负责连接数据库
   B. Java.sql.Statement: 负责存放查询结果
   C. Java.sql.ResultSet: 负责执行数据库 SQL 语句
(3) 下列不属于数据库连接技术的是( )。
   A. JDBC　　　　　B. ODBC　　　　　C. OLEDB　　　　　D. CCED

3. 简答题

(1) 试述 JDBC 提供了哪几种连接数据库的方法？
(2) SQL 语言包括哪几种基本语句来完成数据库的基本操作？
(3) Statement 接口的作用是什么？
(4) 试述 DriverManager 对象建立数据库连接所用的几种不同的方法。
(5) 简述 JDBC 工作原理。

第 18 章

Java Web 应用编程

　　Java Web 开发在整个 Web 开发领域占有重要的地位。目前许多 Web 应用将 Java Web 开发作为首选，尤其是大中型 Web 应用。本章将详细介绍 Java Web 的基础知识，J2EE 多层 Web 程序框架及各种主要技术。最后简单介绍 J2EE 应用程序的打包和发布。

18.1　Java Web 编程基础

Java Web 是用 Java 技术来解决相关 Web 互联网领域的技术总和，是 J2EE 的一部分。Web 包括：Web 服务器和 Web 客户端两部分。Java 在客户端的应用有 Java Applet，Java 在服务器端的应用非常的丰富，比如 Servlet、JSP 和第三方框架等。Java 技术对 Web 领域的发展注入了强大的动力。下面介绍 J2EE 应用程序的基本概念及相关技术、Web 应用程序的相关概念及基于 J2EE 的 Web 应用程序的开发原理及程序结构。在本节的最后介绍 Java Web 执行环境和开发环境的构建。

18.1.1　J2EE 企业应用概述

1．J2EE 的概念

J2EE 是为了降低企业应用开发成本、加快企业应用开发流程而提出的一个基于组件的方法来设计、开发、装配及部署企业应用程序的平台。该平台提供了多层的分布式的应用模型、可重用组件模型、安全模型及灵活的事务控制机制。

目前，Java 2 平台有 3 个版本，它们是适用于小型设备和智能卡的 Java 2 平台 Micro 版(Java 2 Platform Micro Edition，J2ME)、适用于桌面系统的 Java 2 平台标准版(Java 2 Platform Standard Edition，J2SE)和适用于创建服务器应用程序和服务的 Java 2 平台企业版(Java 2 Platform Enterprise Edition，J2EE)。

J2EE 是一种利用 Java 2 平台来简化企业解决方案的开发、部署和管理相关的复杂问题的体系结构。J2EE 技术的基础就是核心 Java 平台或 Java 2 平台的标准版，J2EE 不仅巩固了标准版中的许多优点，例如"编写一次、随处运行"的特性、方便存取数据库的 JDBC API、CORBA 技术以及能够在 Internet 应用中保护数据的安全模式等，同时还提供了对 EJB(Enterprise JavaBeans)、Java Servlets API、JSP(Java Server Pages)以及 XML 技术的全面支持。最终目的就是成为能够使企业开发者大幅缩短投放市场时间的体系结构。

J2EE 体系结构提供中间层集成框架，用来满足无需太多费用而又需要高可用性、高可靠性以及可扩展性的应用的需求。通过提供统一的开发平台，J2EE 降低了开发多层应用的费用和复杂性，同时提供对现有应用程序集成强有力支持，完全支持 Enterprise JavaBeans，有良好的向导支持打包和部署应用，添加目录支持增强了安全机制，提高了性能。

2．J2EE 的层次模型

J2EE 使用多层的分布式应用模型，应用逻辑按功能划分为组件，各个应用组件根据它们所在的层分布在不同的机器上。

事实上，Sun 设计 J2EE 的初衷是为了解决两层模式(Client/Server)的弊端。在传统两层结构模式中，客户端担当了过多的角色而显得臃肿，在这种模式中，第一次部署的时候比较容易，但难于升级或改进，可伸展性也不理想，而且经常基于某种专有的协议。它使得重用业务逻辑和界面逻辑非常困难。现在 J2EE 的多层企业级应用模型将两层化模型中的不同层面切分成许多层。一个多层化应用能够为不同的服务提供一个独立的层。

J2EE 具有典型的 4 层结构：

- 运行在客户端机器上的客户层组件。
- 运行在 J2EE 服务器上的 Web 层组件。
- 运行在 J2EE 服务器上的业务逻辑层组件。
- 运行在 EIS 服务器上的企业信息系统(Enterprise Information System)层软件。

J2EE 中针对上述 4 层结构定义了以下组件。

(1) 客户层组件

J2EE 应用程序可以是基于 Web 方式的，也可以是基于传统方式的。

(2) Web 层组件

J2EE Web 层组件可以是 JSP 页面或 Servlets。按照 J2EE 规范，静态的 HTML 页面和 Applets 不算是 Web 层组件。Web 层可能包含某些 JavaBean 对象来处理用户输入，并把输入发送给运行在业务层上的 Enterprise Bean 来进行处理。

(3) 业务层组件

业务层代码的逻辑用来满足应用领域的需要，由运行在业务层上的 Enterprise Bean 进行处理。图 18-1 表明了一个 Enterprise Bean 是如何从客户端程序接收数据，进行处理，并发送到 EIS 层储存的，这个过程也可以逆向进行。

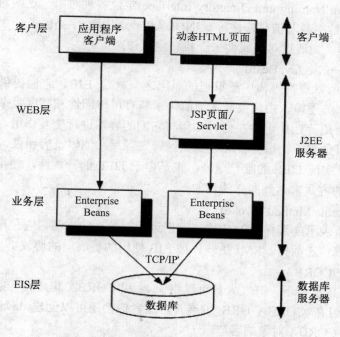

图 18-1　J2EE 层次结构

有三种企业级的 Bean，分别是会话(Session)Bean、实体(Entity)Bean 和消息驱动(Message-driven)Bean。会话 Bean 表示与客户端程序的临时交互。当客户端程序执行完后，会话 Bean 和相关数据就会消失。相反，实体 Bean 表示数据库的表中一行永久的记录。当客户端程序中止或服务器关闭时，就会有潜在的服务保证实体 Bean 的数据得以保存。消息驱动 Bean 结合了会话 Bean 和 JMS 的消息监听器的特性，允许一个业务层组件异步接收 JMS 消息。

(4) 企业信息系统层

企业信息系统层处理企业信息系统软件包括企业基础建设系统，例如 ERP、大型机事务处理、数据库系统和其他的遗留信息系统。

3．J2EE 核心 API 与组件

J2EE 平台由一整套服务(Services)、应用程序接口(APIs)和协议构成，它对开发基于 Web 的多层应用提供了功能支持，下面对 J2EE 中的 13 种技术规范进行简单的描述。

(1) JDBC(Java Database Connectivity)

JDBC API 是一个标准 SQL 数据库访问接口，它使数据库开发人员能够用标准 Java API 编写数据库应用程序。JDBC API 主要用来连接数据库和直接调用 SQL 命令执行各种 SQL 语句。利用 JDBC API 可以执行一般的 SQL 语句、动态 SQL 语句及带 IN 和 OUT 参数的存储过程。另外，JDBC 对数据库的访问也具有平台无关性。

(2) JNDI(Java Name and Directory Interface)

JNDI API 被用于执行名字和目录服务。由于 J2EE 应用程序组件一般分布在不同的机器上，所以需要一种机制以便于组件客户使用者查找和引用组件及资源。在 J2EE 体系中，使用 JNDI(Java Naming and Directory Interface)定位各种对象，这些对象包括 EJB、数据库驱动、JDBC 数据源及消息连接等。JNDI API 为应用程序提供了一个统一的接口来完成标准的目录操作，如通过对象属性来查找和定位该对象。

(3) EJB(Enterprise JavaBean)

J2EE 技术之所以赢得媒体广泛重视的原因之一就是 EJB。它们提供了一个框架来开发和实施分布式商务逻辑，由此很显著地简化了具有可伸缩性和高度复杂的企业级应用的开发。EJB 规范定义了 EJB 组件在何时如何与它们的容器进行交互作用。容器负责提供公用的服务，例如目录服务、事务管理、安全性、资源缓冲池以及容错性。但这里值得注意的是，EJB 并不是实现 J2EE 的唯一途径。正是由于 J2EE 的开放性，使得有的厂商能够以一种与 EJB 平行的方式来达到同样的目的。

(4) RMI(Remote Method Invoke)

正如其名字所表示的那样，RMI 协议调用远程对象上的方法。它使用了序列化方式在客户端和服务器端传递数据。RMI 是一种被 EJB 使用的更底层的协议。

(5) Java IDL/CORBA

在 Java IDL 的支持下，开发人员可以将 Java 和 CORBA 集成在一起。他们可以创建 Java 对象并使之可在 CORBA ORB 中展开，或者他们还可以创建 Java 类并作为和其他 ORB 一起展开的 CORBA 对象的客户。

后一种方法提供了另外一种途径，通过它 Java 可以被用于将你的新的应用和旧的系统相集成。

(6) JSP(Java Server Pages)

JSP 页面由 HTML 代码和嵌入其中的 Java 代码所组成。服务器在页面被客户端所请求以后对这些 Java 代码进行处理，然后将生成的 HTML 页面返回给客户端的浏览器。

(7) Java Servlet

Servlet 是一种小型的 Java 程序，它扩展了 Web 服务器的功能。作为一种服务器端的应用，当被请求时开始执行，这与 CGI Perl 脚本很相似。Servlet 提供的功能大多与 JSP 类似，不过实现的方式不同。JSP 通常是大多数 HTML 代码中嵌入少量的 Java 代码，而 Servlets 全部由 Java 写成并且生成 HTML。

(8) XML(Extensible Markup Language)

XML 是一种可以用来定义其他标记语言的语言。它被用来在不同的商务过程中共享数据。XML 的发展与 Java 是相互独立的，但是，它和 Java 具有的相同目标正是平台独立性。通过将 Java 和 XML 的组合，可以得到一个完美的具有平台独立性的解决方案。

(9) JMS(Java Message Service)

JMS(Java 消息服务)是一组 Java 应用接口，它提供创建、发送、接收、读取消息的服务。JMS API 定义了一组公共的应用程序接口和相应语法，使得 Java 应用能够与各种消息中间件进行通信，这些消息中间件包括 IBM MQ-Series、Microsoft MSMQ 及纯 Java 的 SonicMQ。通过使用 JMS API，开发人员无需掌握不同消息产品的使用方法，也可以使用统一的 JMS API 来操纵各种消息中间件。通过使用 JMS，能够最大限度地提升消息应用的可移植性。JMS 既支持点对点的消息通信，也支持发布/订阅式的消息通信。

(10) JTA(Java Transaction Architecture)

JTA 定义了一种标准的 API，它提供了 J2EE 中处理事务的标准接口，它支持事务的开始、回滚和提交。同时在一般的 J2EE 平台上，总提供一个 JTS(Java Transaction Service) 作为标准的事务处理服务，开发人员可以使用 JTA 来使用 JTS。

(11) JTS(Java Transaction Service)

JTS 是 CORBA OTS 事务监控的基本的实现。JTS 规定了事务管理器的实现方式。该事务管理器是在高层支持 Java Transaction API(JTA)规范，并且在较底层实现 OMG OTS Specification 的 Java 映像。JTS 事务管理器为应用服务器、资源管理器、独立的应用以及通信资源管理器提供了事务服务。

(12) JavaMail

JavaMail 是用于存取邮件服务器的 API，它提供了一套邮件服务器的抽象类。不仅支持 SMTP 服务器，也支持 IMAP 服务器。

(13) JAF(JavaBeans Activation Framework)

JavaMail 利用 JAF 来处理 MIME 编码的邮件附件。MIME 的字节流可以被转换成 Java 对象，或者转换自 Java 对象。大多数应用都可以不需要直接使用 JAF。

4. J2EE 容器

J2EE 把一个完整企业级应用的不同部分纳入不同的容器(Container)，每个容器中都包含若干组件(这些组件是需要部署在相应容器中的)，同时各种组件都能使用各种 J2EE Service/API。

(1) Web 容器

Web 容器是服务器端容器，包括两种组件——JSP 和 Servlet。

JSP 和 Servlet 是 Web 服务器的功能扩展，接受 Web 请求，返回动态的 Web 页面。

Web 容器中的组件可使用 EJB 容器中的组件完成复杂的商务逻辑。

(2) EJB 容器

EJB 容器是服务器端容器，包含的组件为 EJB(Enterprise JavaBeans)，它是 J2EE 的核心之一，主要用于服务器端的商业逻辑的实现。EJB 规范定义了一个开发和部署分布式商业逻辑的框架，以简化企业级应用的开发，使其较容易地具备可伸缩性、可移植性、分布式事务处理、多用户和安全性等。

(3) Applet 容器

EJB 容器属于客户端容器，包含的组件为 Applet。Applet 是嵌在浏览器中的一种轻量级客户端，一般而言，仅当使用 Web 页面无法充分地表现数据或应用界面的时候，才使用它。

Applet 是一种替代 Web 页面的手段，我们仅能够使用 J2SE 开发 Applet，Applet 无法使用 J2EE 的各种 Service 和 API，这是为了安全性的考虑。

(4) Application Client 容器

Application Client 容器属于客户端容器，包含的组件为 Application Client。Application Client 相对 Applet 而言是一种较重量级的客户端，能够用 J2EE 的大多数 Service 和 API。

通过上述这 4 个容器，J2EE 就能够灵活地实现前面描述的企业级应用的架构，J2EE 容器如图 18-2 所示。

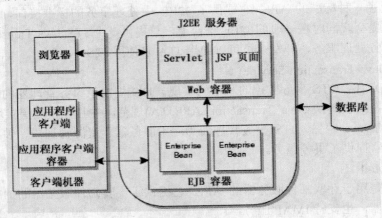

图 18-2　J2EE 容器

在 View 部分，J2EE 提供了 3 种手段：Web 容器中的 JSP(或 Servlet)、Applet 和 Application Client，分别能够实现面向浏览器的数据表现和面向桌面应用的数据表现。

Web 容器中的 Servlet 是实现 Controller 部分业务流程控制的主要手段；而 EJB 则主要针对 Model 部分的业务逻辑实现。至于与各种企业资源和企业级应用相连接，则是依靠 J2EE 的各种服务和 API。

在 J2EE 的各种服务和 API 中，JDBC 和 JCA 用于企业资源(各种企业信息系统和数据库等)的连接，JAX-RPC、JAXR 和 SAAJ 则是实现 Web Services 和 Web Services 连接的基本支持。

18.1.2　Java Web 应用程序模型

应用程序有两种模式 C/S、B/S。C/S 是客户端/服务器端程序，也就是说，这类程序一般独立运行。而 B/S 是浏览器端/服务器端应用程序，这类应用程序一般借助于 IE 等浏览器来运行。Web 应用程序一般是 B/S 模式。

Web 应用程序首先是"应用程序"，与用标准的程序语言编写出来的程序没有什么本质上的不同。然而 Web 应用程序又有自己独特的地方，就是它是基于 Web 的，而不是采用传统方法运行的。换句话说，它是典型的浏览器/服务器架构的产物。

Java Web 应用程序是 J2EE 企业应用程序体系结构的一个部分。Web 应用程序是一种特殊的客户/服务器应用，其客户端是浏览器，而服务器端是 Web 或应用服务器。

1．Web 浏览器

Web 浏览器是一种应用程序，它的基本功能是把 GUI(图形用户界面)请求转换为 HTTP(超文本传输协议)请求，并把 HTTP 响应转换为 GUI 显示内容。

网页浏览器主要通过 HTTP 协议连接 Web 服务器而取得网页，HTTP 允许网页浏览器送交资料到 Web 服务器并且获取网页。目前最常用的 HTTP 是 HTTP 1.1。网页的位置以 URL(统一资源定位符)指示。以 http:为首的便是通过 HTTP 协议登录。很多浏览器同时支持其他类型的 URL 及协议，例如 ftp:是 FTP(档案传送协议)、gopher:是 Gopher 及 https:是 HTTPS(以 SSL 加密的 HTTP)。网页通常使用 HTML(超文本链接标记语言)文件格式，并在 HTTP 协议内以 MIME 内容形式来定义。大部分浏览器均支持许多 HTML 以外的文件格式，例如 JPEG、PNG 和 GIF 图像格式，还可以利用外挂程序来支持更多文件类型。

在 HTTP 内容类型和 URL 协议结合下，网页设计者便可以把图像、动画、视频、声音和流媒体包含在网页中，或让人们通过网页而取得它们。

2．Web 服务器

Web 服务器是服务器端的应用程序，它的主要功能是处理或转发 HTTP 请求，生成或者路由 HTTP 响应。

Web 服务器可以解析 HTTP 协议。当 Web 服务器接收到一个 HTTP 请求(request)时，会返回一个 HTTP 响应(response)，例如送回一个 HTML 页面。

为了处理一个请求，Web 服务器可以响应一个静态页面或图片，进行页面跳转，或者把动态响应的产生委托给一些其他的程序，例如 CGI 脚本、JSP 脚本、Servlets、ASP 脚本，服务器端 JavaScript，或者一些其他的服务器端技术。无论它们的目的如何，这些服务器端的程序通常产生一个 HTML 的响应来让浏览器可以浏览。

Web 服务器的代理模型非常简单。当一个请求被送到 Web 服务器中时，它只单纯地把请求传递给可以很好地处理该请求的服务器端程序。Web 服务器仅仅提供一个可以执行服务器端程序和返回程序所产生的响应的环境。

3．HTTP 请求和响应模式

HTTP 是基于请求/响应模式的协议，当一个客户机与服务器建立连接后，客户机发送一个请求给服务器，服务器需要给客户及返回一个响应信息。

(1) HTTP 请求

HTTP 请求包含 3 部分：请求行(The Request Line)、请求报头(The Request Headers)和数据体(Body)。HTTP 请求由 Get 和 Post 两种方式组成。

① Get 请求

Get 请求参数是作为一个 key/value 对的序列附加到 URL 上的，查询字符串的长度受到 Web 浏览器和 Web 服务器的限制(如 IE 最多支持 2048 个字符)，不适合传输大型数据集，同时，它很不安全。

【例 18-1】一个 Get 请求。代码如下：

```
GET /books/?name=Professional%20Ajax HTTP/1.1
Host: www.wrox.com
User-Agent: Mozilla/5.0 (Windows; U; Windows NT 5.1; en-US; rv:1.7.6)
Gecko/20050225 Firefox/1.0.1
Connection: Keep-Alive
```

其中：GET /books/?name=Professional%20Ajax HTTP/1.1 是请求行，"/books/"表示资源路径，"name=Professional%20Ajax"表示 Get 请求中的参数，"HTTP/1.1"表示浏览器请求协议的版本；其余 4 行是请求报头。

② Post 请求

Post 请求则作为 HTTP 消息的实际内容发送给 Web 服务器，数据放置在 HTML Header 内提交，Post 没有限制提交的数据。Post 比 Get 安全，若数据是中文或者不敏感的数据，则用 Get。

因为使用 Get 时参数会显示在地址栏中，对于敏感数据和不是中文字符的数据，就应当用 Post。在服务器端，用 Post 方式提交的数据只能用 Request.Form 来获取。

【例 18-2】一个 Post 请求。代码如下：

```
POST / HTTP/1.1
Host: www.wrox.com
User-Agent: Mozilla/5.0 (Windows; U; Windows NT 5.1; en-US; rv:1.7.6)
Gecko/20050225 Firefox/1.0.1
Content-Type: application/x-www-form-urlencoded
Content-Length: 40
Connection: Keep-Alive
(----此处空一行----)
name=Professional%20Ajax&publisher=Wiley
```

其中：POST / HTTP/1.1 是请求行，"HTTP/1.1"表示浏览器请求协议的版本；2~7 行为报文头；最后一行为消息体。在消息体中携带参数。

(2) HTTP 响应

请求信息由服务器进一步做处理，并且生成相应的响应，响应消息由状态行和头信息组成。

【例 18-3】一个响应消息。代码如下：

```
HTTP/1.x 200 OK
Server: Apache-Coyote/1.1
Content-Type: text/html
```

```
Content-Length: 186
Date: Wed, 17 Jun 2009 00:57:35 GMT
```

其中：第一行为状态行，状态行中的状态码 200 表示已经成功地处理了请求，因此描述为 OK。

4．基于 J2EE 的 Web 应用程序

可以在 J2EE 平台上实现的基于 Web 的应用程序有以下 4 种：

- 基本 HTML。
- JSP 或 Servlet 生成的 HTML。
- 使用 JavaBean 类的 JSP 页面。
- 将应用逻辑功能划分成层次的结构化 Web 应用。

18.1.3　Java Web 执行环境和开发环境的构建

1．Java Web 执行环境——Tomcat 7.0

Tomcat 是一个 Web 容器，所有的 J2EE Web 程序可以在此处运行。Tomcat 服务器是一个符合 J2EE 标准的 Web 服务器，在 Tomcat 中无法运行 EJB 程序，要运行 EJB，需要选择能够运行 EJB 程序的容器 WebLogic、WebSphere、JBoss 等。Tomcat 是一个 Servlet 容器，提供对 JSP/Servlet 的解析能力。因为 Tomcat 技术先进、性能稳定，而且免费，因而深受 Java 爱好者的喜爱并得到了部分软件开发商的认可，成为目前比较流行的 Web 应用服务器。目前最新版本是 7.0。

下面介绍 Tomcat 7.0 的安装和配置步骤。

(1) 下载免安装版 Tomcat 7.0，下载地址是 http://tomcat.apache.org/。

(2) 下载后将 apache-tomcat-7.0.22-windows-x86.zip 解压。

(3) 对 Tomcat 进行配置：

- 添加系统环境变量，变量名为 TOMCAT_HOME，变量值为 Tomcat 解压到的目录(如 C:\Program Files\tomcat7)。
- 在系统环境变量 Path 的后面添加%TOMCAT_HOME%\lib; %TOMCAT_HOME%\lib\servlet-api.jar; %TOMCAT_HOME%\lib\jsp-api.jar;。
- 配置 Tomcat 7.0 的管理员，进入 Tomcat7 目录下的 conf 目录。编辑 tomcat-user.xml 文件，通过加入以下内容添加管理员：

```
<role rolename="manager-gui">
<role rolename="admin-gui">
<user username="admin" password="admin" roles="admin-gui">
<user username="tomcat" password="tomcat" roles="manager-gui">
```

(4) 双击运行 C:\Program Files\tomcat7\bin 目录下的 startup.bat 文件启动 Tomcat，出现如图 18-3 所示的命令行窗口，提示启动成功信息。

(5) 打开浏览器，输入"http://localhost:8080"地址并按 Enter 键，如果看到如图 18-4 所示的欢迎界面，就说明 Tomact 7.0 配置成功了。

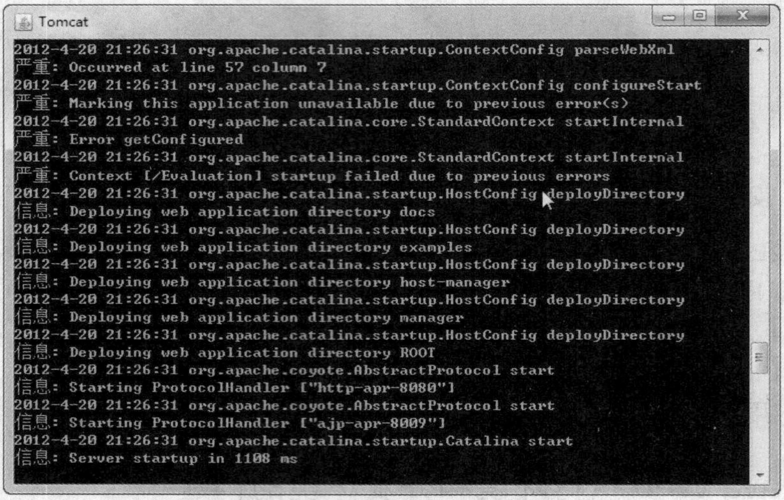

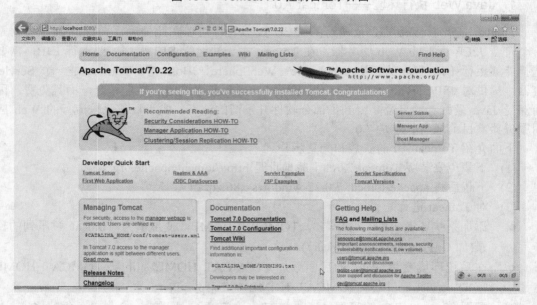

图 18-3　Tomcat 7.0 控制台显示界面

图 18-4　Tomcat 7.0 欢迎界面

2．在 Eclipse 中配置 Tomcat

如果希望在 Eclipse 环境中调试 Java Web 应用，需要在 Eclipse 中进行配置。接下来，介绍如何在 Eclipse 3.6 环境中对刚才安装的 Tomcat 7.0 进行配置。

首先，通过 Eclipse 菜单 Windows→preferences 命令打开配置窗口，如图 18-5 所示。

在左侧列表区域选择 Tomcat，然后在对应出现的右侧编辑界面中选择 Tomcat 版本为 Version 7.x，并在"Tomcat home"项处填写 Tomcat 7.0 所在的安装目录(如 C:\Program Files\tomcat7)，然后单击 OK 按钮。

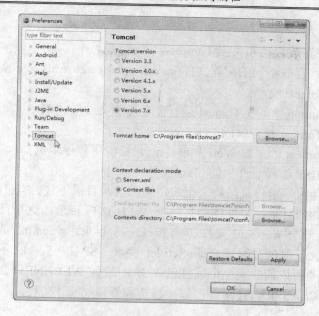

图 18-5　Tomcat 配置界面

　　完成上述配置后，通过单击 Eclipse 工具栏上对应于 Tomcat 的"小猫"图标，如图 18-6 所示，在 Eclipse 中启动 Tomcat 应用服务器。如果启动成功，会在 Eclipse 的控制台中显示如图 18-7 所示的信息。

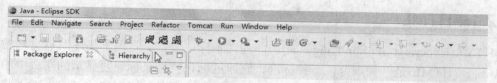

图 18-6　Eclipse 中的 Tomcat 启动工具

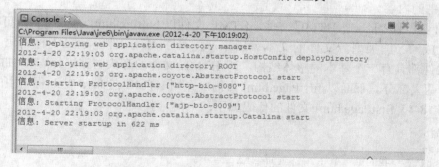

图 18-7　Eclipse 控制台中的 Tomcat 应用服务器启动信息

3. Tomcat 中的应用程序结构

　　与传统的桌面应用程序不同，Tomcat 中的应用程序是一个 WAR(Web Archive)文件。WAR 是 Sun 提出的一种 Web 应用程序格式，与 JAR 类似，也是许多文件的一个压缩包。

Tomcat

|---bin Tomcat：存放启动和关闭 Tomcat 脚本。

|---conf Tomcat：存放不同的配置文件(server.xml 和 web.xml)。

|---doc：存放 Tomcat 文档。

|---lib/japser/common：存放 Tomcat 运行需要的库文件(JARS)。

|---logs：存放 Tomcat 执行时的 LOG 文件。

|---webapps：Tomcat 的主要 Web 发布目录(包括应用程序示例)。

|---work：存放 JSP 编译后产生的 class 文件。

这个包中的文件按一定目录结构来组织：通常其根目录下包含有 HTML 和 JSP 文件或者包含这两种文件的目录，另外还会有一个 WEB-INF 目录，这个目录很重要。通常在 WEB-INF 目录下有一个 web.xml 文件和一个 classes 目录，web.xml 是这个应用的配置文件，而 classes 目录下则包含编译好的 Servlet 类和 JSP 或 Servlet 所依赖的其他类(如 JavaBean)。通常这些所依赖的类也可以打包成 JAR 放到 WEB-INF 下的 lib 目录下，当然也可以放到系统的 CLASSPATH 中，但那样移植和管理起来不方便。

18.2　Java Web 程序开发

本节介绍 Java Web 应用开发中涉及的 HTML、Servlet 和 JSP 技术。

18.2.1　HTML

HTML(Hypertext Markup Language)，即超文本标记语言，是用于描述网页文档的一种标记语言。HTML 是一种规范，一种标准，它通过标记符号来标记要显示的网页中的各个部分。网页文件本身是一种文本文件，通过在文本文件中添加标记符，可以告诉浏览器如何显示其中的内容。

一个网页对应于一个 HTML 文件，HTML 文件以.htm 或.html 为扩展名。可以使用任何能够生成 TXT 类型源文件的文本编辑来产生 HTML 文件。超文本标记语言标准的 HTML 文件都具有一个基本的整体结构，即 HTML 文件的开头与结尾标志和 HTML 的头部与实体两大部分。下面以 firstPage.html 为例，介绍 HTML 在 Java Web 程序中的应用。

【例 18-4】firstPage.html 文件的代码如下：

```html
<html>
<head>
    <title>我的第一个 HTML 页面</title>
</head>
<body>
    <p>body 元素的内容会显示在浏览器中。</p>
    <p>title 元素的内容会显示在浏览器的标题栏中。</p>
</body>
</html>
```

主要代码解释如下。

●   <html>：此标签是 HTML 文档的第一个标签，表示 HTML 文档的开始。

- </html>：此标签是 HTML 文档的最后一个标签，表示 HTML 文档的结束。
- <head></head>：本对标签之间的文本是头信息，不被显示在 HTML 页面中。
- <title></title>：本对标签之间的内容是文档标题，将显示在浏览器的标题栏中。
- <body></body>：本对标签中的文本是正文，内容将被显示在浏览器中。
- <p></p>：本对标签表示段落。

运行结果如图 18-8 所示。

图 18-8　firstPage 页面显示

下面详细介绍编写与运行 firstPage.html 的具体步骤。

(1) 打开记事本，新建一个记事本文件，将上述 HTML 文档复制到该记事本文件中，选择"文件"→"另存为"菜单命令，在打开的文件存储对话框中输入文件名"firstPage.html"，即把文件的扩展名".txt"改为".html"。

(2) 创建 firstPage.html 文件之后，双击该文件，即可在浏览器中出现如图 18-8 所示运行结果界面。

1．HTML 基本标记概述

HTML 中用于描述功能的符号称为标签，在使用时用<>括起来，大部分标签需要成对出现，无斜杠的标记属于标签的开始，有斜杠的标记表示标签的结束，例如：

```
<h1>This is a heading</h1>
```

再例如：

```
<table border="1">
    <tr>
        <td>row 1, cell 1</td>
        <td>row 1, cell 2</td>
    </tr>
    <tr>
        <td>row 2, cell 1</td>
        <td>row 2, cell 2</td>
    </tr>
</table>
```

以上 HTML 语句块标示了一个表格，在浏览器中显示如下：

row 1, cell 1	row 1, cell 2
row 2, cell 1	row 2, cell 2

表 18-1 列出了常见表格标签及含义。

表 18-1　table 标签及含义

标　签	功　能
\<table aling=left>...</table>	表格位置，置左
\<table aling=center>...</table>	表格位置，置中
\<table background=图片路径>...</table>	设置背景图片的 URL，就是网址路径
\<table border=边框大小>...</table>	设定表格边框大小(使用数字)
\<table bgcolor=颜色码>...</table>	设定表格的背景颜色
\<table borderclor=颜色码>...</table>	设定表格边框的颜色
\<table borderclordark=颜色码>...</table>	设定表格暗边框的颜色
\<table borderclorlight=颜色码>...</table>	设定表格亮边框的颜色
\<table cellpadding=参数>...</table>	指定内容与网格线之间的间距(使用数字)
\<table cellspacing=参数>...</table>	指定网格线与网格线之间的距离(使用数字)
\<table cols=参数>...</table>	指定表格的栏数
\<table frame=参数>...</table>	设定表格外框线的显示方式
\<table width=宽度>...</table>	指定表格的宽度大小(使用数字)
\<table height=高度>...</table>	指定表格的高度大小(使用数字)
\<tr>...</tr>	定义表格一行
\<td colspan=参数>...</td>	指定储存格合并栏的栏数(使用数字)
\<td rowspan=参数>...</td>	指定储存格合并列的列数(使用数字)

2．表单标记

表单标记在 HTML 页面中起着重要的作用，它是与用户交互信息的一种重要手段。
定义表单的语法格式：

```
<form action="url" method="get/post">
    ...
    <input type=submit><input type=reset>
</form>
```

其中：

● 　method：有两种提交方式，即 get 和 post，其中 post 方法容许传送大量信息，而
　　 get 方法只接受低于 1KB 的信息。

● 　action：指明处理该表单的程序的 url 地址，这样表单中所填的内容才能传给 CGI
　　 做处理。

多数情况下被用到的表单标签是输入标签(\<input>)。输入类型是由其类型属性(type)
定义的。大多数经常被用到的输入类型如下。

(1)　文本域(Text Fields)

当用户要在表单中键入字母、数字等内容时，就会用到文本域。例如：

```
<form>
First name:
<input type="text" name="firstname" />
```

```
<br />
Last name:
<input type="text" name="lastname" />
</form>
```

浏览器显示如下：

First name: [   ]
Last name: [   ]

(2)　单选按钮(Radio Buttons)

当用户从若干给定的的选择中选取其一时，就会用到单选按钮。例如：

```
<form>
<input type="radio" name="sex" value="male" /> Male
<br />
<input type="radio" name="sex" value="female" /> Female
</form>
```

浏览器显示如下：

◎ Male
◎ Female

(3)　复选框(Checkboxes)

当用户需要从若干给定的选择中选取一个或若干选项时，就会用到复选框。例如：

```
<form>
<input type="checkbox" name="bike" />
I have a bike
<br />
<input type="checkbox" name="car" />
I have a car
</form>
```

浏览器显示如下：

☐ I have a bike
☐ I have a car

除了上述介绍的几个典型 type 取值以外，还有：

- type=textarea：多行文本输入框。
- type=password：输入数据为星号表示的密码。
- type=submit：表示提交按钮，单击此按钮数据将被送到服务器。
- type=reset：重置按钮，单击此按钮表单数据清空以备重新填写。
- type=hidden：表示隐藏按钮。
- type=button：表示普通按钮。

18.2.2　Servlet

1. 什么是 Servlet

Servlet 是一个用 Java 编写的应用程序，在服务器上运行，处理请求的信息并将其发送到客户端。Servlet 的客户端可以提出请求并获得该请求的响应，它可以是任何 Java 应用程序、浏览器或任何设备。对于所有的客户端请求，只需要创建 Servlet 的实例一次，因此节省了大量的内存。Servlet 在初始化后即驻留内存中，因此每次做出请求时无需加载。因为 Servlet 是用 Java 语言编写的，所以具有独立于平台和协议的特性，可以生成动态的 Web 页面。Servlet 是运行于 Web 服务器内部的服务器端的 Java 应用程序，与传统的从命令行启动的 Java 应用程序不同之处在于它不包含 main()方法，因此 Servlet 只能由包含支持 Servlet 的 Java 虚拟机的 Web 服务器进行加载。

2．Servlet 的工作原理

Servlet 担当客户请求(Web 浏览器或其他 HTTP 客户程序)与服务器响应(HTTP 服务器上的数据库或应用程序)的中间层。当客户端发送请求至 Web 服务器时，首先 Web 服务器启动并调用 Servlet，然后 Servlet 根据客户端请求与其他服务器资源进行通信，生成响应内容并将其传给 Web 服务器，最后 Web 服务器将响应返回客户端，如图 18-9 所示。

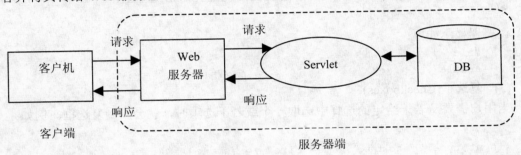

图 18-9　Servlet 运行原理

3．一个 Servlet 例程

我们现在来创建一个简单的 Servlet 类，名称为 MyFirstServlet.java，功能是输出"你好!"。代码如例 18-5 所示。

【例 18-5】 MyFirstServlet.java 程序的代码如下：

```java
package com.heuu;
import java.io.IOException;
import java.io.PrintWriter;
import javax.servlet.ServletException;
import javax.servlet.http.HttpServlet;
import javax.servlet.http.HttpServletRequest;
import javax.servlet.http.HttpServletResponse;

public class MyFirstServlet extends HttpServlet {
    /**
     * 处理 Get 请求.
     * @param req Request
     * @param resp Response
     * @throws ServletException Servlet 异常
     * @throws IOException IO 异常
     */
    @Override
    protected void doGet(
```

```
       HttpServletRequest req, HttpServletResponse resp)
       throws ServletException, IOException {
         // 设定内容类型为 HTML 网页 UTF-8 编码
         resp.setContentType("text/html;charset=UTF-8");
         // 输出页面
         PrintWriter out = resp.getWriter();
         out.println("<html><head>");
         out.println("<title>FirstServlet</title>");
         out.println("</head><body>");
         out.println("Hello!大家好!");
         out.println("</body></html>");
         out.close();
       }
       public void doPost(
         HttpServletRequest req, HttpServletResponse resp)
         throws ServletException, IOException {
       }
     }
```

下面来看看这段代码，一开始必须导入"javax.servlet.*"和"javax.servlet.http.*"。

javax.servlet.*存放与 HTTP 协议无关的一般性 Servlet 类；javax.servlet.http.*中包含的是与 HTTP 协议有关的功能的类。

所有 Servlet 都必须实现 javax.servlet.Servlet 接口，但是通常我们都会从 javax.servlet.GenericServlet 和 javax.servlet.http.HttpServlet 二者中选择一个来实现。如果我们写的 Servlet 代码与 HTTP 协议无关，那么必须继承 GenericServlet 类；若与 HTTP 协议有关，就必须继承 HttpServlet 类。我们的例子中继承的是 HttpServlet 类。

javax.servlet.*里面的 ServletRequest 和 ServletResponse 接口提供存取一般的请求和响应；而 javax.servlet.http.*里面的 HttpServletRequest 和 HttpServletResponse 接口，则提供 HTTP 请求及响应的存取服务。通过代码了解到，我们代码中用到的是 HttpServletRequest 和 HttpServletResponse，如图 18-10 所示。

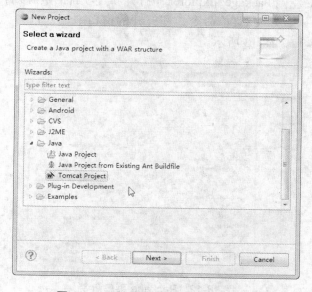

图 18-10　在 Eclipse 中新建项目窗口

　　上面的代码中，利用 HttpServletResponse 接口的 setContentType()方法来设定内容类型，我们要显示为 HTML 网页类型，因此，内容类型设为 text/html，这是 HTML 网页的标准 MIME 类型值。之后，用 getWriter()方法返回 PrintWriter 类型的 out 对象，它与 PrintStream 类似，但是它能够对 Java 的 Unicode 字符进行编码转换。最后，利用 out 对象把字符串"你好!"显示在网页上。

　　下面介绍编写 MyFirstServlet.java 的详细步骤。

　　首先创建一个 Tomcat 项目：打开 Eclipse，从菜单栏中选择 file→new→project 命令，弹出如图 18-10 所示的窗口，选择 Tomcat Project，单击 Next 按钮。

　　在接下来出现的如图 18-11 所示的界面中输入项目的名称"JavaWebProject"，然后单击 Finish 按钮。

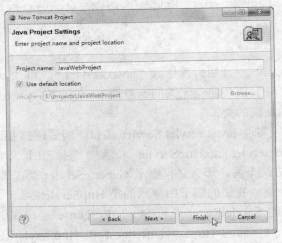

图 18-11　Java 项目设置界面

　　然后，在 Eclipse 左侧 Package Explorer 中打开新建项目的资源列表，在 WEB-INF/src 处右击，选择 New→Package 菜单命令，在打开的窗口中输入包名"com.heuu"，单击 Finish 按钮。如图 18-12、18-13 所示。

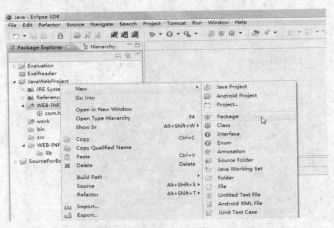

图 18-12　Package 菜单命令

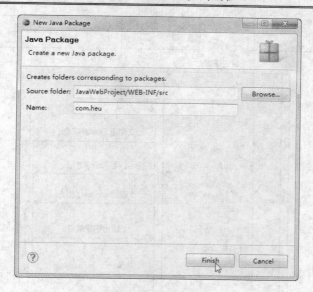

图 18-13　新建 Package 窗口

在新建的包 com.heuu 处右击，通过 new→Class 菜单命令创建一个新类，类名为 MyFirstServlet，在新建类的编辑窗内，将 MyFirstServlet.java 的代码复制进去，以 Ctrl+S 保存。至此，第一个 Servlet 类完成。

接下来我们运行这个 Servlet：右击 JavaWebProject 项目，从弹出的快捷菜单中选择 Tomcat Project → update context definition 菜单命令。然后启动 Tomcat。

再通过浏览器访问 http://localhost:8080/JavaWebProject/servlet/MyFirstServlet，在浏览器中将会显示如图 18-14 所示的内容。

图 18-14　MyFirstServlet 运行结果

4．Servlet 的生命周期

javax.servlet 和 javax.servlet.http 包为编写 Servlet 提供了接口和类。所有的 Servlet 都必须实现 Servlet 接口，该接口定义了生命周期方法。

一个 Servlet 的生命周期由部署 Servlet 的容器来控制。当一个请求映射到一个 Servlet 时，该容器执行下列步骤。

（1）如果一个 Servlet 的实例并不存在，Web 容器会：①加载 Servlet 类；②创建一个 Servlet 类的实例；③调用 init 初始化 Servlet 实例。

（2）调用 Service 方法，传递一个请求和响应对象。如果该容器要移除这个 Servlet，可调用 Servlet 的 destroy 方法来结束该 Servlet。

如图 18-15 所示。

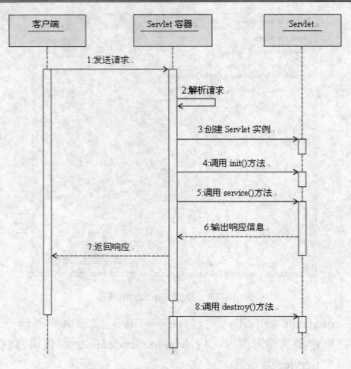

图 18-15　Servlet 的生命周期

18.2.3　JSP

1．JSP 简介

JSP(Java Server Page)是由 Sun 公司倡导、许多别的公司参与一起建立的一种动态网页技术标准。它是一种 Java 服务器端技术，主要用来产生动态网页内容，包括 HTML、DHTML、XHTML 和 XML。

简单地讲，JSP 就是在传统的网页文件 HTML 文件(.htm、.html)里加入 Java 代码片段(Scriptlet)或 JSP 标记等，并以".jsp"为扩展名进行保存，就构成了 JSP 页面。

当 Servlet/JSP Container 收到客户端发出的请求时，首先执行其中的程序片段，然后将执行结果以 HTML 格式响应给客户端。

其中程序片段可以使用任何 Java 代码操作数据库，重新定向网页或者发送 E-mail 等。所有程序操作都在服务器端执行，网络上传送给客户的仅仅是得到的结果，与客户端的浏览器无关，因此，JSP 也称为服务器端的编程语言。

2．JSP 页面构成

JSP 页面包含 HTML 标签和 JSP 标记。如果把它们细分，JSP 页面由以下元素构成。

- 静态内容：是 JSP 页面中的静态文本，它基本上是 HTML 文本，与 Java 和 JSP 语法无关。
- 指令：JSP 指令很多，一般以"<%@"开始，以"%>"结束。
- 表达式：JSP 表达式以"<%="开始，以"%>"结束。

- 代码片段：代码片段是嵌在页面里的一段 Java 代码，以 "<%" 开始，以 "%>" 结束，中间是 Java 代码。
- 声明：JSP 声明用于定义 JSP 页面中的变量、常量和方法。它以 "<%!" 开始，以 "%>" 结束。
- 动作：JSP 动作允许在页面间转移控制权。JSP 动作也有很多，基本上 JSP 动作以 "<jsp:动作名" 开始，以 "</jsp:动作名>" 结束。
- 注释：JSP 注释的格式有两种，第一种以 "<!--" 开始，以 "-->" 结束，中间是注释代码，它可以在客户端通过查看源代码看到；另一种注释以 "<%--" 开始，以 "--%>" 结束，中间是注释内容，在客户端通过查看源代码看不到它。

【例 18-6】一个 JSP 文件的实例，该 JSP 页面的功能是实现用户登录界面。

代码如下：

```
<%-- 通过下面的 JSP 指令，定义页面的 MIME 信息和页面编码 --%>
<%@ page language="java" contentType="text/html; pageEncoding="UTF-8"%>
<%-- 通过下面的 JSP 指令，引入 java.util.包中所有的类 --%>
<%@ import="java.util.*" %>

<%-- 通过下面的 JSP 代码段，定义两个 String 类型对象并赋值 --%>
<%
String path = request.getContextPath();
String basePath = request.getScheme() + "://" + request.getServerName()
  + ":" + request.getServerPort() + path + "/";
%>

<%-- 以下是 JSP 的另一种注释方式，可在客户端看到 --%>
<!DOCTYPE HTML PUBLIC "-//W3C//DTD HTML 4.01 Transitional//EN">

<html> <%-- HTML 标签 --%>
<head>
    <base href="<%=basePath%>"> <%-- JSP 表达式 --%>
    <title>My JSP 'Login.jsp' starting page</title>

    <meta http-equiv="pragma" content="no-cache">
    <meta http-equiv="cache-control" content="no-cache">
    <meta http-equiv="expires" content="0">
    <meta http-equiv="keywords" content="keyword1,keyword2,keyword3">
    <meta http-equiv="description" content="This is my page">
    <!--
    <link rel="stylesheet" type="text/css" href="styles.css">
    -->
</head>

<body>
<%-- 以下是 JSP 的动作，将另一个 JSP 文件 index.jsp 包含进来 --%>
<jsp:include page="index.jsp"></jsp:include>

<form action="servlet/Login" method="post">
    <table border="1" align="center">
    <tr><td>用户账号: </td><td><input type="text" name="userId" /></td>
    </tr>
    <tr><td>用户密码: </td><td><input type="password" name="password" />
```

```
</td></tr>
<tr><td align="right">
<input type="submit" name="Submit" value="确定">
<input type="reset" name="Reset" value="重置"></td></tr>
</table>
</form>
</body>
</html>
```

3．JSP 的处理过程

当 Web 容器，如 Tomcat 接到访问 JSP 网页的请求时，Web 容器会对被访问的页面进行判断，如果该 JSP 是第一次执行，则容器会将其编译成 Servelt 的类文件，当再重复调用执行时，就直接执行第一次所产生的 Servlet，而不用再重新把 JSP 编译成 Servlet。因此，除了第一次的编译花较久的时间之外，之后 JSP 和 Servlet 的执行速度几乎相同。

在执行 JSP 网页时，通常可分为两个时期，转译时期(Translation Time)和请求时期(Request Time)。当 JSP 网页在执行时，JSP Container 会做检查的工作，若发现 JSP 网页有更新修改时，JSP Container 才会再次编译 JSP 成 Servlet；JSP 没有更新时，就直接执行前面所产生的 Servlet。图 18-16 描述了 JSP 的执行过程。

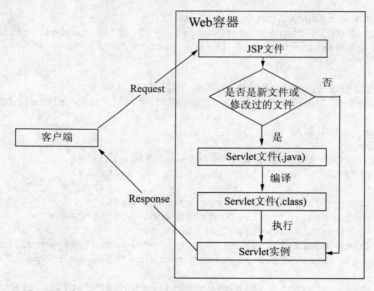

图 18-16　JSP 的执行过程

4．JSP 指令

JSP 指令控制对整个页面的处理，如提供整个 JSP 网页相关的信息，并且用来设定 JSP 网页的相关属性，例如网页的编码方式、语法、信息等，还可以确定要导入的包及要实现的接口，可以引入其他的文件，可以使用的 JSP 标签等。JSP 目前的指令有 3 种，即 page、include 和 taglib。

(1)　page 指令

page 指令是最复杂的 JSP 指令，它的主要功能为设定整个 JSP 网页的属性和相关功能。page 指令的基本语法如下：

```
<%@page attribute1="value1" attribute2="value2" ...%>
```

page 指令以 "<%@page" 起始，以 "%>" 结束。它拥有 13 个属性，具体的说明如表 18-2 所示。

表 18-2　page 指令的属性

属　性	描　述
language="java"	主要指定 JSP Container 要用什么来编译 JSP 网页，目前只可以使用 Java 语言
extends="className"	主要定义此 JSP 网页产生的 Servlet 是继承哪个父类
import="importList"	主要定义此 JSP 网页可以使用哪些 Java 包或类
session="true|false"	决定此 JSP 网页是否可以使用 Session 对象，默认值是 true
buffer="none|n kb"	决定输出流是否有缓冲区。默认为 8KB 的缓冲区
autoFlush="true|false"	决定输出流的缓冲去是否要自动清除。默认值为 true
isThreadSafe="true|false"	主要告诉 JSP Container，此 JSP 网页能处理超过一个以上的请求。默认值为 true，并且，不建议设置为 false
info="text"	主要表示此 JSP 的相关信息
errorPage="error_url"	表示如果发生异常错误时，网页会被重新指向哪一个 URL
isErrorPage="true|false"	表示此 JSP 页面是否为处理异常错误的网页
contentType="ctinfo"	表示 MIME 类型和 JSP 网页的编码方式
pageEncoding="ctinfo"	表示 JSP 网页的编码方式
isELIgnored="true|false"	表示是否在此 JSP 网页中执行或忽略 EL 表达式。如果为 true，JSP Container 将忽略 EL 表达式；反之，为 false 时，EL 表达式将会被执行

例如：

```
<%@ page import = "org.apache.struts.Globals" %>
<%@ page import = "org.apache.struts.action.Action" %>
<%@ page import = "org.apache.struts.action.ActionError" %>
<%@ page import = "org.apache.struts.action.ActionErrors" %>
<%@ page import = "org.apache.struts.validator.*" %>
```

(2) include 指令

include 指令用于在 JSP 编译时插入一个包含文本或代码的文件，这个包含过程是静态的，而包含的文件可以是 JSP 网页、HTML 网页、文本文件，或是一段 Java 代码。该指令只有一个属性，那就是 file，而文件路径指向此 file 的路径。

(3) taglib 指令

taglib 指令的作用是在 JSP 页面中，将标签库描述文件(TLD)引入到该页面中，并设置前缀，利用标签的前缀去使用标签库描述符文件中的标签。标签描述符文件为 XML 格式，包含一系列标签的说明，它的文件后缀名是.tld。

taglib 指令有两个属性，第一个是 uri 属性，主要指明了标签库描述符文件的存放位置；第二个就是 prefix 属性，主要用来区分多个标签库。我们举例来看看 taglib 指令如何使用。例如：

```
<%@ taglib uri = "/WEB-INF/struts-bean.tld" prefix = "bean" %>
<%@ taglib uri = "/WEB-INF/struts-html.tld" prefix = "html" %>
<%@ taglib uri = "/WEB-INF/struts-logic.tld" prefix = "logic" %>
```

5．JSP 内置对象

JSP 内置对象是 Web 容器加载的一组类的实例，它不像一般的 Java 对象那样用 new 去获取实例，而是可以直接在 JSP 页面使用的对象。

JSP 提供的内置对象分为 4 个主要类别，表 18-3 列出了 JSP 提供的 9 个内置对象。

表 18-3   JSP 内置对象

对 象 名	所 在 位 置	功 能
request	javax.servlet.http.HttpServletRequest	请求端信息
response	javax.servlet.http.HttpServletResponse	响应端信息
out	javax.servlet.jsp.JspWriter	数据流的标准输出
pageContext	javax.servlet.jsp.PageContext	表示此 JSP 的 PageContext
session	javax.servlet.http.HttpSession	用户的会话状态
application	javax.servlet.ServletContext	作用范围比 session 大
config	javax.servlet.ServletConfig	表示此 JSP 的 ServletConfig
page	java.lang.Object	如同 Java 的 this
exception	java.lang.Throwable	异常处理

下面我们逐一进行介绍。

（1）request 对象

request 对象包含所有请求的信息，如请求的来源、标头、cookies 和请求相关的参数值等。在 JSP 网页中，request 对象是实现 javax.servlet.http.HttpServletRequest 接口的，HttpServletRequest 接口所提供的方法，可以将它分为 4 大类：

- 取得请求参数的方法。
- 存取属性的方法。
- 取得请求 HTTP 标头的方法。
- 其他方法，如取得请求的 URL、IP 和 Session 等。

其中，取得参数和存取属性的方法分别如表 18-4 和 18-5 所示。

表 18-4   request 对象取得参数的方法

方 法	说 明
String getParameter(String name)	取得 name 的参数值
Enumeration getParameterNames()	取得所有的参数名称
String[] getParameterValues(String name)	取得 name 的参数的所有的值
Map getParameterMap()	取得一个要求参数的 Map

表 18-5　request 对象存取的方法

方　　法	说　　明
void setAttribute(String name, Object value)	以名称/值的方式，将一个对象的值存放到 request 中
Object getAttribute(String name)	根据名称去获取 request 中存放对象的值

在这里，我们不再赘述每一个方法，需使用它们的时候，可查看 API 帮助。

(2) response 对象

response 内置对象处理 JSP 生成的响应，然后将响应发送个客户端。response 对象实现 javax.servlet.http.HttpServletResponse 接口。下面介绍其中常用的方法。

① void setHeader(String name, String value)

该方法的作用是设定标头。它还有两个类似的方法 void setDateHeader() 和 void setIntHeader()。通过这个函数，我们可以设定 JSP 页面的缓存方式、页面的自动更新、页面数据内容的有效性等。

首先我们来看设定页面的缓存方式。如果是 HTTP 1.0，我们通过如下方式设定：

```
response.setHeader("Pragma", "no-cache");
```

如果是 HTTP 1.1 的情况，我们通过下面的方式来设定：

```
response.setHeader("Cache-Control", "no-cache");
```

表 18-6 中列举出的是 HTTP 1.1 的 Cache-Control 标头的设定参数。

表 18-6　HTTP 1.1 的 Cache-Control 标头的设定参数

参　　数	说　　明
public	数据内容皆被存储起来，就连有密码保护的网页也是一样，因此安全性相当低
private	数据内容只能被存储到私有的 caches，即 non-shared caches 中
no-cache	数据内容绝不被存储起来，dialing 服务器和浏览器读到此标头，就不会将数据内容存入 caches 中
no-store	数据内容除了不能被存入 caches 中之外，也不能存入暂时的磁盘中，这个标头防止敏感性数据被复制
must-revalidate	用户在每次读取数据时，会再次和原来的服务器确定是否为最新数据，而不再通过中间的代理服务器
proxy-revalidate	与 must-revalidate 有点像，不过中间接收的代理服务器可以互相分享 caches
max-age=xxx	数据内容在经过 xxx 秒后，就会失效，这个标头就像 Expires 标头的功能一样，不过，max-age=xxx 只能服务 HTTP 1.1 的用户。假设两者并用时，max-age=xxx 有较高的优先权

如果想让网页自动更新，则要用到 setIntHeader() 方法和 Refresh 标头。

使用方法如下：

```
response.setIntHeader("Refresh", 3);
```

要想在 5 秒后调用浏览器转到 http://www.heuu.edu.cn，可用如下方法：

```
response.setHeader("Refresh", "5; URL=http://www.heuu.edu.cn");
```

② void setContentType(String name)

该方法的作用是设置作为响应生成的内容的类型和字符编码。

③ void sendRedirect(String name)

该方法的作用是发送一个响应给浏览器，指示其请求另一个 URL。

下面，我们举一个例子来说明上述方法。

【例 18-7】JSP 内置对象的使用。

首先，创建 response.jsp，其中用到了上述方法，并重定向到 response1.jsp：

```
<%@ page language="java" contentType="text/html; charset=UTF-8" %>
<html>
<head>
<meta http-equiv="Content-Type" content="text/html; charset=UTF-8">
<title>JSP 页面跳转</title>
</head>
<body>
<%
<%-- 设定响应内容的内容和字符编码--%>
response.setContentType("text/html; charset=UTF-8");
<%-- 页面重新定向到 response1.jsp--%>
response.sendRedirect("response1.jsp");
%>
</body>
</html>
```

下面来创建 response1.jsp。我们在里边显示了 response.jsp 中设定的 ContentType，并设定每 5 秒画面自己刷新一次。代码如下：

```
<%@ page language="java" contentType="text/html; charset=UTF-8"%>
<html>
<head>
<meta http-equiv="Content-Type" content="text/html; charset=UTF-8">
<title> response1</title>
</head>
<body>
response 的 content 类型为: <%=response.getContentType()%>
<br>
<%
<%-- 页面每间隔 10 秒自动刷新--%>
response.setIntHeader("Refresh", 10);
%>
</body>
</html>
```

大家可以编写该实例，执行时注意浏览器的刷新条，会不会每 10 秒刷新一次。页面的自动刷新在很多信息系统的应用中是非常实用的一项功能。希望大家能够牢记该方法。

(3) out 对象

out 对象表示输出流，此输出流将作为请求的响应发送到客户端。我们前面已经多次用到了 out 对象。常用的方法有 print()、println()和 write()方法，这 3 个方法都用于向页面输出数据，下面我们通过 out.jsp 这个例子来说明一下 out 对象。代码如例 18-8 所示。

【例 18-8】out.jsp 的代码如下：

```
<%@ page language="java" contentType="text/html; charset=UTF-8"
    pageEncoding="UTF-8"%>
<html>
<head>
<meta http-equiv="Content-Type" content="text/html; charset=UTF-8">
<title>out 对象实例</title>
</head>
<body>
<%
    // 用 println 方法输出
    out.println("Hello! ");
    // 用 print 方法输出
    out.print("我是: ");
    // 用 write 方法输出
    out.write("Out 实例。");
%>
</body>
</html>
```

(4) page 对象

在 JSP 页面的执行过程中，每个 JSP 页面都会生成一个 Servlet。Servlet 对象提供相应的方法和变量以访问为 JSP 页面创建的 Servlet 的所有信息，它包括 page 和 config。

page 对象代表 JSP 本身，更准确地说，它代表 JSP 被转译后的 Servlet，因此，它可以调用 Servlet 类所定义的变量和方法。它是 java.lang.Object 类的一个实例。不过，page 很少在 JSP 中使用，一般使用前面学过的 page 指令即可。例 18-9 为我们展示了如何通过 page 对象获得 Servlet 信息。

【例 18-9】通过 page 对象获得 Servlet 信息。代码如下：

```
<%@ page info="这是 page 对象的例子" language="java" contentType="text/html;
    charset=UTF-8" pageEncoding="UTF-8"%>
<html>
<head>
<meta http-equiv="Content-Type" content="text/html; charset=UTF-8">
<title>page 对象</title>
</head>
<body>
//需要进行(HttpJspPage)强制类型转换
<% out.write(((HttpJspPage)page).getServletInfo())%>
</body>
</html>
```

(5) config 对象

config 对象存储 Servlet 的一些初始信息，与 page 对象一样很少使用。config 对象是 javax.servlet.ServletConfig 接口的一个实例。下面我们通过一个例子来演示通过 config 对象来获得 web.xml 中设定的 Servlet 参数值。首先在 web.xml 中配置 Servlet。

配置语句如下所示：

```
<servlet id="Servlet_1076573618188">
    <servlet-name>action</servlet-name>
    <servlet-class>com.winner.common.webapp.ActiveServlet
```

```
    </servlet-class>
    <init-param id="InitParam_1076573622328">
        <param-name>config</param-name>
        <param-value>/WEB-INF/struts-config.xml</param-value>
    </init-param>
    <init-param id="InitParam_1076573622329">
        <param-name>debug</param-name>
        <param-value>2</param-value>
    </init-param>
    <init-param id="InitParam_1076573622330">
        <param-name>detail</param-name>
        <param-value>2</param-value>
    </init-param>
    <init-param id="InitParam_1076573622331">
        <param-name>validate</param-name>
        <param-value>true</param-value>
    </init-param>
    <load-on-startup>2</load-on-startup>
</servlet>
```

【例 18-10】通过 config 对象获取上述 web.xml 文件内容的实例，代码如下：

```
<%@ page language="java" contentType="text/html; charset=UTF-8"
  pageEncoding="UTF-8"%>
<html>
<head>
<meta http-equiv="Content-Type" content="text/html; charset=UTF-8">
<title>config 对象应用</title>
</head>
<body>
<%
    String val = config.getInitParameter("debug ");
    out.println(val);
%>
</body>
</html>
```

(6) exception 对象

exception 对象是一个与错误有关的内置对象。

JSP 页面执行后，会在网页上显示内容。如果执行 JSP 过程中出现错误，JSP 页面的执行就会终止。exception 对象就是用于处理 JSP 页面中的错误。

在这里通过例 18-11 介绍 exception 对象的用法。我们写一个产生整数越界错误的 JSP 页面，并显示出错误信息。

【例 18-11】产生整数越界错误的 JSP 页面，并显示出错误信息。

先创建 err.jsp，代码如下：

```
<%@ page language="java" contentType="text/html; charset=UTF-8"
  pageEncoding="UTF-8" errorPage="exception.jsp"%>
<html>
<head>
<meta http-equiv="Content-Type" content="text/html; charset=UTF-8">
<title>产生错误</title>
</head>
```

```
<body>
<%
    int cnt = 655366;
%>
</body>
</html>
```

接下来创建异常处理页面 exception.jsp，代码如下：

```
<%@ page language="java" contentType="text/html; charset=UTF-8"
  pageEncoding="UTF-8" isErrorPage="true"%>
<%@page import="java.io.PrintWriter"%>
<html>
<head>
<meta http-equiv="Content-Type" content="text/html; charset=UTF-8">
<title>错误处理</title>
</head>
<body>
    产生如下错误: <% =exception%>
<br>
<%
    exception.printStackTrace(new PrintWriter(out));
%>
</body>
</html>
```

程序说明：作为错误处理对象的 JSP 必须设定 page 指令中的 isErrorPage 属性为 true。而捕获错误的 JSP 必须设定 page 指令中的 errorPage 属性为处理错误的页面的 URL。而且，printStackTrace()函数的参数要为 PrintWriter 而不是 JspWriter。

（7）session 对象

session 对象表示用户的会话状况，用此项机制可以轻易识别每一个用户，能保存和跟踪用户的会话状态。例如，购物车最常使用 session 的概念，当用户把商品放入购物车，再去添加另外的商品到购物车时，原先选购的商品仍然在购物车内，而且用户不用反复去做身份验证。但如果用户关闭 Web 浏览器，则会终止会话。

session 对象存储有关用户会话的所有信息。session 对象用于在应用程序的网页之间跳转时存储有关会话的信息。

session 对象常用的方法如表 18-7 所示。

表 18-7　session 对象常用的方法

方　　法	说　　明
long getCreationTime()	取得 session 产生的时间，单位是毫秒，由 1970 年 1 月 1 日零时算起
String getId()	返回 session 的 ID
long getLastAccessedTime()	返回用户最后通过这个 session 送出请求的时间，单位是毫秒，由 1970 年 1 月 1 日零时算起
long getMaxInactiveIntrval()	返回最大 session 不活动的时间，若超过了这个时间，session 会失效，时间单位是秒

方　　法	说　　明
void invalidate()	取消 session 对象，并将对象存放的内容完全抛弃
boolean isNew()	判断 session 是否为"新"的，所谓"新"的 session，表示 session 已由服务器产生，但是 client 尚未使用
void setMaxInactiveInterval(int interval)	设定最大 session 不活动的时间，若超过这个时间，session 将会失效，时间单位为秒
void setAttribute(String name, Object value)	以"名称/值"的方式，将一个对象的值存放到 session 中
Object getAttribute(String name)	根据名称去获取 session 中存放对象的值

下面我们通过例 18-12 来说明 session 对象的用法。

【例 18-12】 session 对象的用法。

1.jsp 的代码如下：

```html
<html>
<form method=get action=2.jsp>
用户名：<input type=text name=username>
<input type=submit value=提交>
</form>
</html>
```

2.jsp 的代码如下：

```html
<html>
<form method=post action="3.jsp?pass=11">
<%
String name = request.getParameter("username");
session.setAttribute("username", name);
%>
你输入的用户名是:<%=request.getParameter("username")%>
<br>你的专业：<input type=text name=major>
<input type=submit value=提交>
</form>
</html>
```

3.jsp 的代码如下：

```html
<html>
你输入的用户名是：<%=session.getAttribute("username")%>
<br>
你的专业是：<%=request.getParameter("major")%>
<br>
</form>
</html>
```

(8) application 对象

application 对象实现 javax.servlet.ServletContext 接口，它的主要功能在于取得或更改 Servlet 的设定。application 对象的生命周期最长，它从服务器启动开始就存在，直到服务器关闭为止。

application 对象的常用方法如表 18-8 所示。

表 18-8　application 对象常用的方法

方　法	说　明
String getServerInfo()	返回 Servlet 容器名称及版本号
URL getResource(String path)	返回指定资源(文件及目录)的 URL 路径
int getMajorVersion()	返回服务器支持的 Servlet API 最大版本号
int getMinorVersion()	返回服务器支持的 Servlet API 最小版本号
String getMimeType(String file)	返回指定文件的 MIME 类型
ServletContext getContext(String uri)	返回指定地址的 Application Context
String getRealPath(String path)	返回本地端 path 的绝对路径
void log(String msg)	将信息写入 log 文件中
void log(String msg, Throwable err)	将 stack trace 所产生的异常信息写入 log
void setAttribute(String name, Object value)	以名称/值的方式，将一个对象的值存放到 applicaton 中
Object getAttribute(String name)	根据名称去获取 application 中存放对象的值
void removeAttribute(String name)	删除一个属性及其属性值

我们举一个简单的例子，来看看这些方法的使用。

【例 18-13】application 对象的应用。代码如下：

```
<%@ page language="java" contentType="text/html; charset=UTF-8"
  pageEncoding="UTF-8"%>
<html>
<head>
<meta http-equiv="Content-Type" content="text/html; charset=UTF-8">
<title>application 应用实例</title>
</head>
<body>
<%
    //首先执行 setAttribute()方法，向 application 里存放 value、me 值对
    application.setAttribute("value", "me");
%>
<br>
设置 value 后：<%=application.getAttribute("value")%><br>
<%
    //然后执行 removeAttribute("value")删除 value
    application.removeAttribute("value");
%>
删除 value 后：<%=application.getAttribute("value")%><br>
<br>
获得 Srevlet 容器版本：<%=application.getServerInfo()%>
<br>
Servlet 容器最大版本：<%=application.getMajorVersion()%>
<br>
Servlet 容器最小版本：<%=application.getMinorVersion()%>
<br>
</body>
</html>
```

(9) pageContext 对象

pageContext 对象使用户可以访问页面作用域中定义的内置对象。

pageContext 对象也提供方法来访问内置对象的所有属性，但必须制定范围的参数。它的作用范围仅仅在页面内。

pageContext 对象的方法如表 18-9、18-10 所示。

表 18-9   pageContext 对象获得其他内置对象的方法

函　数	说　明
Exception getException()	返回当前页面的异常，不过此页面的 page 指令中，isErrorPage 属性必须为 true，即 exception 对象
JspWriter getOut()	返回当前页面的输出流，即 out 对象
Object getPage()	返回当前页面的 Servlet 实体，即 page 对象
ServletRequest getRequest()	返回当前页面的请求，即 request 对象
ServletResponse getResponse()	返回当前页面的响应，即 response 对象
ServletConfig getServletConfig()	返回当前页面的 ServletConfig 对象，即 config 对象
ServletContext getServletContext()	返回当前页面的执行环境，即 application 对象
HttpSession getSession()	返回与当前页面关联的会话，即 session 对象

表 18-10   pageContext 对象与属性有关的方法

函　数	说　明
void setAttribute(String name, Object attr)	在 page 范围内设置属性和属性值
void setAttribute(String name, Object attr, int scope)	在指定范围内设定属性和属性值
Object getAttribute(String name)	在 page 范围内根据名字获得属性值
Object getAttribute(String name, int scope)	在指定范围内获得属性值
void removeAttribute(String name)	在 page 范围内删除属性
void removeAttribute(String name, int scope)	在指定范围内删除属性
Object findAttribute(String name)	在所有范围中根据名字寻找属性
int getAttributeScope(String name)	返回某属性的作用范围
Enumeration getAttributeNamesInScope(int scope)	返回指定范围内可用的属性名枚举

在上面的函数中多次用到了范围，表 18-11 是 javax.servlet.jsp.PageContext 类所提供的关于属性范围的常量。

表 18-11   pageContext 属性范围常量

常　量	值	说　明
PAGE_SCOPE	1	page 范围
REQUEST_SCOPE	2	request 范围
SESSION_SCOPE	3	session 范围
APPLICATION_SCOPE	4	application 范围

下面我们通过例 18-14 来说明 pageContext 对象的用法。

【例 18-14】pageContext.jsp 的代码如下：

```
<%@page contentType="text/html;charset=gb2312"%>
<html><head><title>pageContext 对象实例</title></head>
<body><br>
<%
//使用 pageContext 设置属性，该属性默认在 page 范围内
pageContext.setAttribute("who", "me");
request.setAttribute("who", "me");
session.setAttribute("who", "me");
application.setAttribute("who", "me");
%>
page 设定的值:<%=pageContext.getAttribute("who")%><br>
request 设定的值: <%=pageContext.getRequest().getAttribute("who")%><br>
session 设定的值: <%=pageContext.getSession().getAttribute("who")%><br>
application 设定的值:
<%=pageContext.getServletContext().getAttribute("who")%><br>
范围 1 内的值: <%=pageContext.getAttribute("who", 1)%><br>
范围 2 内的值: <%=pageContext.getAttribute("who", 2)%><br>
范围 3 内的值: <%=pageContext.getAttribute("who", 3)%><br>
范围 4 内的值: <%=pageContext.getAttribute("who", 4)%><br>
<!--从最小的范围 page 开始，然后是 reques、session 以及 application-->
<%pageContext.removeAttribute("who", 3);%>
pageContext 修改后的 session 设定的值: <%=session.getValue("who ")%><br>
<%pageContext.setAttribute("who", "test", 4);%>
pageContext 修改后的 application 设定的值:
<%=pageContext.getServletContext().getAttribute("who")%><br>
值的查找: <%=pageContext.findAttribute("who")%><br>
属性 name 的范围: <%=pageContext.getAttributesScope("who")%><br>
</body></html>
```

页面显示结果：

```
page 设定的值：me
request 设定的值：me
session 设定的值：me
application 设定的值：me
范围 1 内的值：me
范围 2 内的值：me
范围 3 内的值：me
范围 4 内的值：me
pageContext 修改后的 session 设定的值：null
pageContext 修改后的 application 设定的值：test
值的查找：test
属性 name 的范围：1
```

18.3　J2EE 多层 Web 程序架构

18.3.1　MVC

MVC 是一种目前广泛流行的软件设计模式，早在 20 世纪 70 年代，IBM 就推出了

San Francisco 项目计划，其实就是 MVC 设计模式的研究。近来，随着 J2EE 的成熟，它正在成为在 J2EE 平台上推荐的一种设计模型。随着网络应用的快速增加，MVC 模式对于 Web 应用的开发无疑是一种非常先进的设计思想，无论选择哪种语言，无论应用多复杂，它都能为理解分析应用模型时提供最基本的分析方法，为构造产品提供清晰的设计框架，为软件工程提供规范的依据。

MVC 英文即 Model-View-Controller，即把一个应用的输入、处理、输出流程按照 Model、View、Controller 的方式进行分离，这样一个应用被自然地分成 3 个层次——模型层、视图层、控制层。

- 模型层：主要是应用程序模块，用于表示数据和业务逻辑。用户将与这些数据元素进行交互。
- 视图层：主要用于数据展示和用户输入。
- 控制器：充当视图与模型之间的中间对象。同一控制器可以用于整个站点，多个控制器也可用于该站点的每个页面。控制器知道用户操作的逻辑，用于发送请求和控制应用程序的流程。

MVC 设计模式在 J2EE 架构中主要体现在展现层和业务层里。一般来看，我们在 J2EE 展现层里设计视图层(View)和控制层(Controller)。而模型层则放在 J2EE 的业务层里。典型的 J2EE MVC 开发框架有 Spring 和 Struts。

18.3.2　Spring

Spring 是一个开源框架，是为了解决企业应用程序开发复杂性而创建的。框架的主要优势之一就是其分层架构，分层架构允许开发人员选择使用哪一个组件，同时为 J2EE 应用程序开发提供集成的框架。Spring 提供了管理业务对象的一致方法，并且鼓励了注入对接口编程而不是对类编程的良好习惯。Spring 的架构基础是基于使用 JavaBean 属性的 Inversion of Control 容器。

Spring 框架由 7 个定义良好的模块组成。Spring 模块构建在核心容器之上，核心容器定义了创建、配置和管理 Bean 的方式，如图 18-17 所示。

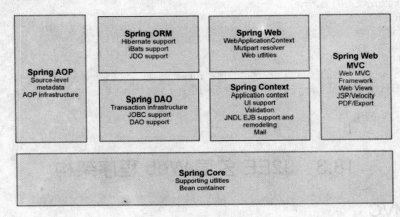

图 18-17　Spring 框架结构

组成 Spring 框架的每个模块(或组件)都可以单独存在，或者与其他一个或多个模块联合实现。每个模块的功能如下。

- 核心容器：核心容器提供 Spring 框架的基本功能。核心容器的主要组件是 BeanFactory，它是工厂模式的实现。BeanFactory 使用控制反转(IOC)模式将应用程序的配置和依赖性规范与实际的应用程序代码分开。

- Spring 上下文：Spring 上下文是一个配置文件，向 Spring 框架提供上下文信息。Spring 上下文包括企业服务，例如 JNDI、EJB、电子邮件、国际化、校验和调度功能。

- Spring AOP：通过配置管理特性，Spring AOP 模块直接将面向方面的编程功能集成到了 Spring 框架中。所以，可以很容易地使 Spring 框架管理的任何对象支持 AOP。Spring AOP 模块为基于 Spring 的应用程序中的对象提供了事务管理服务。通过使用 Spring AOP，不用依赖 EJB 组件，就可以将声明性事务管理集成到应用程序中。

- Spring DAO：JDBC DAO 抽象层提供了有意义的异常层次结构，可用该结构来管理异常处理和不同数据库供应商抛出的错误消息。异常层次结构简化了错误处理，并且极大地降低了需要编写的异常代码数量(例如打开和关闭连接)。Spring DAO 的面向 JDBC 的异常遵从通用的 DAO 异常层次结构。

- Spring ORM：Spring 框架插入了若干个 ORM 框架，从而提供了 ORM 的对象关系工具，其中包括 JDO、Hibernate 和 iBatis SQL Map。所有这些都遵从 Spring 的通用事务和 DAO 异常层次结构。

- Spring Web 模块：Web 上下文模块建立在应用程序上下文模块之上，为基于 Web 的应用程序提供了上下文。所以，Spring 框架支持与 Jakarta Struts 的集成。Web 模块还简化了处理多部分请求以及将请求参数绑定到域对象的工作。

- Spring MVC 框架：MVC 框架是一个全功能的构建 Web 应用程序的 MVC 实现。通过策略接口，MVC 框架变成为高度可配置的，MVC 容纳了大量视图技术，其中包括 JSP、Velocity、Tiles、iText 和 POI。

Spring 框架的功能可以用在任何 J2EE 服务器中，大多数功能也适用于不受管理的环境。Spring 的核心要点是：支持不绑定到特定 J2EE 服务的可重用业务和数据访问对象。毫无疑问，这样的对象可以在不同 J2EE 环境(Web 或 EJB)、独立应用程序、测试环境之间重用。

18.3.3 Struts

到目前为止，Struts 推出了 1 和 2 两大版本。相对于 Struts1 而言，Struts2 号称是一个全新的框架。Struts2 与 Struts1 相比，确实有很多革命性的改进，但它并不是新发布的框架，而是在另一个框架——WebWork 基础上发展起来的。Struts2 是 WebWork 的升级，而不是一个全新的框架，因此稳定性、性能等各方面都有很好的保证，而且吸收了 Struts1 和 WebWork 两者的优势。

Apache Struts2 是一个可扩展的 Java EE Web 框架。框架设计的目标贯穿整个开发周期，从开发到发布，包括维护的整个过程。

Struts2 的体系与 Struts1 体系的差别非常大，因为 Struts2 使用了 WebWork 的设计核心，而不是 Struts1 的设计核心。Struts2 中大量使用拦截器来处理用户的请求，从而允许用户的业务逻辑控制器与 Servlet API 分离。通过图 18-18 和 18-19 可以看出两个版本之间的不同。

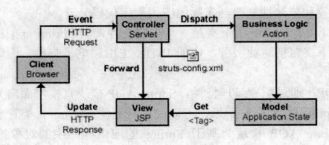

图 18-18　Struts1 的框架结构

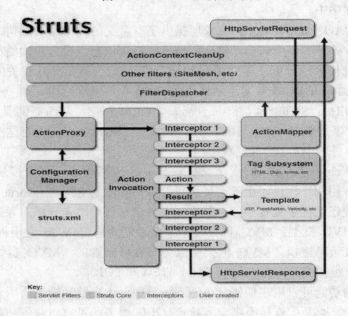

图 18-19　Struts2 的框架结构

Struts2 框架的大概处理流程如下。

(1)　加载类(FilterDispatcher)。

(2)　读取配置(Struts 配置文件中的 Action)。

(3)　派发请求(客户端发送请求)。

(4)　调用 Action(FilterDispatcher 从 Struts 配置文件中读取与之相对应的 Action)。

(5)　启用拦截器(WebWork 拦截器链自动对请求应用通用功能，如验证)。

(6)　处理业务(回调 Action 的 execute()方法)。

(7)　返回响应(通过 execute 方法将信息返回到 FilterDispatcher)。

(8)　查找响应(FilterDispatcher 根据配置查找响应的是什么信息，如 SUCCESS、ERROR，决定将跳转到哪个 JSP 页面)

(9)　响应用户(JSP→客户浏览器端显示)。

与 Struts1 的标签库相比，Struts2 是大大加强了，对数据的操作功能很强大。

18.4　视图层开发框架

随着网络技术的发展，良好的用户体验及丰富的客户端功能已成为 Web 程序所共同追逐的目标，并扮演非常重要的一环。基于 Ajax 应用思想的盛行，Prototype、Ext、Dojo、Yui、Mootools 等越来越多的第三方开源 Javascript Library 开始涌现，这极大地增加了我们对 Web 应用的扩展可能性。

18.4.1　什么是 ExtJS

按照 Ext 开发团队的说法，ExtJS 从应用角度上讲是一个用户界面库，而不是一个 JavaScript Library。原本作为 Yahoo! UI Library(也就是 YUI)的扩展而被开发出来，但从 1.1 版本开始，由于支持者的增多，已经得到了必要的扩充，不再依赖于 YUI。ExtJS 可以与 Prototype 和 JQuery 等成熟的 JS 库一起使用，也可以作为单独的应用部署到开发中去，Adobe AIR 与 iPhone 开发工具都提供了对 Ext 的支持。从 Ext 2.0 版开始，可以使用许多不同的基础库，例如 YUI、JQuery 和 Prototype，或者是可以独立地运行。

ExtJS 是一个非常棒的 Ajax 框架，可以用来开发富有华丽外观的富客户端应用，能使 B/S 应用更加具有活力。ExtJS 是一个用 JavaScript 编写，与后台技术无关的前端 Ajax 框架。因此，可以把 ExtJS 用在.NET、Java、PHP 等各种开发语言开发的应用程序中。

ExtJs 初期仅是对 Yahoo! UI 的对话框扩展，后来逐渐有了自己的特色，深受开发者的喜爱。发展至今，Ext 除 YUI 外，还支持 JQuery、Prototype 等的多种 JS 底层库，让大家自由地选择。该框架完全基于纯 HTML/CSS+JS 技术，提供丰富的跨浏览器 UI 组件，灵活采用 JSON/XML 数据源开发，使得服务端表示层的负荷真正减轻，从而实现客户端的 MVC 应用！ExtJS 支持多平台下的主流浏览器 Internet Explorer 6 + FireFox 1.5 + (PC, Mac) Safari2+、Opera9+。使用的厂家包括 IBM、Adobe、Cisco 等很多。

💡 **注意：** 　YUI(Yahoo! User Interface Library)是一个开源的 JavaScript 库，与 Ajax、DHTML 和 DOM 等技术一起使用可以用于创建富有交互性的 Web 应用，它还包含丰富的 CSS 资源。

18.4.2　ExtJS 发展史

(1) 最初，YUI-Ext 只是作者 Jack 打算对基于 BSD 协议的 Yahoo! User Interface 库进行自定义的扩展。

(2) 在 2006 年初，Jack Slocum 就一套公用设施扩建为 YUI 库而工作。这些扩展很快组织成一个独立的库代码并以 yul-ext 的名义发布。

(3) 在 2006 年秋天，Jack 发行了版本为 0.33 的 yui-ext，在年底之前，这个库已大受欢迎，名字被简化为 Ext，表明了它作为一个框架的成熟和独立。

(4) 在 2007 年 4 月 1 日，发布了 1.0 正式版。

(5) 官方在 2009 年 4 月首次在 Ext Conference 中发布了 Ext 的 3.0 RC 版本。

(6) 2009 年 5 月 4 日，Ext 的 3.0 版本发布。

(7) 2010 年 1 月 8 日，ExtJS 已发展涵盖美国、日本、中国、法国、德国等全球范围的用户，现在的版本为 Ext 3.2.0。

(8) 2010 年 6 月 15 日，ExtJS 项目与触摸屏代码库项目 jQTouch 和 SVG 处理库 Raphael 合并，后两个项目的创始人 David Kaneda 和 Dmitry Baranovskiy 也加入 ExtJS。此举是 ExtJS 为了应对 HTML 5 等新趋势，加强丰富图形和触摸屏功能的重要举措。

(9) 2011 年 4 月 22 日，ExtJS 4.0 正式发布，主要有以下改进。

核心改进：检视框架的架构和重塑其基础。这些变化不单提供了产品性能，还提高了其健壮性。

- 测试框架：在所有支持的浏览器上对框架进行了持续全面的测试。
- 类系统：作为 ExtJS 4 架构更新的一部分，引用了一个功能更完整的类系统。
- 沙盒：在 ExtJS 历史上，ExtJS 4 首次提供了完整的沙盒模式。从 ExtJS 4 开始，框架不再扩展数组或函数等原生对象，因此，与其他的框架同时加载到页面时，再也不会产生冲突。
- 应用架构：在 ExtJS 4，引入了一个标准化的几乎适合任何 ExtJS 应用程序的 MVC 风格的应用架构。使用 MVC，开发团队只需要学习一种架构就能理解任何 ExtJS 4 的应用。
- SDK 工具：正在测试 Beta 版的 Sencha SDK 工具，在第一版本中包括了优化工具、生成器和 Slicer 工具。这些工具可让我们优化 JavaScript 程序，以确保主题能在 IE6 中正常工作。
- 全新的图表库：在 ExtJS4 中，全新的、插件自由的图表库是最激动人心的新功能之一，创建了饼图、线图、面积图、雷达图等，所有这些都是动画的、易于配置的和可扩展的。
- 更智能的渲染和布局：引入了新的渲染和布局管道，只有在需要的时候才更新 DOM，从而让应用运行更快。改进了布局本身，删除了 FormLayout，意味着能使用任何布局组合创建最完美的表单。
- 增压的数据包：ExtJS 一个基础性的作品就是数据包。无论是将数据加载到 Grid、Tree 或其他组件，还是改进的数据包，都比以往更容易。新架构还支持 HTML 的 Local Storage，数据流可轻松地在应用中进出。

18.4.3　ExtJS 应用开发

针对 ExtJS 4.0，由于其通过浏览器解释来执行，所以我们既可以使用记事本、EditPlus、UltraEdit 等方式直接编辑文本文件，也可以通过 IDE 进行调试开发。

目前 Eclipse 上已经有很多能够支持 ExtJS 的插件，如 Spket 等。

【例 18-15】ExtJS 开发简例。

首先，我们创建 helloworld.js，并在其中创建如下函数：

```
Ext.onReady(function() {
    //以 Ext 的 alert 打印'Hello World!'
```

```
        Ext.MessageBox.alert('', 'Hello World!');
});
```

接下来，我们建立 helloworld.html 文件，内容如下：

```
<html>
<head>
    <meta http-equiv="Content-Type" content="text/html; charset=utf-8">
    <title>HelloExt</title>
    <!--ExtJS 资源加载-->
    <link rel="stylesheet" type="text/css"
      href="resources/css/ext-all.css" />
    <script type="text/javascript" src="adapter/ext/ext-base.js">
    </script>
    <script type="text/javascript" src="ext-all.js"></script>
    <!--我的 js 文件-->
    <script type="text/javascript" src="helloworld.js"></script>
</head>
<body>
    "ExtJS 的 Hello World 测试"
</body>
</html>
```

运行效果如图 18-20 所示。

图 18-20　运行效果

18.5　EJB

EJB 容器用于实现企业业务操作的程序，它在多层结构中处于业务层和数据访问层。这里我们引入“业务逻辑”这个概念。在 J2EE 编程中，业务逻辑指特殊企业领域对数据的处理需求，譬如银行业务、零售或财务等，简单地说，就是企业程序中的数据结构和算法。业务逻辑因企业的业务性质而异，它由 EJB 构件在 J2EE Web 程序中实现，EJB 构件能够从客户端或 Web 容器中收到数据并将处理过的数据传送到企业信息系统来存储，EJB 还能够从数据库检索数据并送回到客户端；由于 EJB 依赖 J2EE 容器进行底层操作，使用 EJB 构件编写的程序具有良好的扩展性和安全性。

J2EE 有 3 种 EJB 构件：Session Bean(会话 Bean)，Entity Bean(实体 Bean)和 Message-driven Bean(消息驱动 Bean)。

会话 Bean 主要用来描述程序的业务逻辑。一个会话 Bean 代表 Web 应用程序和客户的一次会话过程。在程序运行过程中，当 Web 应用的客户(如网上购物的消费者，银行系统使用者)执行完操作之后，会话 Bean 和它所使用的数据会被删除(即不在数据库保存)。

会话 Bean 主要是为客户进行与业务逻辑相关的数据操作，如计算交易金额、存取数据等。会话 Bean 可以是无状态的(Stateless)或有状态的(Stateful)。无状态是指不管任何用户每次调用其方法时，会话 Bean 都做同样的响应。有状态是指会话 Bean 需要维护和记录不同方法之间的构件状态，这种分类主要适用于不同的数据操作。

实体 Bean 是用于表示和维护 Web 应用的数据实体的构件。简单地说，数据实体就是程序所使用的数据库中的数据对象。一个实体 Bean 代表存放在数据库的一类数据对象。它是数据库内数据在 EJB 容器里的翻版。实体 Bean 与会话 Bean 不同，如果一个客户终止使用服务或 J2EE 应用服务器被关闭，EJB 容器会保证实体 Bean 的数据保存到数据库内。这就是所谓数据持久性(Data Persistence)。实体 Bean 根据其实现数据持久性的方法分为 Bean-managed Persistence 和 Container-managed persistence 两类。

Bean-managed Persistence 指实体 Bean 本身管理对数据库的访问，这要求编程者自己写一些数据库操作指令(如 SQL)。Container-managed Persistence 指对数据库的访问由 EJB 容器负责；编程者只需定义相关设置，而不需要写数据库操作指令。虽然 Container-managed Persistence 更简单，但是有些复杂的数据操作还是需要 Bean-managed Persistence 来完成。

消息驱动 Bean 实现了客户和服务器更松散的方法调用，利用消息服务器有其特定的优势，一个消息驱动 Bean 能让客户和服务器之间进行异步(Asynchronous)通信，服务器并不要求立刻响应；当 Java 消息服务器(Java Message Server)收到从客户端发来的消息时，消息驱动 Bean 被激活，客户并不像使用会话 Bean 那样直接调用消息驱动 Bean，这样客户不必要知道消息驱动 Bean 中具体有什么方法可以调用。

18.6   J2EE 应用程序的打包和部署

J2EE 平台的主要特色之一在于开发人员可以在其之上整合不同的组件，这个将组件整合为模块，并将模块整合为商业应用程序的过程叫作打包。而在一个可使用环境的安装和定制应用程序的过程则叫作部署。

J2EE 平台为打包和部署提供了相应的工具，使得其过程相对简单。主要来说，它使用 Java 档案文件(JAR)作为组件和应用打包之后的标准整合结果，同时它还使用基于 XML 的描述文件来配置组件和应用程序。

我们知道 J2EE 包含不同类型的组件，每种组件各自有自身依赖的生存环境。根据不同组件类别通常 J2EE 存在 4 种不同类型的 J2EE 平台模块。

- EJB 模块：其中包含 EJB 文件及相应类；EJB 模块是一个可实施的单元，包括 EJB、关联的库 JAR 文件以及资源。EJB 模块被预打包成 JAR 文件，在 JAR 文件的 META-INF 目录中有一个实施描述符(ejb-jar.xml)。
- Web 模块：其中包含 Web 层的组件及资源；Web 模块是一种可以实施的单元，由 Java Servlets、JSP 网页、JSP 标志库、库 JAR 文件、HTML/XML 文档及其他公共资源如图片/applet 类文件等组成。一个 Web 模块打包成一个 Web Archive File，也称为一个 WAR 文件。WAR 文件类似于 JAR 文件，只是 WAR 文件包含一个 WEB-INF 目录，在 web.xml 文件中包含实施说明。

- 应用客户模块：其中包含应用客户类；应用程序客户模块 JAR 文件包含一个独立的 Java 应用程序，它将在应用程序客户容器中运行。这个应用程序客户 JAR 文件包含一个专门化的实施描述符，其构成与 EJB JAR 文件类似。JAR 文件包含运行独立的客户所需的类，当然还包括访问 JDBC、JMS、JAXP、JAAS 或者 EJB 客户所需的任何客户库。

- 资源适配器模块：其中包含 Java 连接器(Connector)、资源适配器和帮助库函数及相关资源。资源适配器 RAR 文件包含在一个企业信息系统中，实现一个 Java Connector Architecture(JCA)资源适配器所需的本机(Native)库和 Java 类。J2EE EAR 文件是一个或者多个这些组件的一种结合，成为一个带有自定义实施描述符的统一的包。

通常情况下，在 Web 服务器中部署 Web 程序有两种方法。第一种方式是直接将依照标准格式的 Web 程序的整个目录编译后放入 Web 服务器的 WebApps 目录中。然后让 Web 服务器启动时自动加载 Web 应用程序。第二种方式是将 Web 程序编译并打包成一个 War 文件，然后放入 Web 服务器的 WebApps 目录。虽然两种部署方式最后存放的路径是相同的，但是由于其编译打包的方式不同，最后的效果也有所差异。

建议采用第二种方式。因为将 Web 程序编译打包成一个 War 文件，能够增强 Web 应用程序的可移植性。这主要是因为一个 War 文件可以在不同类型的 Web 服务器中运行。也就是说，War 文件既可以被微软的 Web 服务器所调用，也可以被开源的 IE 服务器所使用。其具有比较强的跨平台性能，故其移植性比较好。另外一个特点就是，War 文件由于采用了压缩机制，所以其文件比较小。在实际工作中，Web 应用程序往往会大家共享。此时当需要将 Web 程序给予其他开发人员的时候，给对方一个 War 文件显然比给对方一个目录来得方便。

使用 Ant 编译和打包 Web 应用程序，这是目前被广为使用的一种方式，也是目前被广泛使用的程序编译和管理工具。这个编译工具与其他手段相比，最大的特点就是使用一个 XML 文件来设置程序运行的步骤。虽然它需要一个额外的中间文件，但是这个文件提高了程序编译的灵活性。

这主要是因为 XML 格式的文件通用性比较高，而且也方便易懂。为此并不会给应用程序编译增加多大的难度。相反，程序开发人员可以编写自己的 XML 文件，在应用程序编译过程中实现多种灵活的功能。

Ant 编译工具本身是比较简单的，主要的内容就是这个 XML 文件的编写。在使用这个 Ant 工具时比较容易犯的错误是在使用之前没有设置好路径。通常情况下，开发人员需要在 Path 环境变量中定义 Ant 的指令路径。如果是在微软的操作系统中，可以在"我的电脑"、"属性"、"高级"、"环境变量"中找到 Path 环境变量，并将 Ant 的指令路径加入进去即可。

18.7 课后习题

1. 填空题

(1) Servlet 容器启动每一个 Web 应用时，都会为它创建一个唯一的____对象，该对象和 Web 应用有相同的生命周期。

(2) 在 Tomcat 上发布 Java Web 应用时的默认目录是____。

(3) Java Web 应用的部署描述符是指____文件。

(4) 请求转发源组件的响应结果____发送到客户端，包含____发送到客户端。(填会或不会)。

(5) Java Web 在 MVC 设计模式下，____是模型，____是视图，____是控制器。

2. 选择题

(1) 下面哪一个选项不是 HTTP 响应的一部分？(　　)
     A. 响应头   B. 响应正文   C. 协议版本号   D. 状态行

(2) 一个 Servlet 的生命周期不包括(　　)方法。
     A. init()方法   B. invalidate()方法   C. service()方法   D. destroy()方法

(3) HTTP 请求及响应的正文部分可以是任意格式的数据，要保证接收方能看得懂发送方发送的数据，HTTP 协议采用(　　)协议来规范正文的数据格式。
     A. FTP   B. TCP   C. HTTP   D. MIME

(4) JSP 指令不包括(　　)。
     A. page 指令   B. taglib 指令   C. import 指令   D. include 指令

(5) 下面对 JDBC API 描述错误的是(　　)。
     A. DriverManager 接口的 getConnection()方法可以建立与数据库的连接
     B. Connection 接口的 createStatement()方法可以创建一个 Statement 对象
     C. Statement 接口的 executeQuery()方法可以发送 Select 语句给数据库
     D. ResultSet 接口表示执行 Insert 语句后得到的结果集

(6) 所有的 Servlet 过滤器类都必须实现(　　)接口。
     A. javax.servlet.Filter   B. javax.servlet.ServletConfig
     C. javax.servlet.ServletContext   D. javax.servlet.Servlet

3. 简答题

(1) JSP 页面是如何被执行的？JSP 执行效率比 Servlet 低吗？

(2) 简述 Servlet 和 CGI 的区别。

(3) XML 文档定义有几种形式？它们之间有何本质区别？解析 XML 文档有哪几种方式？

4. 操作题

(1) 创建一个类和相应的对象，完成下面的任务。第一个 Servlet1 文件读取两个请求参数 first 和 second，将其转换为 int 值后相加，把和存放在请求范围内，然后把请求转发给第二个 Servlet2。第二个 Servlet2 文件(URL 为 output)向客户输出 Servlet1 计算的结果。

(2) 写一个 JSP，访问 Access 数据库的 user 表，将所有的记录显示出来；ODBC 数据源名为 test，驱动类名为 sun.jdbc.odbc.JdbcOdbcDriver，数据库的 url 为 jdbc:odbc:test。

user 表中 name 字段为文本类型，password 为数字类型。请写出连接数据库的代码、发送查询语句的代码和处理结果集的代码。

name	password
张三	123
李四	456
王五	789

第 19 章

Java 与 XML

　　Java 为编程提供了一种平台无关的程序设计语言，从而导致了一场编程的革命。而 XML 为数据交换提供了一种平台无关的语言，使得这场革命更进一步。正如 Java 带来了一种完全可移植的编程语言，XML 带来一种完全可移植的数据格式。实际上正是因为有了 XML，Java 创造者们的宏伟目标才得以实现。与平台无关的语言 Java 加上与平台无关的数据 XML，确实能够完成最为复杂且弹性最好的分布式应用。本章将对 XML 基本知识进行详细的分析，然后介绍几种常见的 XML 文档处理技术，最后用 Java 对 XML 文档的解析来结束本章内容的讲解，通过本章的学习，读者将对 XML 的基础知识有一个比较清楚的认识，并学会使用常见的 XML 文档操作技术，使用 Java 语言处理常见的 XML 文档。

19.1　XML 技术基础知识

19.1.1　XML 简介

XML 的全称是 Extensible Markup Language，意思是可扩展的标记语言，它是标准通用标记语言(Standard Generalized Markup Language，SGML)的一个子集。XML 可以用来标记数据、定义数据类型，是一种允许用户对自己的标记语言进行定义的源语言。XML 提供统一的方法来描述和交换独立于应用程序或供应商的结构化数据，适合 Web 传输。XML 现在已经成为一种通用的数据交换格式，它的平台无关性、语言无关性、系统无关性给数据集成与交互带来了极大的方便。

在 20 世纪 80 年代早期，IBM 提出在各文档之间共享一些相似的属性。例如字体大小和版面。IBM 设计了一种文档系统，通过在文档中添加标记，来标识文档中的各种元素，IBM 把这种标识语言称作通用标记语言(Generalized Markup Language)，即 GML。经过若干年的发展，1984 年国际标准化组织(ISO)开始对此提案进行讨论，并于 1986 年正式发布了为生成标准化文档而定义的标记语言标准(ISO 8879)，称为新的语言 SGML，即标准通用标记语言。SGML 功能非常强大，是可以定义标记语言的元语言。

1998 年 2 月，W3C 发布了 XML 1.0 标准，其目的是为了在 Web 上能以现有的超文本标记语言(HTML)的使用方式提供、接收和处理通用的 SGML。

XML 是 SGML 的一个简化子集，它以一种开放的、自我描述的方式定义了数据结构。在描述数据内容的同时能突出对结构的描述，从而体现出数据与数据之间的关系。

W3C 组织于 2004 年 2 月 4 日发布了 XML 1.1 的推荐标准，这是最新的 XML 版本，不过目前大多数的应用还是基于 XML 1.0 的推荐标准，因此这里也将遵照 XML 1.0 规范来讲述。如果大家想要了解 XML 的最新版本信息，可以参看下面的网址：

```
http://www.w3.org/standards/techs/xml
```

作为表示结构化数据的行业标准，XML 向组织、软件开发人员、Web 站点和最终用户提供了许多优点。在高级数据库搜索、网上银行、医药、法律、电子商务和其他领域，使用 XML 的力度将进一步加大。XML 的强大在于将用户界面与结构化数据相分离，允许不同来源数据的无缝集成和对同一数据的多种处理。从数据描述语言的角度看，XML 是灵活的、可扩展的、有良好的结构和约束；从数据处理的角度看，它足够简单且易于阅读，几乎和 HTML 一样易于学习，同时又易于被应用程序处理。

以下是一个简单的 XML 文件：

```
<?xml version="1.0" ?>
<人员>
    <姓名>张三</姓名>
    <性别>男</性别>
    <出生日期>1980 年 8 月 15 日</出生日期>
</人员>
```

上面的 XML 文件包含一个 XML 声明<?xml version="1.0" ?>和 4 个标记。每个标记都必须包括开始标记和结束标记，标记的开始标记和结束标记之间的内容称为该标记所标记的内容，简称"标记的内容"。

一个标记的内容中可以包含文本或其他的标记，其中包含的标记称为该标记的子标记。XML 文件有且仅有一个根标记，其他标记都必须封装在根标记中，文件的标记必须形成树状结构。上面的 XML 文件的根标记的开始标记是<人员>，结束标记是</人员>，该根标记有 3 个子标记<姓名>...</姓名>、<性别>...</性别>和<出生日期>...</出生日期>。

XML 文件必须符合一定的语法规则，只有符合这些规则，XML 文件才可以被 XML 解析器解析，以便利用其中的数据，后续的章节会详细地讲解 XML 的语法规则。

19.1.2　XML 和 HTML 的区别

XML 区别于 HTML 的最大特点就是 XML 是可扩展的，即它允许用户自己定义标记，这也是它被称为可扩展标记语言的原因。XML 既不是对 HTML 的改进，也不是 HTML 的替代品，它是一种完全面向数据语义的标记语言。XML 去除 HTML 的显示样式与布局描述的能力，突出了数据的语义与元素结构描述能力。在设计方面，XML 是用来存储数据的，重在数据本身。而 HTML 是用来定义数据的，重在数据的显示模式。

XML 的简单使其易于在任何应用程序中读写数据，这使 XML 成为数据交换的公共语言，使得不同的应用程序都采用 XML 进行数据交换。这意味着程序可以更容易地与 Windows、Mac OS、Linux 以及其他平台下产生的信息结合，可以很容易加载 XML 数据到程序中并进行分析，并以 XML 格式输出结果。

下面分别用 HTML 与 XML 存储相同的古诗内容来对两种语言进行区别。

(1) HTML 文档如下所示：

```html
<html>
    <head></head>
    <body>
        <center>
            <h2><font color="red">静夜思</font></h2>
            <b>作者：李白</b><hr color="blue">
            <p><b><i><font size=3 color="green">
            床前明月光，疑是地上霜<br>
            举头望明月，低头思故乡</font></i></b>
        </center>
    </body>
</html>
```

(2) XML 文档代码如下：

```xml
<?xml version="1.0" encoding="gb2312"?>
<poem>
    <title>静夜思</title>
    <author>李白</author>
    <content>
        <line>床前明月光</line>
        <line>疑是地上霜</line>
        <line>举头望明月</line>
        <line>低头思故乡</line>
    </content>
</poem>
```

从上面 HTML 和 XML 代码中可以看到，XML 和 HTML 非常相似，都是用各种标签来书写文档，所不同的是使用的标签不同而已。但是这些都是表面现象，XML 和 HTML 有着本质上的区别。HTML 中的各个标签是预定义好的，用来显示所包含的内容，而 XML 中各个标签只是为描述对应对象的结构和信息。也就是说，HTML 的作用是显示内容，而 XML 是用来描述数据、存储数据的。

分别将其保存为 HTML 文件和 XML 文件，在浏览器中的显示效果如图 19-1、19-2 所示。

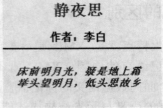

图 19-1   HTML 的显示效果

```
<?xml version="1.0" encoding="GB2312"?>
- <poem>
      <title>静夜思</title>
      <author>李白</author>
    - <content>
          <line>床前明月光</line>
          <line>疑是地上霜</line>
          <line>举头望明月</line>
          <line>低头思故乡</line>
      </content>
  </poem>
```

图 19-2   XML 的显示效果

通过把图 19-1 和图 19-2 进行对比，可以发现，HTML 与 XML 的运行效果是截然不同的，在 HTML 中所用到的标签是用来显示内容，而 XML 文档仅仅是描述数据结构、存储数据，它不处理显示相关的内容，所以在浏览器中显示的就是 XML 的本身代码内容。

另外，在格式上，HTML 和 XML 也是有区别的。HTML 文档格式非常松散，导致了 HTML 文档解析的复杂性，也造成了浏览器兼容的问题；XML 对文档的格式要求严格，就对文档的格式制定了非常严格的标准，凡是符合该标准的 XML 文档称为格式良好的 XML 文档(Well-Formed XML Documents)。

19.1.3   XML 与数据库的区别

XML 是描述数据结构并存储数据的，但是与数据库还是存在区别的。XML 与 Access、Oracle 和 SQL Server 等数据库不同，数据库提供了更强有力的数据存储和分析能力，例如数据索引、排序、查找、相关一致性等。XML 是极其简单的，仅仅是定义并存储数据。

关于 XML 本身是不是数据库，从严格的意义上来说，XML 仅仅意味着 XML 文档。因为尽管一个 XML 文档包含数据，但是如果不通过其他的软件来进行数据处理的话，它本身只不过是一个文本文件。所以 XML 本身不能与数据库挂上钩，但是加上一些其他的辅助工具，我们可以把整个 XML 看成是一个数据库系统，XML 文本本身可以看成是数据库中的数据区，DTD 或者 Schemas 可以看成是数据库模式设计，XQL 可以看成是数据库查询语言，SAX 或 DOM 可以看成是数据库处理工具。当然它还是缺少数据库所必需的一些东西，比如有效的存储组织、索引结构、安全性、事务处理、数据完整性、触发器、多用户处理机制等。

XML 虽然也可以存储数据，但是并不是要替代数据库，它是用来在共享数据的时候存储对象的结构和信息，其存储量是有限的。如果需要存储并管理大量的数据，还是要选择数据库系统，在 XML 中存储大量数据是不现实的。

19.1.4　XML 的语法

XML 的语法规则很简单，且很有逻辑。这些规则很容易学习，也很容易使用。

1. XML 文档必须有 XML 声明

XML 文件应当以 XML 声明作为文件的第一行，在其前面不能有空白、其他的处理指令或注释。XML 声明以 "<?xml" 标识开始、以 "?>" 标识结束。注意 "<?" 和 "xml" 之间，以及 "?" 和 ">" 之间不要有空格。以下是一个最基本的 XML 声明：

```
<?xml version="1.0" ?>
```

一个简单的 XML 声明中可以只包含属性 version，该属性的值 "1.0" 表明该 XML 文档遵循的 XML 标准版本为 1.0。XML 声明中还可以指定 encoding 属性的值，该属性规定 XML 文件采用哪种字符集进行编码。例如：

```
<?xml version="1.0" encoding="GB2312" ?>
```

如果在 XML 声明中没有显式地指定 encoding 属性的值，那么该属性的默认值为 UTF-8 编码。如果 encoding 属性的值为 UTF-8，XML 文件必须按照 UTF-8 编码来保存，这样 XML 解析器就会识别 XML 中的标记并正确解析标记中的内容。假如使用文本编辑器 "记事本" 编辑 XML 文件，在保存文件时，必须将 "保存类型" 选择为 "所有文件"，将 "编码" 选择为 UTF-8。一般中文文档我们可以采用 GB2312 的字符编码格式。

2. 所有 XML 元素都须有关闭标签

在 HTML 文档中，可以直接使用<p>、
等标签，而不用加结束标签，也能在浏览器中显示。在 XML 中，开始标签和结束标签必须配套，也就是必须写成<p>...</p>、
...</br>的形式，空元素标签必须被关闭。空元素标签采用斜杠(/)来关闭。

在 HTML 中，以下代码是能够正常显示的：

```
<p>This is a paragraph
<p>This is another paragraph
```

但是在 XML 中，省略关闭标签是非法的。所有元素都必须有关闭标签：

```
<p>This is a paragraph</p>
<p>This is another paragraph</p>
```

在下面的文档中，由于缺少<title>关闭标签元素，浏览器运行时将无法正常显示 XML 文件(见图 19-3)：

```
<?xml version="1.0" encoding="gb2312"?>
<poem>
<title>静夜思
<author>李白</author>
<content>
<line>床前明月光</line>
<line>疑是地上霜</line>
<line>举头望明月</line>
<line>低头思故乡</line>
</content>
</poem>
```

静夜思 李白 床前明月光 疑是地上霜 举头望明月 低头思故乡

图 19-3　缺少关闭标签的 XML 显示

另外值得需要注意，XML 声明没有关闭标签。声明不属于 XML 本身的组成部分。它不是 XML 元素，也不需要关闭标签。

3. XML 标签对大小写敏感

XML 标签对大小写敏感。在 XML 中，标签<Letter>与标签<letter>是不同的。必须使用相同的大小写来编写打开标签和关闭标签。

例如：

```
<?xml version="1.0" encoding="GB2312"?>
<text>
<Message>这是错误的。</message>
<message>这是正确的。</message>
</text>
```

在这段代码中，"<Message>这是错误的。</message>"这对标签的大小写不同，浏览器将不能正确解析该 XML 文档。

打开标签和关闭标签通常被称为开始标签和结束标签。不论您喜欢哪种术语，它们的概念都是相同的。

4. XML 必须正确地嵌套

在 HTML 中，常会看到没有正确嵌套的元素：

```
<b><i>标签没有正确嵌套的 HTML</b></i>
```

在 XML 中，所有的标签都要成对出现，合理嵌套，正确的形式是：

```
<?xml version="1.0" encoding="GB2312"?>
<i>
    <b>正确嵌套的 XML</b>
</i>
```

在该例中，正确嵌套的意思是：由于<i>元素是在<b>元素内打开的，那么它必须在<b>元素内关闭。

5. XML 文档必须有根元素

HTML 可以有多个根元素，但是 XML 文档必须有一个根元素，并且只能有一个根元素。根是所有其他元素的父元素。

例如：

```
<?xml version="1.0" encoding="gb2312"?>
<学生>
    <姓名>小明</姓名>
    <年龄>21</年龄>
    <性别>男</性别>
</学生>
<学生>
    <姓名>小红</姓名>
    <年龄>24</年龄>
    <性别>女</性别>
</学生>
```

在上面这个 XML 文档中，有两个并列的学生元素，但是没有根元素，这样的格式是错误的，在浏览器中打开该文档将无法正确显示其 XML 文件内容。为文档添加<学生信息>的根元素即可正确运行，代码如下所示：

```
<?xml version="1.0" encoding="gb2312"?>
<学生信息>
<学生>
    <姓名>小明</姓名>
    <年龄>21</年龄>
    <性别>男</性别>
</学生>
<学生>
    <姓名>小红</姓名>
    <年龄>24</年龄>
    <性别>女</性别>
</学生>
</学生信息>
```

6. XML 的属性值须加引号

与 HTML 类似，XML 也可拥有属性。在 XML 中，XML 的属性值须加引号。请研究下面的两个 XML 文档片段。

下面这段代码片段是错误的：

```
<note date=08/08/2008>
<to>George</to>
<from>John</from>
</note>
```

正确的代码片段如下所示：

```
<note date="08/08/2008">
<to>George</to>
<from>John</from>
</note>
```

在第一个文档中的错误是，note 元素中的 date 属性没有加引号。

7. 实体引用

在 XML 中，一些字符拥有特殊的意义。如果你把字符 "<" 放在 XML 元素中，会发生错误，这是因为解析器会把它当作新元素的开始。这样会产生 XML 错误：

```
<message>if salary<1000 then</message>
```

为了避免这个错误，应该用实体引用来代替 "<" 字符：

```
<message>if salary &lt; 1000 then</message>
```

在 XML 中，有 5 个预定义的实体引用，如表 19-1 所示。

表 19-1　XML 预定义的实体引用

实体引用	字　符
&lt;	<
&gt;	>
&amp;	&
&quot;	"
&apos;	'

8. XML 中的注释

在 XML 中编写注释的语法与 HTML 的语法很相似：

```
<!--这是注释信息-->
```

💡 **注意：** 在 XML 中，空格会被保留。HTML 会把多个连续的空格字符裁减(合并)为一个，如 "Hello   my name is David." 在网页中输出 "Hello my name is David."。但在 XML 中，文档中的空格不会被删节。

19.2　XML 显示技术

XML 是用来描述数据、存储数据的，其本身的内容并不涉及显示样式。XML 文档在浏览器中运行的效果仅仅是节点的树状结构，并不包含显示样式。借助于 CSS、XSL 和 DSO 等技术，XML 文档可以在浏览器中显示出丰富的效果。这些 XML 显示技术各有优势，下面逐一介绍。

CSS 可以方便快捷地将 XML 文档数据加载到浏览器中显示出丰富的效果。它不仅适用于 XML，还可以应用在 HTML 及 XHTML 文档中。

XSL 是可以显示 XML 文档数据内容的另一种技术，XSL 可以从 XML 文档中提取部分内容，然后与 HTML 模版相结合，从而可以用丰富的形式显示 XML 文档的内容。

DSO 即数据源对象，也可以用来显示 XML 文档的内容，DSO 可以取出 XML 文档的数据内容，从而把这些内容嵌套到 HTML 标签中，借助于 HTML 标签强大的显示功能来显示 XML 文档的内容。

19.2.1　CSS 样式表显示

级联样式表(Cascading Style Sheets，CSS)是 1996 年作为把有关样式属性信息如字体和边框加到 HTML 文档中的标准方法而提出来的。

CSS 是最符合标准的操纵 HTML 网页外观的方式，而且也是在浏览器中显示 XML 最实用的方式。浏览器中对应用于 XML 的 CSS 的支持要比对 XSLT 的支持早得多，而且一般说来 CSS 的实现更完整、更可靠。由于 XML 元素没有任何预定义的格式规定，所以不会限制何种 CSS 样式只能用于何种元素。

XML 的多数应用最终都得到某种形式的 Web 浏览器输出。将 XML 在 Web 上发布，目前最常用的方法是使用 XSLT 或其他更底层的编程语言将 XML 转化成 HTML。但是某些情况下，通过级联样式表(CSS)告诉 Web 浏览器如何直接显示 XML，可以更方便地实现 XML Web 发布。

一个 CSS 样式表就是一组规则(Rule)。每个规则给出此规则所适用的元素的名称，以及此规则要应用于那些元素的样式。下面给出了一个应用于 studentcss.xml 的 students.css 的示例。studentcss.xml 内容如下所示：

```
<!--studentcss.xml -->
<?xml version="1.0" encoding="gb2312"?>
<?xml-stylesheet type="text/css" href="students.css"?>
<students>
    <student id="1">
        <name>张三</name>
        <age>21</age>
        <sex>男</sex>
    </student>
        <student id="2">
        <name>李四</name>
        <age>32</age>
        <sex>女</sex>
    </student>
</students>
```

在上述 XML 文档中，使用<?xml-stylesheet type="text/css" href="students.css"?>声明了该文档显示时所使用的外部 CSS 文件。其中 type="text/css"指明了引用文件类型是 CSS 样式表；href="students.css"指明了要引用的样式表文件是 students.css。如 CSS 文件与 XML 不在同一目录下，可以在指定 CSS 文件时加入其相对路径或者绝对路径。

students.css 的内容如下所示：

```
//students.css
student {
    width: 80pt;
}
name {
    display: block;
```

```
    font-size: 16pt;
}
age {
    color: #FF0000;
    font-size: 14pt;
}
sex {
    color: #0000FF;
    font-size: 14pt;
}
```

在上面样式表中，CSS 指定了每个 XML 节点的显示样式，如指定 student 节点宽度为 80pt；指定 name 节点显示为粗体，文字大小为 16pt；指定 age 节点颜色为红色，字体大小为 16pt 等。

在浏览器中运行该 XML 文档，显示如图 19-4 所示。

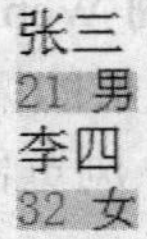

张三
21 男
李四
32 女

图 19-4 使用 CSS 显示 XML 文件

19.2.2 XSL 样式表实现

XSL 本身就是一个 XML 文档，它是通过 XML 进行定义的，遵守 XML 的语法规则，是 XML 的一种具体应用。因此系统可以使用同一个 XML 解释器对 XML 文档及其相关的 XSL 文档进行解释处理。XSL 由两大部分组成：第一部分描述了如何将一个 XML 文档进行转换，转换为可浏览或可输出的格式；第二部分则定义了格式对象 FO(Formatted Object)。

XSLT 主要的功能就是转换，它将一个没有形式表现的 XML 内容文档作为一个资源树，将其转换为一个有样式信息的结果树。在 XSLT 文档中定义了与 XML 文档中各个逻辑、成分相匹配的模板，以及匹配转换方式。它可以很好地描述 XML 文档向任何一个其他格式的文档做转换的方法，例如转换为另一个逻辑结构的 XML 文档、HTML 文档、XHTML 文档、VRML 文档、SVG 文档等。

使用 XSL 定义 XML 文档显示方式的基本思想是：通过定义转换模板，将 XML 源文档转换为带样式信息的可浏览文档。限于目前浏览器的支持能力，大多数情况下是转换为一个 HTML 文档进行显示。

在 XML 中声明 XSL 样式单的方法为：

```
<?xml-stylesheet type="text/xsl" href="xsl文件名.xsl"?>
```

至于具体的转换过程，既可以在服务器端进行，也可以在客户端进行。

下面是一个具体的 XSLT 样式单文档，XML 文件的内容如下所示：

```
<!-- StudentXSL.xml -->
<?xml version="1.0" encoding="gb2312"?>
<?xml-stylesheet type="text/xsl" href="Student.xsl"?>
```

```
<students>
    <student id="1">
        <name>张三</name>
        <age>21</age>
        <sex>男</sex>
    </student>
        <student id="2">
        <name>李四</name>
        <age>32</age>
        <sex>女</sex>
    </student>
</students>
```

在 XML 文档中，<?xml-stylesheet type="text/xsl" href="Student.xsl"?>说明了该 XML 所使用的 XSL 文件的位置。

XSL 文档的内容如下所示：

```
<!-- Student.xsl -->
<?xml version="1.0" encoding="gb2312"?>
<xsl:stylesheet version="1.0"
 xmlns:xsl="http://www.w3.org/1999/XSL/Transform">
    <xsl:template match="/">
        <table border="1">
            <tr>
                <td>姓名</td>
                <td>学号</td>
                <td>年龄</td>
                <td>性别</td>
            </tr>
            <xsl:apply-templates select="./students/student">
            <xsl:sort select="age"/></xsl:apply-templates>
        </table>
    </xsl:template>
    <xsl:template match="student">
        <tr>
            <td><xsl:value-of select="name"/></td>
            <td><xsl:value-of select="@id"/></td>
            <td><xsl:value-of select="age"/></td>
            <td><xsl:value-of select="sex"/></td>
        </tr>
    </xsl:template>
</xsl:stylesheet>
```

在上面的 XSL 样式表中，定义了一个模板，然后将所有符合条件的 XML 节点内容数据填充到模板中，从而可以在浏览器中按照模板样式显示。

其中：

- <xsl:template match="/">：表明从 XML 文档的根节点开始套用这个模板生成表格。
- <xsl:apply-templates select="./students/student">：表明使用 student 模板。
- <xsl:sort select="age" />：表明结果按照年龄进行递增排序。
- <xsl:value-of select="name" />：表明从模板中取出姓名字段显示在网页中。

在浏览器中运行 StudentXSL.xml，得到的结果如图 19-5 所示。

姓名	学号	年龄	性别
张三	1	21	男
李四	2	32	女

图 19-5　使用 XSL 显示 XML 文档

19.2.3　数据岛对象 DSO 的显示

数据岛对象(Data Source Object，DSO)技术是在 HTML 文档中加入结构化数据进行处理的技术，结构化数据指的是满足一定结构规范的数据集合，而具有对称结构的 XML 文档就是结构化数据，所以 DSO 技术可以把 XML 内容嵌入到 HTML 页面中，达到显示 XML 文档的目的。微软在 Microsoft Internet Explorer 浏览器中包含了一个 Active X 控件，负责将 XML 嵌入到 IE 浏览器中，使用 IE 5.0 以上版本，可以将 XML 数据以数据岛的方式嵌入到 HTML 页面当中。

下面给出使用 DSO 显示 XML 文档的具体实例。需要显示的 DSO 对象的 XML 文档如下所示：

```
<!-- Students.xml -->
<?xml version="1.0" encoding="gb2312"?>
<students>
    <student id="1">
        <name>小明</name>
        <age>21</age>
        <sex>男</sex>
    </student>
    <student id="2">
        <name>小红</name>
        <age>22</age>
        <sex>女</sex>
    </student>
</students>
```

在下面这个 HTML 页面(StudentDSO.html)中，使用 DSO 技术，将 XML 数据嵌入到 HTML 中：

```
<html>
<head>
    <title>XML DSO 显示技术示例</title>
</head>
<body>
<xml id="student" src="Students.xml"></xml>
    <table border="1" datasrc="#student">
        <thead>
            <th>姓名</th>
            <th>学号</th>
            <th>年龄</th>
            <th>性别</th>
        </thead>
        <tr>
```

```
                <td><span datafld="name"></span></td>
                <td><span datafld="id"></span></td>
                <td><span datafld="age"></span></td>
                <td><span datafld="sex"></span></td>
            </tr>
        </table>
</body>
</html>>
```

在这个例子中，通过 DSO 将 XML 文档嵌入到 HTML 页面中显示。
其中：

- <xml id="student" src="Students.xml"></xml>：将 Students.xml 设置为数据源对象，其 id 为 student。
- <table border="1" datasrc="#student">：将数据源对象与 HTML 表格进行绑定。
- <span datafld="name"></span>：将数据源中的 name 字段的值显示出来。

值得注意的是，DSO 显示 XML 文档目前只能在 IE 浏览器上实现，且页面需要在服务器端运行才能读取 XML 文档。

将上述文件拷贝至服务器运行，可查看到运行结果，如图 19-6 所示。

姓名	学号	年龄	性别
张三	1	21	男
dd	2	32	女

图 19-6　使用 DSO 显示 XML 文档

19.3　XML 文档 DOM 解析技术

在上面的章节中介绍了 XML 文档的显示技术，但是在更多的时候，我们需要读取、创建、操作一个 XML 文档，这就需要对 XML 文档进行解析，在接下来的章节中，将详细介绍 XML 的解析技术。在 IE 浏览器中自带有 MS XML 解析器，只要系统中装有 IE 浏览器，就已经具备了解析 XML 文档的环境。在本节中，介绍使用 JavaScript 语言操作 XML 文档的技术。

19.3.1　XML 文档 DOM 解析技术简介

XML DOM(XML Document Object Model)即 XML 文档对象模型，它是 XML 分析器提供的处理 XML 文档的 API 接口，这种接口与具体的语言无关，可以采用任何一种程序设计语言调用这个接口，通过 XML DOM 编程接口来操作 XML 文档，包括操作 XML 文档的结构数据和内容数据。XML DOM 也是 W3C 组织推荐的处理 XML 的标准接口。

XML DOM 定义了所有 XML 元素的对象和属性，以及访问它们的方法(接口)。换句话说，XML DOM 是用于获取、更改、添加或删除 XML 元素的标准。XML DOM 对象模型把 XML 文档理解为由文档节点构成的一个节点树，树和节点都是抽象的概念，树代表

XML 文档的全部内容，节点代表文档数据的结构单元，在学习 XML 的过程中，我们清楚地认识到 XML 文档就是一颗节点构成的树，而 DOM 就是在内存中构建 XML 的节点树，从而能方便对 XML 文档的各种操作。

在 DOM 中定义了一些常用的对象，例如 Document、Element、Attribute、Text 等对象。Document 对象代表内存中的 XML 文档数据，Element 对象代表 XML 文档节点树中的内容数据节点，Attribute 对象代表 XML 文档树中的元素属性节点，Text 对象代表 XML 文档节点树中的文本数据节点。

19.3.2　DOM 解析示例 - 验证文档的有效性

在 MS XML 分析器中提供了验证 XML 文档有效性的方法，只是在浏览器中默认是不验证 XML 文档的有效性的，在下面这个示例程序中，将调用 MS XML 的解析器对 XML 文档的有效性进行验证：

```
<html>
<head>
<title>XML 文档有效性验证示例</title>
<script language="javascript">
function validate()
{
    var docName = document.getElementById("doc").value;
     //定义一个变量，用于获取 xml 文件名
    var xmlDoc = new ActiveXObject("msxml2.DOMDocument");
     //创建新的 MSXML 文档对象
    var message = "";
    if(xmlDoc.readyState == 4)
    //XML 文档载入分析过程共有 4 个状态，分别是
    //1.装载中，2.装载完，3.分析中，4.分析完成。
    //本行的含义是如果 XML 分析完成，执行以下操作
    {
        xmlDoc.load(docName);
        //加载 XML 文件
        message += "XML DOM 解析器状态：" + xmlDoc.readyState + "<br>";
        if(xmlDoc.parseError.errorCode == 0)
        //如果没有出现错误
        {
            message += "文档有效性验证通过！";
        } else {
            //如果出现错误，则生成错误信息的字符串
            message += "错误代码：" + xmlDoc.parseError.errorCode + "<br>";
            message += "错误行数：" + xmlDoc.parseError.line + "<br>";
            message += "错误内容：" + xmlDoc.parseError.srcText + "<br>";
            message += "错误原因：" + xmlDoc.parseError.reason + "<br>";
        }
        document.getElementById("result").innerHTML = message;
        //返回函数信息
    }
}
</script>
</head>
<body>
```

```
<font size="2">
请输入要验证的 XML 文档名称:<br>
<input id="doc" type="text"/><br>
<input type="button" value="验证" onclick="validate()"><br>
分析结果如下: <br>
<div id="result"></div>
</font>
</body>
</html>
```

在上面这个程序中，调用了 MS XML 的 XML 解析器对 XML 文档进行了验证。验证如果出现错误，可在文档中显示详细的错误信息。

在页面中验证的运行效果如图 19-7 所示。

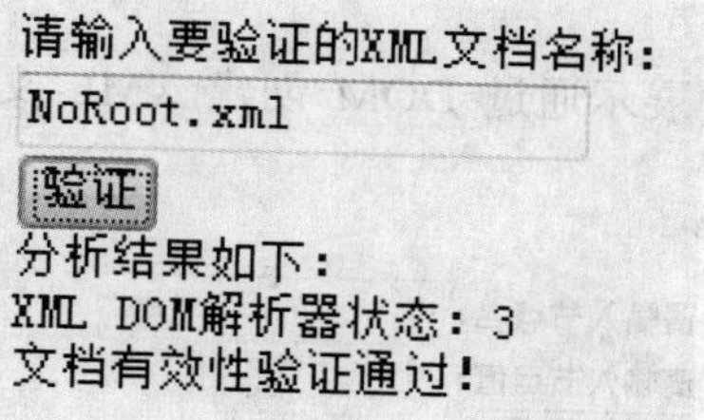

图 19-7　XML 文档验证

19.3.3　DOM 解析示例 - 动态创建节点

在上面的实例程序中，只是对 XML 文档的有效性进行了验证，并没有设计 DOM 解析的实质内容，DOM 最具标志性的操作就是对文档节点的控制，在下面这个示例程序中将介绍 XML 文档节点操作的方法：

```
<html>
<head>
<title>动态创建 XML 节点</title>
<script language="javascript">

var xml = "<?xml version='1.0'?><root></root>";
var xmlDoc =
  new ActiveXObject("msxml2.DOMDocument"); //创建新的 MSXML 文档对象
xmlDoc.loadXML(xml); //加载 XML 文件
function createNode()
{
    var nodeName =
      document.getElementById("nodeName").value; //定义节点名称变量并赋值
    var nodeValue =
      document.getElementById("nodeValue").value; //定义节点值变量并赋值
    root = xmlDoc.documentElement;
    node = xmlDoc.createElement(nodeName);
    root.appendChild(node);
    textNode = xmlDoc.createTextNode(nodeValue);
     //创建根节点和二级节点，将新建的节点附加到根节点，创建文本节点
    var index = root.childNodes.length-1;
    root.childNodes.item(index).appendChild(textNode);
```

```
    document.getElementById("result").innerText = xmlDoc.xml;
       //找到最后一个没有值的节点，将文本节点附加到这个节点中
}
</script>
</head>
<body>
<font size="2">
    请输入节点名：<input id="nodeName" type="text"/><br>
    请输入节点值：<input id="nodeValue" type="text"/><br>
    <input type="button" value="添加节点" onclick="createNode()"/><br>
    下面是生成 XML 文档的内容：<br>
    <div id="result"></div>
</font>
</body>
</html>
```

在上面这个程序中，主要展示通过 DOM 创建 XML 文档节点的方法。运行该网页的效果如图 19-8 所示。

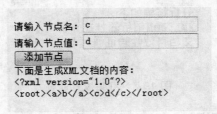

图 19-8　通过 DOM 创建 XML 节点

19.3.4　DOM 解析示例 - 操作 XML 文档节点属性示例

在上面的示例程序中，分别展示了 XML 文档有效性的验证和动态创建 XML 文档节点，但是对于节点的操作，仅仅限于节点的内容。

在接下来的内容中，将介绍 XML 文档属性的操作方法：

```
<html>
<head>
<title>动态创建 XML 节点的属性</title>
<script language="javascript">
var xml = "<?xml version='1.0'?><root><student>张三</student></root>";
var xmlDoc =
  new ActiveXObject("msxml2.DOMDocument"); //创建新的 MSXML 文档对象
xmlDoc.loadXML(xml);   //加载 XML
function createAttr()
{
    var attrName = document.getElementById("attrName").value;
    var attrValue = document.getElementById("attrValue").value;
      //定义属性名、属性值并赋值
    root = xmlDoc.documentElement;
    attrNode = xmlDoc.createAttribute(attrName); //建立属性节点
    attrNode.nodeValue = attrValue;
    var element = root.childNodes.item(0);
    element.attributes.setNamedItem(attrNode);
      //定义节点位置，将属性节点添加到指定节点中。
```

```
        //利用 element.attributes.setNamedItem()方法把一个属性添加到指定节点中
        document.getElementById("result").innerText =
            xmlDoc.xml;  //返回 XML 信息
}
</script>
</head>
<body>
<font size="2">
    请输入属性名：<input id="attrName" type="text"/><br>
    请输入属性值：<input id="attrValue" type="text"/><br>
    <input type="button" value="添加节点" onclick="createAttr()"/><br>
    下面是 XML 文档的内容：<br>
    <div id="result"></div>
</font>
</body>
</html>
```

运行该程序，结果如图 19-9 所示。

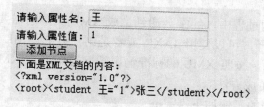

图 19-9　动态创建节点属性

19.4　Java 解析 XML

XML 在 Java 中的地位是相当重要的，尤其在 J2EE 中，XML 的身影更是随处可见，例如在每个 J2EE 应用项目中都需要有一个 web.xml 配置文件，在 Tomcat 服务器中，几乎所有的配置文件都是 XML 格式的文档，而且在 Web Services 中，XML 的地位更显得重要。在接下来的内容中将介绍使用 Java 解析 XML 文档的技术。

19.4.1　Java 处理 XML 概述

使用 Java 语言解析 XML 文档有多种方案。用户可以使用 Java 语言自身提供的 API 接口 JAXP (Java API for XML Processing)。JAXP 提供了基本的操作 XML 文档的功能，通过这个 API 接口，可以很方便地将 XML 集成到 Java 引用程序中。另外，很多厂商和开源组织也推出了 XML 文档解析器，例如 JDom、Xerces、Dom4J 等，这些解析器提供了相对于 JAXP 功能更强大使用更方便的 API 接口，从而使 Java 解析 XML 文档更加容易。

在 Java 解析 XML 的时候，无论是使用 JAXP 还是使用第三方的解析器，都有两种解析方式：DOM 方式解析和 SAX 方式解析。

其中 DOM 方式解析就是在内存中构建整个 XML 文档的节点树，从而使对 XML 文档的操作变成对内存中元素树的操作。

这种方式的优点是可以方便定位节点，缺点是需要把整个文档读入内存，然后才能构建起这个文档的元素树，如果 XML 文档比较大的时候就会增加系统的开销。

    SAX 是 Simple API for XML 的缩写，它是由 XML-DEV 邮件列表的成员开发的，SAX 不是某个官方机构的标准，也不由 W3C 组织或其他任何官方机构维护，但它是 XML 社区事实上的标准。

    虽然 SAX 只是"民间"的标准，但是它在 XML 中的应用丝毫不比 DOM 少，几乎所有的 XML 解析器都支持它。可以在 http://www.saxproject.org/ 上获得更多的有关 SAX 的资料。

    SAX 方式是按照输入流的方式解析 XML 文档。这种解析方式是基于时间的，文档的元素的开始和结束都可以触发事件。SAX 读入 XML 即开始了解析，因此系统开销较小，但是如果要定位元素就比较困难。

    下面将使用具体的例子来展示 Java 操作 XML 文档的技术。

19.4.2　在 JSP 中生成 XML 文档

    在 J2EE 项目开发的过程中，经常会遇到生成 XML 文档的需要，使用 Java 生成 XML 文档有多种方法可供选择，可以使用 JAXP 或者是第三方的 XML 解析工具进行创建，或者使用 Java 输出字符串，按照 XML 的标准输出的字符串就是 XML 文档，在这里我们展示后一种 XML 文档的生成方法。

    JSP 生成 XML 文档的示例如下：

```
<%@ page language="java" contentType="text/xml;charset=gb2312" %>
<%
    String xml = "<?xml version=\"1.0\" encoding=\"gb2312\"?>";
    xml += "<students>";
    xml += "<student id=\"1\"><name>小明</name><age>21</age></student>";
    xml += "<student id=\"2\"><name>小红</name><age>22</age></student>";
    xml += "</students>";
    out.print(xml);
%>
```

    这是一个简单的输出程序，能够直接输出一个 XML 文件。将该内容保存到 JSP 文件中，并拷贝到 Tomcat 服务器中，运行效果如图 19-10 所示。

```
<?xml version="1.0" encoding="GB2312"?>
- <students>
  - <student id="1">
      <name>小明</name>
      <age>21</age>
      <sex>男</sex>
    </student>
  - <student id="2">
      <name>小红</name>
      <age>22</age>
      <sex>女</sex>
    </student>
  </students>
```

图 19-10　JSP 生成了 XML 文件

19.4.3　使用 JAXP 按 SAX 方式解析 XML 文档

JAXP 是 Sun 公司的 XML 解析 Java API(Java APl forXML Parsing)的简称。

JAXP 是在解析器之上封装了一个抽象层，允许开发人员以独立于厂商的 API 调用访问 XML 数据。

JAXP 开发包由 javax.xml 包及其子包、org.w3c.dom 包及其子包、org.xml.sax 包及其子包组成。在 javax.xml.parsers 包中，定义了几个工厂类，用于加载 DOM 和 SAX 的实现类。JAXP 是由接口、抽象类和一些辅助类组成，符合 JAXP 规范的解析器实现其中的接口和抽象类，开发人员只要使用 JAXP 的 API 编程，底层的解析器就可以任意切换。

使用 SAX 的时候，会经常用到 JAXP 的两个类——SAXParser 和 SAXParserFactory。前者封装了一个 SAX 的解析器实现，而后者处理对该实现的动态加载。在 SAXParser 接受 XML 文档，读入 XML 文档的过程中就进行解析，也就是说读入文档的过程和解析的过程是同时进行的。解析开始之前，需要向 SAXParser 注册一个 ContentHandler，也就是相当于一个事件监听器，在 ContentHandler 中定义了很多方法，例如 startDocument()定制了当在解析过程中遇到文档开始时应该处理的事情。当 XMLReader 读到合适的内容时，就会抛出相应的事件，并把这个事件的处理权代理给 ContentHandler，调用其相应的方法进行响应。

JAXP 支持使用 SAX 的方式解析 XML。过程中，可对节点的开始和结束事件进行监听和处理，在下面这个示例程序中，我们使用一个 JavaBean 来监听和处理 XML 的节点解析事件。

JSP 页面代码如下：

```
<%@ page language="java" import="java.util.*" pageEncoding="gb2312"%>
<%@ page import="javax.xml.parsers.*" %>
<%@ page import="java.io.*" %>
<%@ page import="beans.XmlHandler" %>
<html>
<head>
<title>JAXP 以 SAX 方式解析 XML 文档</title>
</head>
<body>
<%
SAXParserFactory factory = SAXParserFactory.newInstance();
//定义一个 SAXParserFactory
factory.setValidating(true);
factory.setNamespaceAware(false);
SAXParser parser = factory.newSAXParser(); //生成一个 SAXParser 对象
String path =
  request.getRealPath("Students.xml"); //指定需要解析的 XML 文件名
XmlHandler handler = new XmlHandler(); //定义 XmlHandler
parser.parse(new File(path), handler); //解析 XML 文件
out.print("<font size='2'>");
out.print(handler.output);
out.print("</font>"); //输出解析信息
%>
</body>
</html>
```

下面是 XML 文档解析过程中事件监听和处理 JavaBean 的实现代码：

```java
package beans;
import org.xml.sax.AttributeList;
import org.xml.sax.HandlerBase;
import org.xml.sax.SAXException;
public class XmlHandler extends HandlerBase {
    public String output = "";
    //文档解析开始
    public void startDocument() throws SAXException {
        output += "文档解析开始<br>";
    }
    //开始标签元素
    public void startElement(String element, AttributeList attrs)
    throws SAXException {
        output += "开始解析" + element + "节点:<br>";
        for (int i=0; i<attrs.getLength(); i++) {
            output += "节点属性为: " + attrs.getValue(i) + "<br>";
        }
    }
    //结束标签元素
    public void endElement(String name) throws SAXException {
        output += "节点" + name + "解析结束<br>";
    }
    //文档解析结束
    public void endDocument() throws SAXException {
        output += "文档解析结束";
    }
    public void characters(char[] ch, int start, int length) {
        String nodeValue = new String(ch, start, length);
        output += "节点内容为:" + nodeValue + "<br>";
    }
}
```

这个实例在 IE 浏览器中的运行结果如下：

```
文档解析开始
开始解析 students 节点:
节点内容为:
开始解析 student 节点:
节点属性为: 1
节点内容为:
开始解析 name 节点:
节点内容为:小明
...(省略)
节点 student 解析结束
节点内容为:
...(省略)
节点 students 解析结束
文档解析结束
```

19.4.4　使用 JDOM 按 DOM 方式解析 XML 文档

在上面的章节中介绍了使用 Java 语言自带的 JAXP 解析 XML 文档的具体方法，但是

JAXP 只是解析 XML 文档的一种简单的实现，在实际的解析过程中，某些场景下使用 JAXP 并不方便，这样就需要使用第三方提供的 XML 解析 API，在这方面做得比较出色的有 JDom、Dom4J、Xerces 等，这些 API 的使用方法都很相似。

　　DOM 被设计为用于完成几乎所有的 XML 操作任务，同时它又是与语言无关的，这就导致了 DOM 的 API 庞大而又复杂。为了给 Java 程序员提供一套简单易用的操作 XML 的 API，Java 技术专家 Jason Hunter 和 Brett McLaughlin 创建了 JDOM(Java Document Object Model，Java 文档对象模型)。JDOM 利用了 Java 语言的优秀特性，包括方法重载、集合、反射以及 Java 程序员熟悉的编程风格，极大地简化了对 XML 文档的处理。

　　JDOM 并不支持 DOM 那样严格的树形结构，可以直接操作某 Element。传统的处理方式比较麻烦，首先得找到树中的 Element 节点的子节点，判断其是否为文字节点，然后才能取得其值。使用 JDOM 提供的方法可直接传出集合形态的对象，不像其他 API 要用特殊的方式(比如说 DOM 的 NamedNodeMap，SAX 的 Attributes)，这使得 JDOM 比 DOM 更直接好用。

　　JDOM 是一个开源项目，可以在 JDOM 的官方网站 http://www.jdom.org/下载到最新的版本。其中 jdom.jar 文件就是 JDOM 的类库文件，将其拷贝到/WEB-INF/lib 文件夹中，即可使用 JDOM 功能。

　　下面的实例使用 JDOM 按照 DOM 方式解析 XML 文档，源代码如下：

```jsp
<%@ page language="java" import="java.util.*" pageEncoding="gb2312"%>
<%@ page import="org.jdom.input.*" %>
<%@ page import="org.jdom.Attribute" %>
<%@ page import="org.jdom.Element" %>
<%@ page import="java.io.*" %>
<%@ page import="org.apache.xerces.parsers.*" %>
<html>
<head>
<title>JDom 以 DOM 方式解析 XML 文档示例</title>
</head>
<body>
<%
//创建 DOMBuilder 和 DOMParser 对象
DOMBuilder builder = new DOMBuilder();
DOMParser parser = new DOMParser();

String path = request.getRealPath("Students.xml"); //设置需要解析的 xml 文件
parser.parse(path);
org.w3c.dom.Document domDocument = parser.getDocument();
org.jdom.Document jdomDocument = builder.build(domDocument);
String output = "";
Element root = jdomDocument.getRootElement();
output += "<font size='2'>这个 XML 文档的根节点为"
  + root.getName() + "<br>"; //得到根节点
List<Element> children =  root.getChildren();
output += "根节点有" + children.size() + "个子节点<br>"; //遍历子节点
for(int i=0; i<children.size(); i++)
{
    Element node = children.get(i);
    output += "在第" + (i+1) + "个" + node.getName() + "子节点中: <br>";
    List<Attribute> attrs = node.getAttributes();
```

```
        for(int k=0; k<attrs.size(); k++)
        {
            Attribute attr = attrs.get(k);
            output += "第" + (k+1) + "个属性为:" + attr.getName();
            output += " 值为:"+attr.getIntValue() + "<br>";
        }
        List<Element> childrenList = node.getChildren(); //遍历子节点
        for(int j=0; j<childrenList.size(); j++)
        {
            Element childNode = childrenList.get(j);
            output += "第" + (j+1) + "个子节点为: " + childNode.getName();
            output += " 值为: " + childNode.getText() + "<br>";
        }
    }
    output += "</font>";
    out.print(output);
    //输出信息
%>
</body>
</html>
```

示例的运行效果如图 19-11 所示。

```
这个XML文档的根节点为students
根节点有2个子节点
在第1个student子节点中：
第1个属性为:id 值为:1
第1个子节点为: name 值为:张三
第2个子节点为: age 值为: 21
第3个子节点为: sex 值为: 男
在第2个student子节点中：
第1个属性为:id 值为:2
第1个子节点为: name 值为: dd
第2个子节点为: age 值为: 32
第3个子节点为: sex 值为: 女
```

图 19-11　JDOM 按 DOM 方式解析 XML 文档的示例

19.4.5　使用 JDOM 按 SAX 方式解析 XML 文档

在 JDOM 中，对于 SAX 方式解析 XML 文档的功能支持相当优秀，大家都知道 SAX 方式解析 XML 文档的效率很高，但是节点操作不是很方便，在 JDOM 中，使用 SAX 方式解析 XML 文档和使用 DOM 方式没有很大的区别，在 SAX 方式中，同样可以对节点进行操作，所以在实际的开发中，开发人员一般情况下会选择 JDOM 的 SAX 解析方式。

本例的代码如下：

```
<%@ page language="java" import="java.util.*" pageEncoding="gb2312"%>
<%@ page import="org.jdom.input.*" %>
<%@ page import="org.jdom.*" %>
<html>
<head>
<title>JDOM 解析 XML 文档示例——以 SAX 方式</title>
</head>
<body>
<%
```

```
SAXBuilder builder = new SAXBuilder(); //创建 SAXBuilder 对象
String path = request.getRealPath("Students.xml"); //获取 XML 文档路径
Document doc = builder.build(path);
//获取根元素
Element root = doc.getRootElement();
//获取子节点
List children = root.getChildren();
String output = "<table border='1'>";
output += "<tr><td>编号</td><td>姓名</td><td>年龄</td><td>性别</td></tr>";
for(int i=0; i<children.size(); i++) //遍历
{
    Element node = (Element)children.get(i);
    Attribute attr = node.getAttribute("id");
    output += "<tr><td>" + attr.getIntValue() + "</td>"; //得到 ID 属性
    output += "<td>" + node.getChildText("name") + "</td>"; //得到姓名属性
    output += "<td>" + node.getChildText("age") + "</td>"; //得到年龄属性
    output += "<td>" + node.getChildText("sex") + "</td>"; //得到性别属性
    output += "</tr>";
}
output += "</table>";
out.print(output); //输出
%>
</body>
</html>
```

上述程序的运行效果如图 19-12 所示。

编号	姓名	年龄	性别
1	张三	21	男
2	dd	32	女

图 19-12　JDOM 以 SAX 方式解析 XML 文档

使用 JDOM 解析 XML 文档时，比使用 SAX 方式具有高效且节点操作方便的特点，因此在实际的 XML 应用程序开发中，建议用户使用 JDOM 的 SAX 方式。

19.5　本　章　小　结

在本章的内容中，简单介绍了 XML 的基本语法，对 XML 的显示技术进行了比较详细的介绍，介绍了 3 种比较常用的 XML 文档显示技术。

XML 文档的解析是 XML 学习中的重点，在本章中占了比较大的篇幅，其中详细介绍了使用 Java 解释 XML 的几种常用的技术。

在学习完本章的知识以后，读者应该对 XML 的基本知识有了一个清楚的认识，并可尝试自己写程序来解析 XML 文档，在实践的基础上提升动手能力，同时加深对 XML 知识的理解。

19.6   课 后 习 题

1. 填空题

XML 中可以采用的显示技术有_____、_____、_____三种。

2. 选择题

(1) 下列哪个选项不是 XML 文档的组成部分？（   ）

    A. 根元素   B. 声明信息   C. 映射   D. 属性

(2) 下列说法错误的是哪一个？（   ）

    A. XML 和数据库都可以存储数据   B. XML 的存储量比数据库的要小

    C. XML 可以取代数据库   D. XML 和数据库应用范围不一样

(3) 下列哪些是解析 XML 的方法？（   ）

    A. DOM   B. SAX   C. XSL   D. DTD

3. 判断题

(1) 可以将 XML 标签 "<始发站>" 更改为 "<   始发站>"。

(2) 在 XML 中，标签是不区分大小写的。

4. 简答题

(1) 编写一个 XML 文档，分别利用 DOM 和 SAX 两种方式对 XML 文档进行解析，并将结果从客户端输出。

(2) XML 文件和 HTML 文件有何不同？

(3) 如果 XML 文件中的 XML 声明为<?xml version="1.0" ?>，XML 文件应使用怎样的编码保存？

第 20 章

Java 手机应用编程

就像互联网的发展给 Java Web 应用提供了广阔的发展前景一样，通信技术及智能手机的普及给 Java 手机应用编程同样带来了很大的舞台。目前与 Java 语言相关的手机应用开发有两种主要解决方案，一种是基于 Java 的 J2ME 方案，另一种是基于 Java 和 Android 操作系统平台的手机应用开发。

20.1　基于 J2ME 的手机应用开发

20.1.1　J2ME 简介

1．J2ME 定义

J2ME 是一种新的、非常小的 Java 应用程序运行环境，它所定义的构架主要用于在手持式设备上推广使用 Java 技术。Sun 对 J2ME 的定义是：Java ME 是一种高度优化的 Java 运行环境，主要针对消费类电子设备，例如蜂窝电话和可视电话、数字机顶盒、汽车导航系统等等。Java ME 技术在 1999 年的 JavaOne Developer Conference 大会上正式推出，它将 Java 语言的与平台无关的特性移植到小型电子设备上，允许移动无线设备之间共享应用程序。

2．J2ME 的体系结构

与 J2SE 和 J2EE 相比，Java ME 总体的运行环境和目标更加多样化，但其中每一种产品的用途却更为单一，而且资源限制也更加严格。为了在达到标准化和兼容性的同时尽量满足不同方面的需求，Java ME 的架构分为 Configuration、Profile 和 Optional Packages(可选包)。它们的组合取舍形成了具体的运行环境。

(1)　Configuration

Configuration 主要是对设备纵向的分类，分类依据包括存储和处理能力，其中定义了虚拟机特性和基本的类库。已经标准化的 Configuration 有 Connected Limited Device Configuration(CLDC)和 Connected Device Configuration(CDC)两种。

(2)　Profile

Profile 建立在 Configuration 基础之上，一起构成了完整的运行环境。如上所述，CLDC 配置给各种手持设备提供了运行 Java 程序的能力。首先因为 CLDC 核心库提供的是低级 API，不适合直接用于构建应用程序；其次，手持设备的系统结构千差万别，很难保证应用程序的图形界面、网络等功能的移植性。因此，为了进一步增强 J2ME 的功能，Sun 公司允许设备供应商在实现 CLDC 的基础上再为自己的设备提供专门的高级 API 及程序管理方法，即 Profile，以简化应用程序的开发，使程序有更好的移植性。它对设备横向分类，针对特定领域细分市场，内容主要包括特定用途的类库和 API。

CLDC 上已经标准化的 Profile 有 Mobile Information Device Profile (MIDP)和 Information Module Profile (IMP)，而 CDC 上标准化的 Profile 有 Foundation Profile (FP)、Personal Basis Profile (PBP)和 Personal Profile (PP)。

(3)　Optional Packages

可选包(Optional Packages)独立于前面两者，提供附加的、模块化的和更为多样化的功能。目前标准化的可选包包括数据库访问、多媒体、蓝牙等。

3．J2ME 的开发工具

开发 Java ME 程序一般不需要特别的开发工具，开发者只需要装上 Java 开发工具

Java SDK 及下载免费的 Sun Java Wireless Toolkit 2.xx 系列开发包，就可以开始编写 Java ME 程序、编译及测试了，此外目前主要的 IDE(Eclipse 及 NetBeans)都支持 Java ME 的开发，个别的手机开发商，如 Nokia、Sony Ericsson、摩托罗拉、Android 系统都有自己的 SDK，供开发者再开发出兼容它们平台的程序。

开发环境的构建如下。

(1) 从 Sun 公司的网站下载 MIDP 2.0 版，并解压到 C:\Program Files\midp2.0fcs。

(2) 进入 MS-DOS 方式，设置以下环境变量：

set MIDP_HOME=c:\program files\midp2.0fcs

set PATH=c:\program files\midp2.0fcs\bin

set classpath=c:\program files\midp2.0fcs\classes

20.1.2　J2ME 开发实例

实例 20-1 真实的运行环境是 Java 手机，但开发却是在 PC 机上进行的，我们通过在开发环境中配置仿真器对程序进行测试。

【例 20-1】J2ME 简单实例。

程序功能简介：本实例是一个 MIDP 程序，基本功能类似于用户注册，在程序运行时要求用户输入用户名，并选择注册类型，然后程序根据用户选择的注册类型向用户输出一句问候语。

(1) 编写程序 J2MEDemo.java 的源代码：

```
import javax.microedition.midlet.MIDlet;
import javax.microedition.cdui.*;
import java.util.*;
//任何 MIDP 程序都要继承 MIDlet 类，为了处理按钮命令，还要实现 CommandListener 接口
public class J2MEDemoextends MIDlet implements CommandListener
{
    private TextBox input; //声明文本输入框
    private Form select;   //声明表单，用于放置各种图形组件
    private Alert output;   //声明警示框
    Command cmd1, cmd2, cmd3, cmd4; //声明各种命令按钮
    ChoiceGroup regType;     //声明选择框
    Display display = null; //声明屏幕显示对象
    public J2MEDemo()
    {
        //创建文本输入框
        input = new TextBox("请输入您的用户名: ", null, 8, TextField.ANY);
        cmd3 = new Command("OK", Command.SCREEN, 1); //创建按钮 cmd3
        input.addCommand(cmd3);          //把按钮加到文本输入框
        input.setCommandListener(this);          //设置按钮事件处理类
        select = new Form("请选择注册类别: ");       //创建表单
        String []str = {"高级会员", "普通会员"};
        regType = new ChoiceGroup(null, ChoiceGroup.EXCLUSIVE,str,null);
        //创建单选按钮
        select.append(regType); //把单选按钮加入表单
        //创建两个按钮 cmd1 和 cmd2
        cmd1 = new Command("提交", Command.SCREEN, 1);
        cmd2 = new Command("返回", Command.BACK, 2);
```

```
        select.addCommand(cmd1); //把两个按钮加到表单
        select.addCommand(cmd2);
        select.setCommandListener(this); //设置按钮事件处理类
        output = new Alert("问候", "您好", null, null); //创建警示框
        output.setTimeout(Alert.FOREVER); //设置超时为永远
        cmd4 = new Command("退出", Command.EXIT, 1); //创建按钮 cmd4
        output.addCommand(cmd4); //把按钮 cmd4 加到警示框
        output.setCommandListener(this); //设置按钮事件处理类
    }
    public void startApp() //该方法在该 MIDlet 得到执行权时调用
    {
        if(display == null)
            display = Display.getDisplay(this);
        //从系统得到这个 MIDlet 的屏幕显示对象
        display.setCurrent(input); //把文本输入框 input 显示在屏幕
    }
    public void pauseApp() {} //该方法在该 MIDlet 失去执行权时调用
    public void destroyApp(boolean unconditional) //在该 MIDlet 退出时调用
    {
        input = null;
        output = null;
        select = null;
    }
    //commandAction 方法是 CommandListener 接口中定义的按钮事件处理方法
    public void commandAction(Command c, Displayable d)
    {
        if(c == cmd3) //如果按了 cmd3 按钮
            display.setCurrent(select); //则把表单 select 显示在屏幕
        if(c == cmd1) { //如果按了 cmd1 按钮
            int regtype =
              regType.getSelectedIndex(); //regType 记录用户选择信息
            //得到用户在单选按钮组中所选的项目号
            String hello = null;
            String name = input.getString();
            //得到用户在文本框中输入的字符串
            //以下是根据 regType 的值构建不同的字符串 hello
            if(regType == 1)
                hello = name + "您好，您选择了高级会员身份！";
            if(regType == 2)
                hello = name + "您好，您选择了普通会员身份！"
            output.setString(hello); //在警示框中加入字符串 hello
            display.setCurrent(output); //把警示框 output 显示在屏幕
        }
        if(c == cmd2) //如果按了 cmd2 按钮
            display.setCurrent(input); //则把文本输入框 input 显示在屏幕
        if(c == cmd4) { //A0 果按了 cmd4 按钮，则调用 destroyApp 方法退出
            destroyApp(true);
            notifyDestroyed();
        }
    }
}
```

(2) 定义描述文件 j2meDemo.jad：

```
//声明 1 个 MIDlet 程序，显示名为 Regist，类名为 J2MEDemo
MIDlet-1;Regist,,J2MEDemo
```

```
MIDlet-Description: Sample application //对 MIDlet 的描绘
MIDlet-Jar-Size: 11640
//JAR 包的字节数，要根据实际情况修改
MIDlet-Jar-URL: J2MEDemo.jar
//JAR 包的位置及名字，位置省略时表示与 jad 文件在同一位置
MIDlet-Name: MySamples //MIDlet 的名字
MIDlet-Vendor: Sun Microsystems //供应商名字
MIDlet-Version: 1.0 //MIDlet 版本
```

(3) 程序的编译、运行。

① 将编译好的 J2MEDemo 用以下命令预先检查：

```
preverify -d.sample1
```

② 把有关文件打成 1 个包：

```
jar -CVf sample.jar *.pag
```

③ 在仿真器中运行：

```
Midp -classpath.sample.jar-descriptor sample.jad
```

在完成仿真后，可以把 sample.jadd 和 sample.jad 放在某一网站，并用以下命令测试：

```
midp -install http://<网络地址及路径>/sample.jad
```

20.2　基于 Android 的手机应用开发

20.2.1　Android 平台简介

　　Android 是一种以 Linux 为基础的开放源码操作系统，主要使用于便携设备。目前尚未有统一的中文名称，较多人使用"安卓"。Android 操作系统最初由 Andy Rubin 开发，最初主要支持手机。2005 年由 Google 收购，并组建开放手机联盟开发改良，逐渐扩展到平板电脑及其他领域上。Android 的主要竞争对手是苹果公司的 iOS 以及 RIM 的 Blackberry OS。2011 年第一季度，Android 在全球的市场份额首次超过塞班系统，跃居全球第一。根据 2012 年 2 月数据，Android 占据全球智能手机操作系统市场 52.5%的份额，中国市场占有率为 68.4%。

　　Android 的系统架构和其他操作系统一样，采用了分层的架构。Android 分为 4 个层，从高层到低层分别是应用程序层、应用程序框架层、系统运行库层和 Linux 核心层。

　　Android 是以 Linux 为核心的手机操作平台，作为一款开放式的操作系统，随着 Android 的快速发展，如今已允许开发者使用多种编程语言来开发 Android 应用程序，而不再是以前只能使用 Java 开发 Android 应用程序的单一局面，因而受到众多开发者的欢迎，成为真正意义上的开放式操作系统。

　　在 Android 中，开发者可以使用 Java 作为编程语言来开发应用程序，也可以通过 NDK 使用 C/C++作为编程语言来开发应用程序，也可使用 SL4A 来使用其他各种脚本语言进行编程(如 Python、Lua、Tcl、PHP 等)，还有其他如 Qt(Qt for Android)、Mono(Mono for Android)等一些著名编程框架也开始支持 Android 编程，甚至通过 MonoDroid，开发者

还可以使用 C#作为编程语言来开发应用程序。另外，谷歌还在 2009 年特别发布了针对初学者的 Android Simple 语言，该语言类似 Basic 语言。

而在网页编程语言方面，JavaScript、Ajax、HTML5、JQuery、Sencha、Dojo、Mobl、PhoneGap 等都已经支持 Android 开发。

在 Android 系统底层方面，Android 使用 C/C++作为开发语言。

在 Android 的 Java 开发方面，从接口到功能，都有层出不穷的变化。考虑到 Java 虚拟机的效率和资源占用，谷歌重新设计了 Android 的 Java，以便能提高效率和减少资源占用，因而与 J2ME 等不同。图 20-1 是 Android 的层次结构。

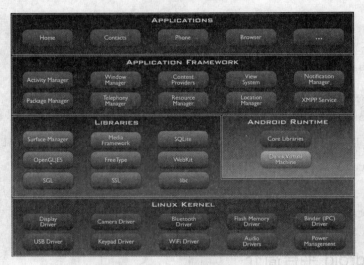

图 20-1 Android 的层次结构

Android 包含 4 大组件。

- 活动(Activity)：用于表现功能。
- 服务(Service)：后台运行服务，不提供界面呈现。
- 广播接收器(Broadcast Receiver)：用于接收广播。
- 内容提供商(Content Provider)：支持在多个应用中存取数据，相当于数据库。

(1) Activity

Android 中，Activity 是所有程序的根本，所有程序的流程都运行在 Activity 之中。在 Android 的程序中 Activity 一般代表手机屏幕的一屏。如果把手机比作一个浏览器，那么 Activity 就相当于一个网页。在 Activity 中可以添加一些 Button、Check Box 等控件。可以看到 Activity 概念与网页的概念相当类似。

一般一个 Android 应用是由多个 Activity 组成的。多个 Activity 之间可以进行相互跳转。与网页跳转稍微有些不一样的是，Activity 之间的跳转有可能返回值，例如，从 Activity A 跳转到 Activity B，那么当 Activity B 运行结束的时候，有可能会给 Activity A 一个返回值。

当打开一个新的屏幕时，先前一个屏幕会被置为暂停状态，并且压入历史堆栈中。用户可以通过回退操作返回到以前打开过的屏幕。我们可以选择性地移除一些没有必要保留的屏幕，因为 Android 会把每个应用的开始到当前的每一个屏幕保存在堆栈中。Activity

是由 Android 系统进行维护的，它也有自己的生命周期。对于 Activity，关键是其生命周期的把握，其次就是状态的保存和恢复(onSaveInstanceState onRestoreInstanceState)，以及 Activity 之间的跳转和数据传输(Intent)。

(2) Service

Service 是 Android 系统中的一种组件，它跟 Activity 的级别差不多，但是它不能自己运行，只能后台运行，并且可以与其他组件进行交互。Service 可以运行很长时间，但是它却没有用户界面。这么说有点枯燥，来看个例子。

打开一个音乐播放器的程序，这个时候若想上网了，那么，我们打开 Android 浏览器，此时虽然我们已经进入了浏览器这个程序，但是，歌曲播放并没有停止，而是在后台继续一首接着一首地播放。其实这个播放就是由播放音乐的 Service 进行控制。当然这个播放音乐的 Service 也可以停止，例如，当播放列表里边的歌曲都结束，或者用户按下了停止音乐播放的快捷键等。

开启 Service 有两种方式。

- Context.startService()：Service 会经历 onCreate→onStart(如果 Service 还没有运行，则 Android 先调用 onCreate()然后调用 onStart()；如果 Service 已经运行，则只调用 onStart()，所以一个 Service 的 onStart 方法可能会重复调用多次)；stopService 的时候直接 onDestroy，如果是调用者自己直接退出而没有调用 stopService 的话，Service 会一直在后台运行。该 Service 的调用者再启动后可以通过 stopService 关闭 Service。

- Context.bindService()：Service 会经历 onCreate()→onBind()，onBind 将返回给客户端一个 IBind 接口实例，IBind 允许客户端回调服务的方法。这个时候会把调用者(Context，例如 Activity)与 Service 绑定在一起，Context 退出了，Srevice 就会调用 onUnbind→onDestroyed 相应退出。

(3) Broadcast Receiver

在 Android 中，Broadcast 是一种广泛运用的在应用程序之间传输信息的机制。而 Broadcast Receiver 是对发送出来的 Broadcast 进行过滤接受并响应的一类组件。可以使用 Broadcast Receiver 来让应用对一个外部的事件做出响应。这是非常有意思的。例如，当电话呼入这个外部事件到来的时候，可以利用 Broadcast Receiver 进行处理。例如，当下载一个程序成功完成的时候，仍然可以利用 Broadcast Receiver 进行处理。Broadcast Receiver 不能生成 UI，也就是说，对于用户来说不是透明的，用户是看不到的。Broadcast Receiver 通过 Notification Manager 来通知用户这些事情发生了。Broadcast Receiver 既可以在 Android Manifest.xml 中注册，也可以在运行时的代码中使用 Context.registerReceiver()进行注册。只要是注册了，当事件来临的时候，即使程序没有启动，系统也在需要的时候启动程序。各种应用还可以通过使用 Context.sendBroadcast()将它们自己的 Intent Broadcast 广播给其他应用程序。

注册 Broadcast Receiver 有两种方式：

- 在 Android Manifest.xml 进行注册。这种方法有一个特点，即使你的应用程序已经关闭了，但这个 Broadcast Receiver 依然会接受广播出来的对象，也就是说无论你这个应用程序是开还是关，都属于活动状态，都可以接受到广播的事件。

● 在代码中注册广播。

(4) Content Provider

Content Provider 是 Android 提供的第三方应用数据的访问方案。

在 Android 中，对数据的保护是很严密的，除了放在 SD 卡中的数据，一个应用所持有的数据库、文件等内容，都是不允许其他程序直接访问的。应用想对外提供数据时，可以通过派生 ContentProvider 类，封装成一个 Content Provider，每个 Content Provider 都用一个 uri 作为独立的标识。uri 也可以有两种类型，一种是带 id 的，另一种是列表的。

另外，Content Provider 不与 REST 只有 uri 可用，还可以接受 Projection、Selection、OrderBy 等参数，这样，就可以像数据库那样进行投影、选择和排序。查询到的结果以 Cursor 的形式进行返回，调用者可以移动 Cursor 来访问各列的数据。Content Provider 内部常用数据库来实现，Android 提供了强大的 Sqlite 支持。在 Android 中，ContentResolver 是用来发起 Content Provider 的定位和访问的。不过它仅提供了同步访问的 Content Provider 的接口。但通常，Content Provider 需要访问的可能是数据库等大数据源，效率上不足够快，会导致调用线程的拥塞。因此 Android 提供了一个 AsyncQueryHandler，帮助异步访问 Content Provider。

20.2.2　Android 手机应用开发环境配置

接下来我们介绍 Windows 系统中配置 Android 手机应用开发环境的过程。

首先下载 Android SDK Windows 版本 installer_r14-windows.exe，下载后进行安装。

然后，在 Eclipse 中直接通过网络安装 Android 插件。具体做法是：通过 Eclipse 菜单 Help → Install new software 命令打开插件在线安装窗口，在其中输入安装地址：

https://dl-ssl.google.com/android/eclipse/

安装完毕后重启 Eclipse。Eclipse 重新启动后，在其中对 Android SDK 的参数进行设置，具体步骤是：选择 Window→Preferences→Android，在如图 20-2 所示的界面中将 SDK 的根目录填入 SDK Location 中。

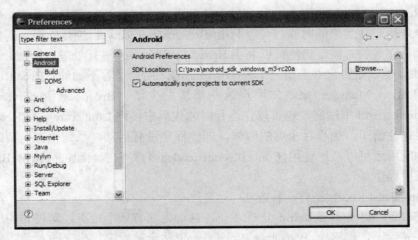

图 20-2　在 Eclipse 中配置 Android SDK

至此，Eclipse 中的 Android 手机应用的开发环境配置完成。

20.2.3　Android 手机应用开发实例

【例 20-2】一个简单的 Android 手机应用。

首先，在 Eclipse 中通过 File → New → Android Project 菜单命令新建一个 Android 项目，在弹出的如图 20-3 所示的 New Android Project 对话框中设置与新建项目相关的 Project name、Application name、Package name、Activity name 等参数信息。

图 20-3　New Android Project 对话框

项目创建完成后，开发环境会生成如下代码：

```
public class Hello extends Activity
{
    /** Called when the activity is first created. */
    @Override
    public void onCreate(Bundle icicle)
    {
        super.onCreate(icicle);
        setContentView(R.layout.main);
    }
}
```

接下来，我们修改 Hello 类的 onCreate(Bundle icicle)方法，新的方法如下：

```
public void onCreate(Bundle icicle)
{
    super.onCreate(icicle);
    TextView tv = new TextView(this);
    tv.setText("Hello World!");
    setContentView(tv);
}
```

最后，在类头部添加语句：

```
import android.widget.TextView;
```

至此，第一个 Android 应用的代码编写完成。

下一步是运行，选择 Run → Run Configurations…菜单，选择 Android Application，然后新建一个配置，将 Project 和 Activity 设置好就可以运行了。运行结果会显示在你所指定的手机模拟器中，如图 20-4 所示。

图 20-4　应用的运行结果

20.3　课后习题

1. 填空题

Android 是一种以＿＿＿＿＿为基础的开放源代码操作系统，主要使用于＿＿＿＿＿。

2. 简答题

(1) 简述 J2ME 应用程序的基本构成。

(2) 简述 Android Activity 组件的功能。